元素の周期表

族→ 周期↓	1	2	3	4	5	6	7	8	9	10	11	12	13	14	15	16	17	18
1	水素 1H 1.008																	ヘリウム 2He 4.003
2	リチウム 3Li 6.941	ベリリウム 4Be 9.012											ホウ素 5B 10.81	炭素 6C 12.01	窒素 7N 14.01	酸素 8O 16.00	フッ素 9F 19.00	ネオン 10Ne 20.18
3	ナトリウム 11Na 22.99	マグネシウム 12Mg 24.31											アルミニウム 13Al 26.98	ケイ素 14Si 28.09	リン 15P 30.97	硫黄 16S 32.07	塩素 17Cl 35.45	アルゴン 18Ar 39.95
4	カリウム 19K 39.10	カルシウム 20Ca 40.08	スカンジウム 21Sc 44.96	チタン 22Ti 47.87	バナジウム 23V 50.94	クロム 24Cr 52.00	マンガン 25Mn 54.94	鉄 26Fe 55.85	コバルト 27Co 58.93	ニッケル 28Ni 58.69	銅 29Cu 63.55	亜鉛 30Zn 65.38	ガリウム 31Ga 69.72	ゲルマニウム 32Ge 72.63	ヒ素 33As 74.92	セレン 34Se 78.97	臭素 35Br 79.90	クリプトン 36Kr 83.80
5	ルビジウム 37Rb 85.47	ストロンチウム 38Sr 87.62	イットリウム 39Y 88.91	ジルコニウム 40Zr 91.22	ニオブ 41Nb 92.91	モリブデン 42Mo 95.95	テクネチウム 43Tc* (99)	ルテニウム 44Ru 101.1	ロジウム 45Rh 102.9	パラジウム 46Pd 106.4	銀 47Ag 107.9	カドミウム 48Cd 112.4	インジウム 49In 114.8	スズ 50Sn 118.7	アンチモン 51Sb 121.8	テルル 52Te	ヨウ素 53I	キセノン 54Xe
6	セシウム 55Cs 132.9	バリウム 56Ba 137.3	ランタノイド 57-71	ハフニウム 72Hf 178.5	タンタル 73Ta 180.9	タングステン 74W 183.8	レニウム 75Re 186.2	オスミウム 76Os 190.2	イリジウム 77Ir 192.2	白金 78Pt 195.1	金 79Au 197.0	水銀 80Hg 200.6	タリウム 81Tl 204.4	鉛 82Pb 207.2	ビスマス 83Bi* 209.0	ポロニウム 84Po*	アスタチン 85At*	ラドン 86Rn*
7	フランシウム 87Fr* (223)	ラジウム 88Ra* (226)	アクチノイド 89-103	ラザホージウム 104Rf* (267)	ドブニウム 105Db* (268)	シーボーギウム 106Sg* (271)	ボーリウム 107Bh* (272)	ハッシウム 108Hs* (277)	マイトネリウム 109Mt* (276)	ダームスタチウム 110Ds* (281)	レントゲニウム 111Rg* (280)	コペルニシウム 112Cn* (285)	ニホニウム 113Nh* (278)	フレロビウム 114Fl* (289)	モスコビウム 115Mc* (289)	リバモリウム 116Lv*	テネシン 117Ts*	オガネソン 118Og*

ランタノイド:

| ランタン 57La 138.9 | セリウム 58Ce 140.1 | プラセオジム 59Pr 140.9 | ネオジム 60Nd 144.2 | プロメチウム 61Pm* (145) | サマリウム 62Sm 150.4 | ユウロピウム 63Eu 152.0 | ガドリニウム 64Gd 157.3 | テルビウム 65Tb 158.9 | ジスプロシウム 66Dy 162.5 | ホルミウム 67Ho 164.9 | エルビウム 68Er 167.3 | ツリウム 69Tm 168.9 | イッテルビウム 70Yb | ルテチウム 71Lu |

アクチノイド:

| アクチニウム 89Ac* (227) | トリウム 90Th* 232.0 | プロトアクチニウム 91Pa* 231.0 | ウラン 92U 238.0 | ネプツニウム 93Np* (237) | プルトニウム 94Pu* (239) | アメリシウム 95Am* (243) | キュリウム 96Cm* (247) | バークリウム 97Bk* (247) | カリホルニウム 98Cf* (252) | アインスタイニウム 99Es* (252) | フェルミウム 100Fm* (257) | メンデレビウム 101Md* (258) | ノーベリウム 102No* | ローレンシウム 103Lr* |

元素名の表記:
原子番号 元素記号(注1)
元素名
原子量(注2)

注1：元素記号の右肩の*は，その元素には安定同位体が存在しないことを示す．そのような元素については放射性同位体の質量数の一例を（）内に示す．

注2：元素の原子量は，質量数12の炭素（^{12}C）を12とし，これに対する相対値を示す．

注3：原子番号104番以降の超アクチノイドの周期表の位置は暫定的である．

©2017 日本化学会 原子量専門委員会

Instrumental Analysis

エキスパート応用化学テキストシリーズ
Expert Applied Chemistry Text Series

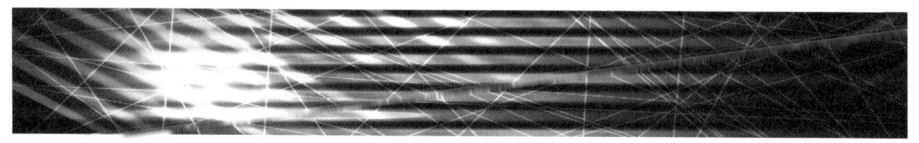

機器分析

Hajime Ohtani
大谷 肇 ————————————————————[編著]

Tomonari Umemura 梅村知也	*Satoshi Kaneco* 金子 聡	*Akihide Itoh* 伊藤彰英	*Shigeaki Morita* 森田成昭	*Hyuma Masu* 桝 飛雄真
Katsuo Asakura 朝倉克夫	*Akiko Hokura* 保倉明子	*Fumitaka Esaka* 江坂文孝	*Toshiyuki Isshiki* 一色俊之	*Yasuyuki Ishida* 石田康行
Shinya Kitagawa 北川慎也	*Noritada Kaji* 加地範匡	*Yoshinobu Baba* 馬場嘉信	*Hiroaki Sato* 佐藤浩昭	*Kazutake Takada* 高田主岳
Norio Teshima 手嶋紀雄	*Yuko Nishimoto* 西本右子			

［著］

講談社

執筆者一覧 （[］内は執筆箇所）

編著者

大谷　肇　　　　　　　　　　　　　　　　　　　［第 1 章］

著　者

梅村　知也　　東京薬科大学生命科学部　　　［第 2 章，第 3 章，第 13 章］
金子　聡　　　三重大学大学院工学研究科　　　［第 4 章］
伊藤　彰英　　麻布大学生命・環境科学部　　　［第 5 章］
森田　成昭　　大阪電気通信大学工学部　　　　［第 6 章］
桝　飛雄真　　千葉大学共用機器センター　　　［第 7 章］
朝倉　克夫　　日本電子株式会社　　　　　　　［第 7 章］
保倉　明子　　東京電機大学工学部　　　　　　［第 8 章］
江坂　文孝　　日本原子力研究開発機構　　　　［第 9 章］
一色　俊之　　京都工芸繊維大学電気電子工学系　［第 10 章］
石田　康行　　中部大学応用生物学部　　　　　［第 11 章，第 12 章］
北川　慎也　　名古屋工業大学大学院工学研究科　［第 14 章］
加地　範匡　　九州大学大学院工学研究院　　　［第 15 章］
馬場　嘉信　　名古屋大学名誉教授　　　　　　［第 15 章］
佐藤　浩昭　　産業技術総合研究所　　　　　　［第 16 章］
高田　主岳　　名古屋工業大学大学院工学研究科　［第 17 章］
手嶋　紀雄　　愛知工業大学工学部　　　　　　［第 18 章］
西本　右子　　神奈川大学理学部　　　　　　　［第 19 章］

（注）

各章の演習問題の解答例は，講談社サイエンティフィクのWebページ
http://www.kspub.co.jp/book/detail/1568075.html
にあるので，参照してほしい．

はじめに

　「はかる」の読みに対応する漢字は,「図る」「計る」「量る」「諮る」「謀る」「測る」「秤る」など多数ある．これらのうち「計」「量」「測」「秤」は,ものの長さ,重さ,大きさなどを「はかる」動作に対応し,熟語として組み合わせれば「計量」「計測」「測量」「秤量」などになる．これらに対応する「はかる」操作が測定であり,測定結果に基づいて物事を明らかにすれば「分析」となる．その過程において何らかの化学変化や化学反応が関与していれば,「分析化学」ということになろう．

　昨今では,こうした分析はさまざまな「機器分析」の手法により行われることが主流となっている．ただし,機器を用いてデータを得るだけでは「機器測定」にすぎず,データのもつ意味を適切に解析してはじめて「機器分析」になる．そのためには,それぞれの機器分析法の原理や特徴を十分に理解して,測定結果を正しく評価できなければならない．本書は,読者がこのような位置づけで各種「機器分析」を利用する可能性を想定しつつ教科書として編纂したもので,ものづくりから生物・生命現象,さらには宇宙・地球科学の領域までに至る幅広い分野で活用されている分析手法を,可能な限り漏れなく取り上げることを心掛けた．個別の手法についての執筆は,長年の利用経験により精通しているとともに,現在でもそれら各手法を活用し研究の第一線で活躍している,いわば「旬」の研究者にそれぞれお願いした．さらに,主に工学系の学生向けの教科書としての位置づけを念頭に,原理・特徴・応用例などに加えて,操作のポイントや注意点などについてもできるだけ述べていただいた．

　なお,本書で取り上げた種々の機器分析法を理解するうえで欠かせない,分析化学における各種平衡論,分離操作の基礎,および測定値の取り扱いと評価などについては,同じくエキスパート応用化学テキストシリーズの中で本書の姉妹編に位置づけられる,『分析化学』の中で詳しく述べられている．是非本書と併せて学修に役立てていただき,「応用化学」の根幹をなす「分析化学」について,読者の皆さんの理解が深まることを願ってやまない．

2015年5月

編著者　大谷　肇

目　　次

はじめに……………………………………………………………………iii

第1章　機器分析序論 …………………………………………… 1
1.1　機器分析とは／1.2　機器分析の特徴／1.3　機器分析の分類／
1.4　機器分析の現状と課題

第2章　分光分析の基礎 ………………………………………… 6
2.1　光とは／2.2　電磁波とエネルギー／
2.3　電磁波と物質の相互作用／2.4　光吸収の強度

第3章　吸光光度法と蛍光光度法 ……………………………… 16
3.1　紫外・可視領域の光の吸収と電子遷移／
3.2　エネルギー準位と電子遷移／3.3　分光光度計の装置構成／
3.4　分光光度計の測定法／3.5　紫外・可視吸光光度法による定量分析／
3.6　励起スペクトルと蛍光スペクトル／3.7　蛍光強度／
3.8　蛍光光度計の装置構成／3.9　蛍光光度法による定量分析

第4章　原子吸光分析 …………………………………………… 31
4.1　原子吸光分析の特徴／4.2　装置構成と原理／4.3　光源部／
4.4　原子化部／4.5　分光部／4.6　測光部／4.7　干渉現象／4.8　測定例

第5章　プラズマ発光分析とプラズマ質量分析 ……………… 45
5.1　ICP（誘導結合プラズマ）とは／5.2　ICP発光分析法／
5.3　ICP質量分析法

第6章　赤外分光分析とラマン分光分析 ……………………… 63
6.1　波数とは／6.2　分子スペクトル／6.3　赤外分光分析／
6.4　赤外分光による定量分析／
6.5　さまざまな試料の赤外分光分析／6.6　ラマン分光分析／
6.7　赤外スペクトルとラマンスペクトルの解釈

第7章 核磁気共鳴分析 ・・ 82
7.1 原理／7.2 装置構成と測定／7.3 NMRスペクトル／
7.4 二次元NMR／7.5 固体NMR

第8章 X線分析 ・・・ 101
8.1 X線と物質の相互作用／8.2 粉末X線回折法／
8.3 蛍光X線分析法

第9章 表面分析 ・・・ 119
9.1 表面分析の特徴／9.2 二次イオン質量分析／
9.3 X線光電子分光／9.4 電子プローブマイクロアナリシス／
9.5 オージェ電子分光

第10章 顕微鏡観察 ・・・ 136
10.1 電子顕微鏡の分類／10.2 電子線と物質の相互作用／
10.3 透過型電子顕微鏡／10.4 走査型電子顕微鏡／
10.5 走査型プローブ顕微鏡

第11章 クロマトグラフィーの基礎 ・・・・・・・・・・・・・・・・・・・・・・・・・・・・・・・・・・・・ 149
11.1 クロマトグラフィーの原理と分類／
11.2 分配クロマトグラフィーにおける分離の原理／
11.3 理論段数・理論段高さ／11.4 van Deemter式／11.5 分離度

第12章 ガスクロマトグラフィー ・・・・・・・・・・・・・・・・・・・・・・・・・・・・・・・・・・・・・・・ 159
12.1 ガスクロマトグラフィーの特徴／
12.2 ガスクロマトグラフィーの装置構成／
12.3 ガスクロマトグラフィーの操作

第13章 液体クロマトグラフィー ・・・・・・・・・・・・・・・・・・・・・・・・・・・・・・・・・・・・・・・ 171
13.1 液体クロマトグラフィーの分類／
13.2 高速液体クロマトグラフィー（HPLC）の分離モード／
13.3 HPLCの装置構成／13.4 測定例

第14章　キャピラリー電気泳動分析　185

14.1　キャピラリー電気泳動の装置構成と特徴／
14.2　電気泳動速度・電気泳動移動度／14.3　電気浸透流／
14.4　CEの測定装置と基本的操作／14.5　CEで用いられる分離モード

第15章　マイクロチップによる化学・生化学分析　198

15.1　微小空間における流体挙動／15.2　微小空間を利用する分析法

第16章　有機質量分析　207

16.1　装置構成／16.2　イオン化／16.3　質量分析部／16.4　検出器／
16.5　クロマトグラフィーとの結合

第17章　電気分析化学　229

17.1　電極とは／17.2　電流を流さない測定法／
17.3　電流を流す測定法

第18章　フローインジェクション分析　251

18.1　バッチ式マニュアル分析法から流れ分析法へ／
18.2　FIAの装置構成／18.3　FIAの原理／18.4　FIAの特長／
18.5　FIAによる水質分析／18.6　SIAの装置構成と原理

第19章　熱分析　266

19.1　熱分析手法の分類／
19.2　示差熱分析（DTA）・示差走査熱量測定（DSC）／
19.3　熱重量測定（TG）／19.4　熱機械分析（TMA）

索引　279

第1章　機器分析序論

機器分析（instrumental analysis）とは何か．本書の読者であれば，これに対しておおよそのイメージをもつことは容易にできるであろうが，厳密に定義せよとなるとなかなか難しいのではないだろうか．実のところは，学問的に確立した機器分析の定義は，明確には存在しないと筆者は考えている．本章ではまず，筆者の視点でとらえた機器分析の位置づけ，特徴，分類および現状などについて論じてみたい．

1.1　機器分析とは

　機器分析を文字通りとらえれば，機器を用いた分析法ということになるが，では「機器」とは何を指すのか？　「機器」と「器具」はどのように異なるのか？　古くから用いられている，**沈殿分離**や濾別灰化などに基づく**重量分析**（gravimetric analysis）や，**滴定**に代表される**容量分析**（volumetric analysis）は，一般には機器分析とはみなされない．では，一般に機器分析とされている方法は，これらの手法とどこが異なるのか？

　この問いに対する1つの解答として，「**電源**」の必要性の有無が挙げられると筆者は考えている．通常は機器分析とはみなされない，滴定の一般的な操作手順を考えよう（『分析化学』参照）．まず，試料および純度が保証された標準物質をそれぞれ昔ながらの化学天びんで精密にひょう量する．採取した試料および標準物質を，それぞれ校正された全量フラスコ（メスフラスコ）に導入し，標線まで正確に純水を加えて試料溶液および所定濃度の標準液を調製する．続いて，所定量の試料溶液を校正済の全量ピペットで三角フラスコに採取し，一方標準液は校正済ビュレットに導入する．試料液の入ったフラスコに指示薬を加え，フラスコを手で振り混ぜながら標準液を滴下して色の変化を観測する．指示薬の色調変化により決定した終点における標準液の滴下量を読み取り，その濃度および採取した試料容量から試料中の目的成分濃度を算出することによ

り定量分析が完了する．この一連の操作過程は，電源を一切用いなくとも行うことができる．

これに対して，機器分析はいかなる方法においても，規模の違いはあっても何らかの電源を用いなければ作動しないはずである（電源としては，固定電源に限らず電池などでもよい）．言い方を変えれば，使用にあたって電源を必ず使用しなければならない分析法を「機器分析」とすることができよう．確かに，現在では上述した滴定も，試料のひょう量に電子天びんを用い，滴定は電動ビュレットにより行うとともに試料溶液の撹拌にはマグネチックスターラーを使用し，さらに終点の判別に電極を用いることも珍しくなく，電源を大いに使用していることになる．ただし，滴定が機器分析とはみなされないのは，測定において電源を一切使用しないからではなく，工夫をすれば電源をまったく用いなくとも測定できるからと考えればよい[*1]．

1.2 機器分析の特徴

重量分析や容量分析は，各種機器分析の手法が開発される以前から広く用いられてきたことから，しばしば**古典的分析法**と称される．ただし，これはすでに歴史の遺物として役割を終えた方法を意味するものではない．実際に，機器分析全盛の現在においても，実用的な分析手法として活用されることは決して少なくない．古典的分析法は一般に**精度**（precision）・**真度**（trueness）ともに優れており（『分析化学』参照），機器分析よりも信頼性の高い測定結果が得られることが，少なからずある．例えば，試料中の少なくとも数％程度以上を占める主要成分を定量する場合（すなわち**常量分析**（macroanalysis）），古典的分析法により相対標準偏差1％以下といった極めて高い精度で分析を行うことがしばしば可能である[*2]．

[*1] この考え方に従えば，11～13章で取り扱うクロマトグラフィーのうち，植物学者ツヴェット（M. Tswett）が最初に行ったカラムクロマトグラフィーや，薄層クロマトグラフィーは，電源を必要としないので機器分析には含まれない．一般的なガスクロマトグラフィーや高速液体クロマトグラフィーなどのように，試料導入から分離・検出までシステム化された（すなわち電源を必要とする）装置を用いることによって，はじめて機器分析といえる．

しかし，ppmオーダーあるいはそれ以下といった，試料中の微量成分・痕跡量成分を分析するには，滴定などの古典的分析法は不向きである．これに対して，機器分析は，こうした微量成分の分析（**微量分析**（microanalysis））において威力を発揮する．すなわち，高い**感度**（sensitivity）（あるいは低い**検出限界**（limit of detection，LOD）および**定量下限**（limit of quantification，LOQ））が，機器分析の最大の特長の1つであろう[*3]．特に，さまざまな極微量成分の定量において，信頼性のある分析結果が求められる場合は，機器分析法の独壇場といえよう．

1.3 機器分析の分類

今日利用されている数多くの機器分析法を，その測定原理に基づいて大別すると，しばしば

1) **分光分析**（spectrometry）
2) **電気分析**（electroanalysis）
3) **分離分析**（separation analysis）
4) その他

に分類される．この分類方法では，本書で取り上げる質量分析や熱分析は4)その他に含まれるが，このことはこれらの手法の重要性が低いことを意味しているわけではなく，原理的に上記1)～3)のいずれにも当てはまらないことを示しているだけである．このため，教科書によっては，上記1)～3)に，質量分析と熱分析をそれぞれ独立した項目として加えた分類を行っている例もある（参考文献4)など）．言い換えれば，この分類法も学術的に定まったものでは

[*2] もちろんそのためには，経験に基づく習熟・熟練した技術に裏打ちされた，正しい測定操作が不可欠であることはいうまでもない．

[*3] 機器分析における感度は，分析目的成分の単位濃度（または物質量）変化に対する信号強度変化の比として定義される．一方，検出限界は分析目的成分の検出可能な最小濃度（または量）であり，定量下限はある信頼性をもって定量可能な最小濃度（または量）である．具体的には，空試験値の標準偏差σの3倍（3σ）あるいは信号／ノイズ（S/N）比3に相当する信号強度を与える試料濃度を検出限界，10σまたはS/N比15に相当する濃度を定量下限とする例が多い．ただし，この値は学術的に規定されたものではなく，これ以外の算出方法が採用されることも多いため，個々の測定結果をLODおよびLOQの定義と併せて値を示すことが望ましい．

なく，視点を変えれば異なる分類を行うことができる.

　さらに，分離分析を代表するクロマトグラフィーも，検出器に着目すれば，分光分析・電気分析・質量分析などの方法が一般に採用されている．こうした検出部分の比重が大きくなれば，もはや単なるクロマトグラフィーの範疇を超えて，検出部に異なる機器分析法を組み合わせた新しい手法とみなすことができる．例えば，液体クロマトグラフ（LC）に核磁気共鳴装置（NMR）をオンラインで結合して，分離された各成分のNMRスペクトルを観測する手法は，LC-NMRとして実用化されている．このように，複数の異なる手法を組み合わせる複合的な機器分析法は，一般にそれぞれの手法をハイフンで繋いで命名されることから，**ハイフェネーテッドテクノロジー**（hyphenated technology）と総称される．

1.4　機器分析の現状と課題

　機器分析は，20世紀の前半に飛躍的に進歩した．この時代に，現在も広く用いられている，まったく新しい原理に基づくさまざまな機器分析法が次々と開発されてきた．これに対して，最近ではこうしたまったく新しい原理に基づく機器分析法はほとんど登場しなくなっており，今日までの半世紀近くの間に開発された真の意味での新規機器分析法としては，**走査型プローブ顕微鏡**（10.5節参照）などの限られた手法が挙がるのみである．

　しかし，このことは機器分析の発展が停滞していることを意味するわけでは決してなく，既存の機器分析法をベースにしてそれらをより高度化した手法の開発は，むしろ以前にも増して精力的に進められている．例えば，15章で取り上げる**マイクロチップ**を用いた分析法は，電気泳動などの既存の技術をベースに，近年目覚ましく発展しているナノテクノロジーを融合して開発された，最先端の機器分析を代表する手法ということができよう．また，各種機器分析法の要素技術についても，新たな技術開発が積極的に行われている．質量分析における各種新規イオン化法の開発や，核磁気共鳴法における多次元およびイメージング（MRI）技術などは，その代表例である．さらに，市販の分析機器については，さまざまな観点からの高性能化が不断に続けられており，各分析機器メーカーから毎年のように新規モデルが発表されている．

主としてコンピュータ技術の急速な発展に支えられ，ハード面では高感度，高選択性，高速化などが進む一方，データ処理速度や解析能力の向上，さらには操作性の改善といったソフト面での進歩も著しい．しかし，このような分析機器の（特にソフト面での）高性能化は，時として両刃の剣になり得ることを，十分に心得ておく必要があろう．すなわち，いわゆる「**ブラックボックス**」化に伴う諸問題である．昨今の最先端分析機器を用いると，その原理や特性はまったく理解していなくても，試料を装置に導入すればいかにもそれらしい結果がコンピュータのモニター上に現れる．最新鋭で，性能もアップした（かつ高価な）分析機器を用いると，それだけで得られた分析結果の質が向上したように錯覚しがちである．しかし，分析の結果は一般に，前処理を含めた試料の性状，試料導入の方法，分析機器の諸操作条件など，さまざまな要因によって大きく左右される．したがって，試料の素性を十分に把握するとともに，使用する機器の原理や特徴をしっかり理解したうえで一連の分析操作を行わなければ，信頼性の高い分析結果は決して得られない．このような考え方に基づく本書の大きな狙いの1つは，読者が実際に利用しているか，あるいは将来的に利用する可能性のある分析機器の原理や特徴を十分に把握していただくことにある．

参考文献

1) 泉美治，小川雅彌，加藤俊二，塩川二朗，芝哲夫(監修)，第2版　機器分析のてびき　第1集〜第4集，化学同人(1996)
2) 日本分析化学会(編)，機器分析の事典，朝倉書店(2005)
3) G. D. Christian(著)，原口紘炁(監訳)，原書6版　クリスチャン分析化学II　機器分析編，丸善(2005)
4) 赤岩英夫(編)，機器分析入門，裳華房(2005)
5) 澤田清(編)，若手研究者のための機器分析ラボガイド，講談社(2006)
6) 服部敏明，纐纈守，川口健，吉野明広(編)，機器分析ナビ，化学同人(2006)
7) 中田宗隆，なっとくする機器分析，講談社(2007)
8) 日本分析化学会近畿支部(編)，ベーシック機器分析化学，化学同人(2008)
9) 加藤正直，内山一美，鈴木秋弘(著)，基礎からわかる機器分析，森北出版(2010)
10) 本水昌二，磯崎昭徳，櫻川昭雄，井原敏博，内山一美，善木道雄，寺前紀夫，中釜達朗，平山和雄，三浦恭之，南澤宏明，森田孝節，分析化学＜機器分析編＞，東京教学社(2011)

第2章　分光分析の基礎

　物質や溶液の色を観察して，試料中に含まれる成分や濃度を推定することが，昔から行われてきた．現在，この色を見分けて情報を得る方法，すなわち光を利用した分析法は多くのバリエーションが生まれ，先端分析機器として幅広い分野で活用されている．本章では，それらの分析機器を正しく活用するために必要な，光（電磁波）の性質や光と物質との相互作用に関する基礎的な事項について解説する．

2.1　光とは

　1666年，物理学者ニュートン（I. Newton）は太陽光をプリズムに通すと，虹のような連続した色の帯が現れる現象を発見した（**図2.1**）．そしてこの虹を**スペクトル**（spectrum）と命名した．ここで観測された虹は，我々人間が色として認識可能な可視領域（波長が380〜780 nm程度）の光である．虹の色は昔から赤，橙，黄，緑，青，藍，紫の7色で表現されてきたが，不連続な色で構成されているわけではない．赤から紫に向かって連続的な色のグラデーショ

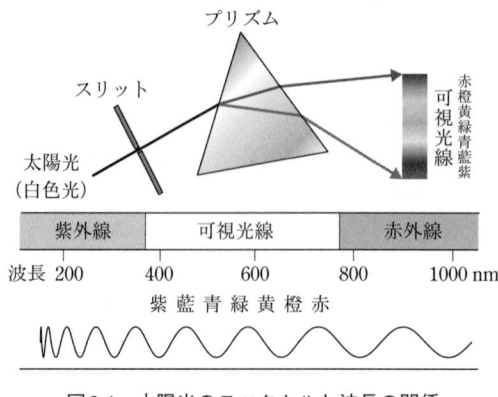

図2.1　太陽光のスペクトルと波長の関係

表2.1　可視光の波長と色および補色

波長（nm）	光の色	補色
380〜435	紫	黄緑
435〜480	青	黄
480〜490	緑青	橙
490〜500	青緑	赤
500〜560	緑	赤紫
560〜580	黄緑	紫
580〜595	黄	青
595〜610	橙	緑青
610〜750	赤	青緑
750〜780	赤紫	緑

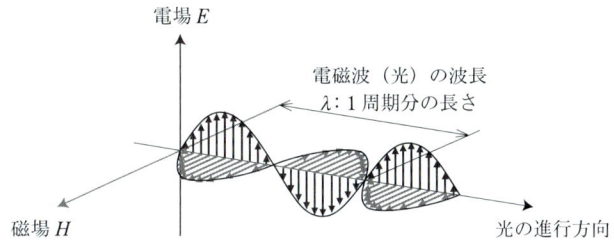

図2.2 電磁波の進行の様子

ンとなっている．

表2.1に可視光の波長と色，および補色について示す．太陽光のように可視領域のすべての波長の光を含んでいる光を白色光という．物質に白色光を照射すると，物質の多くはさまざまな色を示す．これは白色光の一部が物質に吸収され，吸収されなかった残りの光が反射（あるいは透過）するからであり，この光が目に届き，色として認識される．この目に感じる色を**補色**（complementary color）という．リンゴが赤いのは，リンゴが白色光のうち青緑色の光を吸収し，青緑色の光が欠けた色が赤くみえているのである．

19世紀から20世紀初頭まで，反射，屈折，回折，干渉といった光の性質がマクスウェルの電磁方程式によって説明され，光は電場と磁場が直交して振動する波，すなわち電磁波として取り扱われてきた（図2.2）．しかし，1905年に発表された光電効果を説明するアインシュタインの光量子説により，光は粒子としての性質をもっていることが明らかになる．そして20世紀初頭の量子論の確立により，光は波としての性質（**波動性**）と粒子としての性質（**粒子性**）の両方を併せ持つことが明らかになった．この性質は光の二重性と呼ばれる．

2.2 電磁波とエネルギー

電磁波（electromagnetic wave）は波長によって個別の名称がつけられている．波長λは空間を伝わる波（波動）のもつ周期的な長さである．1周期分の長さを図2.2に示した．図2.3に電磁波の名称と対応する波長領域を示す．なお，境界の波長は厳密に規定されたものではない．

我々が通常「光」と呼ぶのは，可視光線とその左右にある紫外線および赤外

第2章　分光分析の基礎

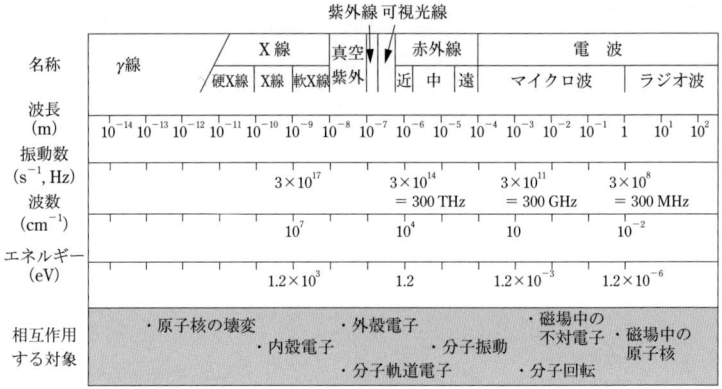

図2.3　電磁波の分類

線である．紫外線よりもさらに波長の短い領域にはX線とγ線がある．一方，赤外線よりも波長の長い領域にはマイクロ波やラジオ波がある．

電磁波を波動として取り扱うとき，通常の波と同じように振動数 ν や波数 $\tilde{\nu}$ で表すこともできる．波数 $\tilde{\nu}$ は単位長さ（1 cm）あたりの波の数であり，振動数 ν は単位時間（1秒）あたりに発生する波の数である．それぞれ電磁波の波長 λ と次のような関係がある．

$$\tilde{\nu} = \frac{1}{\lambda} \,(\mathrm{cm}^{-1}) \tag{2.1}$$

$$\nu = \frac{c}{\lambda} \,(\mathrm{s}^{-1},\ \mathrm{Hz}) \tag{2.2}$$

ここで，c は電磁波の速度であり，$c = 2.998 \times 10^8\ \mathrm{m\,s^{-1}}$ である．

一方，電磁波（光）にはエネルギーをもった粒子としての性質もある．光を粒子として取り扱うとき，光は質量をもたないエネルギーの塊とみなされ，**光子**（photon）と呼ばれるようになる．光子は原子や分子のように1つずつ数えることができる．1個の光子のもつエネルギー E は次式によって与えられ，波とエネルギーが関連付けられる．

$$E = h\nu = \frac{hc}{\lambda} \quad (\mathrm{J}) \tag{2.3}$$

ここで，$h = 6.626 \times 10^{-34}\ \mathrm{J\,s}$ はプランク定数であり，量子論のいろいろな関係

式に現れる重要な定数である。電気素量 $e = 1.602 \times 10^{-19}$ C を用いると，式(2.3)は

$$E = \frac{hc}{e\lambda} \quad (\text{eV}) \tag{2.4}$$

と表され，エネルギーの単位はeVとなる．

波長の短い電磁波ほどそのエネルギーは高く，波長の長い電磁波ほどそのエネルギーが低い．物質と電磁波とがどのような相互作用をするかは，光子のもつエネルギーの大きさによって決まってくる．電磁波を使い分けることによって，試料成分のさまざまな情報を引き出すことが可能となる．

2.3 電磁波と物質の相互作用

2.3.1 物質による電磁波の吸収と放出

電磁波が物質を通過すると，物質に固有の波長の電磁波が弱められる．これは，物質により特定の波長の電磁波が吸収されるからである．その実体は，物質を構成している分子や原子に含まれる電子による電磁波のエネルギーの吸収である．

一般に，ある系のエネルギー状態について，最もエネルギーの低い状態を**基底状態** E_{gr}，基底状態よりもエネルギーの高い状態を**励起状態** E_{ex} という（図2.4）．電子が電磁波のエネルギーを吸収すると，分子は基底状態から励起状態に移る．電子がエネルギー準位間を移動することを**遷移**（transition）といい，特に，エネルギー準位の低い軌道から高い軌道に移ることを**励起**（excitation）という．一方，励起状態にある分子は不安定であるため，熱や電磁波としてエ

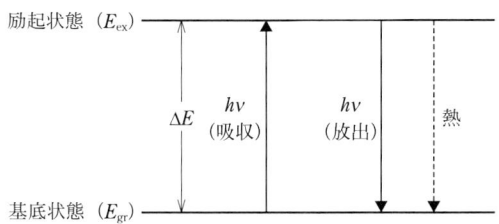

図2.4 電磁波の吸収と放出（遷移エネルギー）

ネルギーを放出して安定な基底状態へ戻ろうとする．この元の状態に戻っていく過程を**緩和**（relaxation）という．その際，電磁波を放出する現象を**発光**（emission）という．

基底状態と励起状態とのエネルギー差ΔEは**遷移エネルギー**と呼ばれ，吸収あるいは放出される電磁波と次の関係がある．

$$\Delta E = h\nu = \frac{hc}{\lambda} \tag{2.5}$$

式(2.5)を満たす波長の電磁波のみが物質に吸収され遷移が起こる．ただし，式(2.5)を満たす電磁波が物質を通過したからといって，必ずしも電磁波の吸収と遷移が起こるわけではない．電子の遷移は確率的なものであり，確率が高い場合も確率が極めて低い場合もある．前者の遷移を**許容遷移**，後者を**禁制遷移**という．

2.3.2 物質のエネルギー準位

分子や原子には，それらが有している電子の軌道運動に基づくエネルギーが存在する．例えば，1個の陽子と1個の電子からなる水素原子は，陽子の周りを電子が軌道運動している．この電子の軌道は複数存在し，軌道ごとにエネルギーが異なっている．軌道電子のもつエネルギーは，**図2.5**に示すようにとびとびの値をとり，中間のエネルギーをもつ状態は存在しない．このことを量子化されているといい，それぞれの軌道がもつエネルギーを**エネルギー準位**（energy level）という．こうした軌道電子のエネルギーは，原子の種類ごとに決まっているので，スペクトルを観測することで原子の種類を特定できる．

原子では電子エネルギー準位しかないので，特定波長の光のみが電子遷移を引き起こす．その結果，シャープなスペクトル（線スペクトル）が得られる．

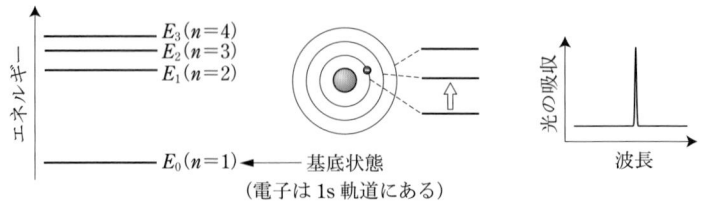

図2.5　水素原子のエネルギー準位と原子吸光スペクトル

一方，分子は原子が多数結合してできており形も多様なため，エネルギー準位が複雑になる．一般に，分子の内部エネルギー E_{int} は次のように表される．

$$E_{int} = E_{elec} + E_{vib} + E_{rot} \tag{2.6}$$

電子エネルギー E_{elec} のほかに，構成原子間の振動エネルギー E_{vib} と分子全体の回転エネルギー E_{rot} が加わっている．なお，これらのエネルギーも不連続なとびとびの値をとる（6章参照）．

2.4 光吸収の強度

2.4.1 吸収スペクトル

吸光性の物質を含む溶液に200～800 nmの連続光を照射したときの光の透過の様子を図2.6に示す．各波長の光は吸光物質によりその一部が吸収され，残りが透過する．この光の吸収の度合い（あるいは透過の度合い）を波長ごとに測定してプロットしたものを**吸収スペクトル**（absorption spectrum）という．

吸収スペクトルは物質に固有のエネルギー準位間の遷移を反映するため，物質によって吸収する光の波長や程度が異なってくる．そのため，吸収スペクトルの形状や強度から，物質を構成する分子の量や構造に関する知見が得られる．

2.4.2 透過率と吸光度

光の吸収の程度は，透過率と吸光度によって表される（**表2.2**）．その定義を以下に示す．ある波長の光（単色光）の入射光強度を I_0，透過光強度を I としたとき，その比を**透過度**（transmittance）T といい，これを百分率で表したも

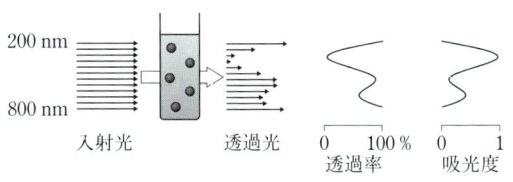

図2.6 光の透過率と吸光度

表2.2 透過率と吸光度の関係

吸収率	透過率	吸光度
0 %	100	0
30 %	70	0.155
50 %	50	0.301
90 %	10	1
99 %	1	2
100 %	0	∞

のが**透過率**(percent transmission) T%である.また,透過度の逆数の常用対数を**吸光度**(absorbance) Aという.それぞれ次式で示される.

$$T = \frac{I}{I_0} \tag{2.7}$$

$$T\% = \frac{I}{I_0} \times 100 \tag{2.8}$$

$$A = \log \frac{1}{T} = -\log T = -\log \frac{I}{I_0} \tag{2.9}$$

2.4.3 ランベルトの法則

　光が溶液中を通過すると,透過光の強さは指数関数的に減衰する.**図2.7**に光が試料溶液を通過するときの様子を示す.今,長さlの液層を均等な長さの仮想的な薄い層に分けて考えるとき,溶液が均一であれば光が透過すると,各層は同じ割合だけ光を吸収する(光の強さを減じる).例えば,第1層が入射光の1/2だけ吸収したとすれば,第1層透過後ははじめの光の強さの1/2となり,第2層ではさらにその1/2を吸収し,はじめの光の強さの1/4になる.以下同様にして第3,第4の層を透過後は1/8,1/16にまで減少する.

　以下にランベルトの法則の導出過程を示す.光の強さの減少量dIは光の強さIと液層の長さdxの積に比例する.したがって,

$$-dI \propto I dx, \quad -dI = k_1 I dx \tag{2.10}$$

と表せる.式(2.10)を変数分離すると

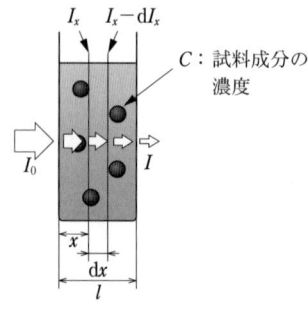

図2.7　光の吸収と液層の長さ

$$-\frac{dI}{I} = k_1 dx \tag{2.11}$$

となり，左辺を $I_0 \to I$，また右辺を $0 \to l$ まで積分すると

$$-\ln\frac{I}{I_0} = k_1 l \tag{2.12}$$

が得られる．式(2.12)は

$$-\log\frac{I}{I_0} = \frac{1}{2.303}k_1 l = k_1' l \tag{2.13}$$

また，

$$I = I_0 \cdot 10^{-k_1' l} \tag{2.14}$$

と書き直せ，これらの式から吸光度 $A\left(=-\log\dfrac{I}{I_0}\right)$ が液層長（光路長）l に比例すること（これをランベルトの法則という）と，I が指数関数的に減衰することがわかる．

2.4.4 ベールの法則

ランベルトの法則において，液層の長さを2倍にすれば吸光物質の数が2倍になる．一方，液層長を変えずに溶質の濃度を2倍にしても同じ状況となる．したがって，液層長が一定の条件で，光の強度の減少量 dI と溶液の濃度の変化量 dC との間には次の関係が成立する．

$$-dI = k_2 I dC \tag{2.15}$$

式(2.15)を変数分離し積分すると

$$-\ln\frac{I}{I_0} = k_2 C$$

$$-\log\frac{I}{I_0} = \frac{1}{2.303}k_2 C = k_2' C \quad (I = I_0 \cdot 10^{-k_2' C}) \tag{2.16}$$

が得られる．すなわち，吸光度 A は濃度 C に比例（これをベールの法則という）し，また，透過光強度 I は濃度 C が増大するにつれて指数関数的に減衰する．

2.4.5 ランベルト-ベールの法則

$-\log \dfrac{I}{I_0}$ は l と C に比例するから，ランベルトの法則とベールの法則をまとめると次のように書き改められる．

$$-\log \frac{I}{I_0} = klC \tag{2.17}$$

吸光度 A を用いれば式(2.17)は $A = klC$ となる．すなわち，吸光度 A は溶液の濃度 C および液層長（光路長）l に比例する．この関係を**ランベルト-ベールの法則**（Lambert-Beer's law）と呼ぶ．

式(2.17)で l を 1 cm，C を $1\,\mathrm{mol\,L^{-1}}$ で表したときの k を ε とすると，ε は**モル吸光係数**（molar absorptivity, molar absorption coefficient）と呼ばれ，測定波長，温度などによって決まる物質固有の定数である．ε の値は $1\,\mathrm{mol\,L^{-1}}$ の試料溶液を 1 cm セルに入れて測定したときの吸光度に相当し，単位は $\mathrm{L\,mol^{-1}\,cm^{-1}}$ である．モル吸光係数 ε の値の大小は吸光分析の感度を示すことになる．

参考文献

1) G. D. Christian(著)，原口紘炁(監訳)，原書6版　クリスチャン分析化学Ⅱ　機器分析編，丸善(2005)，pp.1–75.
2) 小熊幸一，酒井忠雄(編著)，基礎分析化学，朝倉書店(2015)，pp.119–143.
3) 北森武彦，宮村一夫，分析化学Ⅱ　分光分析，丸善(2002)，pp.3–35.
4) S. P. J. Higson(著)，阿部芳廣，渋川雅美，角田欣一(訳)，分析化学，東京化学同人(2006)，pp.60–80.
5) 澤田清(編)，若手研究者のための機器分析ラボガイド，講談社(2006)，pp.118–136.
6) 萩中淳(編)，分析科学　第2版，化学同人(2011)，pp.127–144.
7) 定金豊，イメージから学ぶ分光分析法とクロマトグラフィー，京都廣川書店(2009)，pp.2–22.
8) 楠文代，渋澤庸一，薬学生のための分析化学，廣川書店(2008)，pp.123–140.

❖演習問題

2.1 400 nmの波長を有する電磁波の振動数$\nu(\text{s}^{-1})$と波数$\tilde{\nu}(\text{cm}^{-1})$およびエネルギー(eV)を求めよ．

2.2 次の電磁波を波長の短いものから順に並べよ．
赤外線，マイクロ波，可視光線，紫外線，ラジオ波，X線

2.3 紫外・可視分光光度計の中にセットした溶液は波長520 nmにおいて，吸光度は0.62を示した．このときの透過率（$T\%$）を求めよ．

2.4 次のエネルギーを大きい順に並べ替えよ．
電子エネルギー，回転エネルギー，振動エネルギー

第3章 吸光光度法と蛍光光度法

　着色した溶液の色の濃淡を肉眼で比較し，溶質の濃度を求めることが昔から行われてきた．これは物質による可視光の吸収を利用したものである．人間の目は非常に高感度である．しかし，光の強弱を見分ける（相対的な強度を判別する）能力に乏しい．そこで，光の吸収の度合いを定量的に計測する分光光度計が開発された．また，測定可能な波長領域も可視領域だけでなく紫外領域にまで拡張され，着色した溶液のみならず紫外領域に吸収を示すベンゼンやナフタレンなどの有機化合物の定性・定量が可能となった．このような紫外領域および可視領域の光の吸収に基づく分光分析法を**吸光光度法**（absorption spectrometry）と呼ぶ．一方，物質の中には，紫外・可視領域の光を吸収すると，そのエネルギーの一部を光として放出するものがある．このとき発せられる光には蛍光とりん光があり，蛍光を利用する分析法が**蛍光光度法**（fluorescence spectrometry）である．蛍光光度法は，吸光光度法よりも一般的に2桁以上高感度な分析が可能である．本章では，それぞれの分析法の原理と特徴を解説する．

3.1 紫外・可視領域の光の吸収と電子遷移

　吸光光度法も蛍光光度法も分子による紫外・可視領域の光の吸収と放出に基づいており，その本質は電子遷移である．図3.1に光の吸収と緩和過程を示す．
　室温における多くの有機化合物は，通常，同じ分子軌道を占める2つの電子が互いに逆向きのスピンをもった基底一重項状態S_0にある．なお，この電子のスピンの向きが同じになると，それらは「不対」電子状態となり，そのような分子の状態を三重項状態Tという．
　基底一重項状態S_0の分子が紫外・可視領域の光を吸収すると，図3.1に示すように，分子内の電子は多重度が同じである第一励起一重項状態S_1，あるいはさらにエネルギー的に上位の電子励起状態（S_2, S_3, …）の振動準位の1つへと

3.1 紫外・可視領域の光の吸収と電子遷移

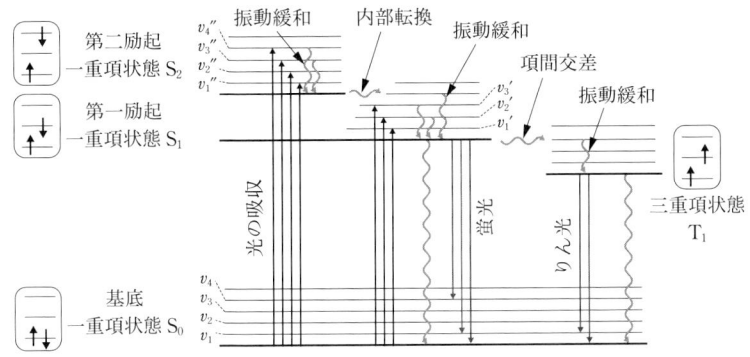

図3.1 分子のエネルギー状態と光の吸収と緩和過程

遷移する．物質にはそれぞれに固有のエネルギー準位があるため，紫外・可視領域の光の吸収スペクトルから物質を定性・定量することができる．

一方，励起状態の分子は不安定であり，吸収したエネルギーを放出して安定な基底状態に戻ろうとする．このような励起分子の緩和（失活）過程には，次の3つの過程がある．

1) 無放射過程：余分なエネルギーを熱として放出して基底状態に戻る．振動緩和，内部転換，項間交差などの過程がある．
2) 放射過程：余分なエネルギーを光として放出して基底状態に戻る．
3) 光化学的過程：余分なエネルギーを使って化学反応を起こす．

多くの場合は，1)無放射過程により，周囲の溶媒分子との衝突などによってエネルギーは熱として失われて基底一重項状態S_0に戻るが，ある構造を有する分子の中には，光エネルギーを放出して戻る場合がある．そのうち，第一励起一重項状態S_1から基底一重項状態S_0に遷移するときに発せられる光が**蛍光**(fluorescence)である．また，分子が励起状態にある間は，1つの電子がスピンを逆にすることが可能であり，項間交差と呼ばれる過程により，第一励起一重項状態S_1から三重項状態T_1へと遷移できる．この三重項状態T_1から光子を放って基底一重項状態S_0に戻るときに発せられる光が**りん光**(phosphorescence)である．なお，T_1からS_0への緩和過程において，光エネルギーよりも

熱エネルギーの放出の方がはるかに起こりやすいので，溶液試料においてりん光が観測されるのはまれである．

3.2 エネルギー準位と電子遷移

基底状態にある安定な分子では，電子は結合性軌道（σ軌道とπ軌道）あるいは非結合性軌道（n軌道）上にある．この基底状態にある分子が紫外・可視領域の光のエネルギーを受けると，σ，π，n軌道の電子が反結合性軌道（σ*軌道とπ*軌道）へと遷移して，励起状態となる．これらの軌道の相対的なエネルギー関係を図3.2に示す．電子が光エネルギーを吸収して上位の空軌道（反結合性軌道）に励起される場合，6つの遷移が考えられる．このうち，σ→π*遷移とπ→σ*遷移は禁制遷移のため観測されないが，σ→σ*遷移，π→π*遷移，n→σ*遷移，n→π*遷移の4種類の遷移は観測し得る．ただし，それぞれの遷移に必要な光エネルギーは概ね決まっており，200〜800 nmの紫外・可視領域の光エネルギーで起こる電子遷移はπ→π*遷移とn→π*遷移に限定されると考えてよい．σ→σ*遷移，n→σ*遷移は，紫外線よりも短波長の真空紫外領域で起こる．

2.3項で述べたように，分子には電子エネルギー準位よりも小さい振動エネルギー準位と，それよりもさらに小さい回転エネルギー準位が存在する．例えば，π結合の基底状態にも多数の振動エネルギー準位と回転エネルギー準位が存在し，各分子のπ電子はそれぞれさまざまな準位に存在していると考えられる（図3.3）．同様に，光エネルギーによって励起状態になるときにも，さまざ

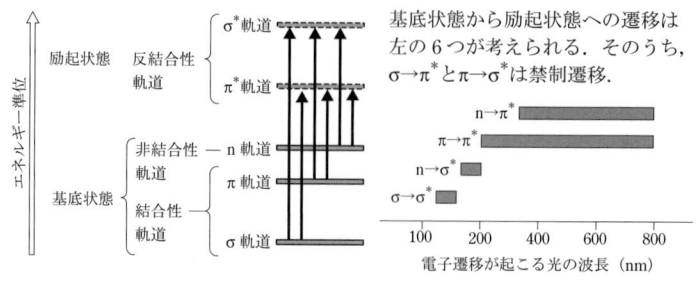

図3.2　分子軌道のエネルギー準位と電子遷移

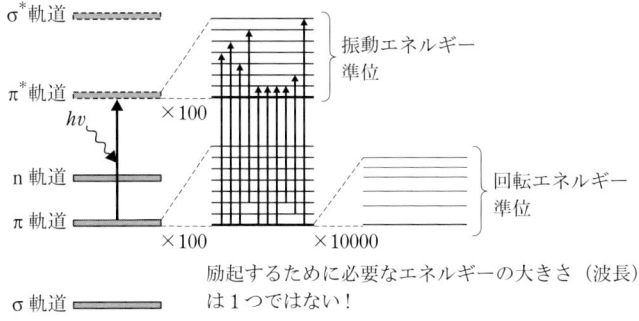

図3.3　電磁波の吸収によるエネルギー遷移

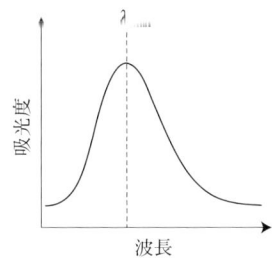

図3.4　分子の吸収スペクトル

さまざまな波長の光が吸収されて，電子遷移が引き起こされる．

まな振動・回転エネルギー準位に遷移する．すなわち，$π→π^*$の電子遷移といっても，エネルギー差（図の矢印の長さ）の異なる多数の遷移が存在している．したがって，分子ではさまざまな波長の光で電子遷移が生じるため，原子吸光スペクトル（図2.5）と比較して分子の吸収スペクトルは幅をもったスペクトルになる（**図3.4**）．

　有機化合物の紫外・可視吸収は**発色団**（chromophore）と**助色団**（auxochrome）によって決まる．発色団とは光を吸収する原子団（官能基）のことである．$π→π^*$遷移または$n→π^*$遷移を起こす原子団，すなわち多重結合をもつC＝C，C＝N，C＝O，C＝S，N＝N，N＝Oなどが該当する．助色団は発色団に結合してその吸収位置および強度を変化させる原子団（官能基）であり，非共有電

子対をもつ-OH, -OR, -NH$_2$, -SH, -X（ハロゲン）などがある．このように光の吸収は化学構造と密接に関係しており，置換基の導入あるいは溶媒の種類により変化する．

3.3 分光光度計の装置構成

吸光度測定に用いる**分光光度計**（spectrometer）は，光源，分光部，試料部，測光部，および記録部からなる．その基本構成を**図3.5**に示す．光源から出た光は，分光器で単色光に分けられ，試料に照射される．試料を透過した光は検知器に到達し，光の量が電気信号に変換される．これを増幅し吸光度または透過率で表示される．

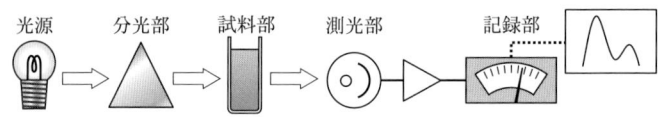

図3.5 紫外・可視分光光度計の装置構成

3.3.1 光源

光源には一般に重水素放電管（D2ランプ）とタングステンハロゲンランプ（WIランプ）が用いられている．D2ランプは紫外領域（180〜400 nm）の連続光源として使用され，WIランプは可視領域（320〜3000 nm）の連続光源として使用される．通常の分光光度計の測定範囲は200〜900 nmであり，WIランプとD2ランプを360 nm付近で切り替えることによって全領域をカバーしている．

3.3.2 分光部

光源から放射される連続光は**分光器**（モノクロメーター，monochromator）で単色光（特定の波長の光）にしてから試料に照射される．**図3.6**に分光を行うための素子であるプリズムと回折格子の原理を示す．プリズムは光の屈折率が波長によって異なることに基づいている．

一方，回折格子は鏡のような平面にノコギリ状の溝が等間隔に刻まれている．

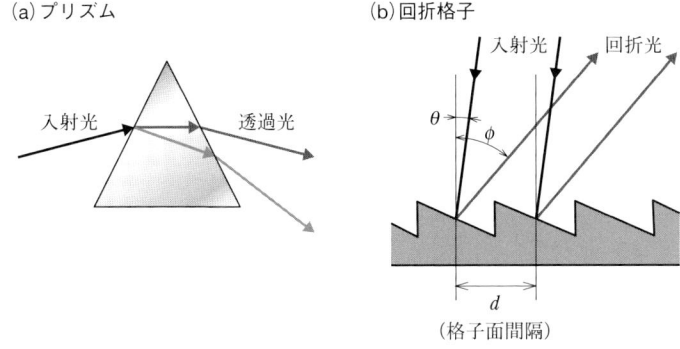

図3.6　プリズムと回折格子の分光原理

格子面間隔dの隣り合う回折格子面に角度θでそれぞれ入射する光が角度ϕで反射するとき，$d(\sin\theta+\sin\phi)$なる光路差が生じ，これが波長λの整数倍（m倍）のときだけ光は強め合い，そうでないときは相殺される．その結果，$d(\sin\theta+\sin\phi)=m\lambda$の関係を満たす光だけが選択される．回折格子を少しずつ回転させ，光の入射角を変えることで分光する光の波長を連続的に変えることができる．このように回折格子は，光の回折現象と光の干渉作用を利用して特定の波長の光を取り出す素子であり，現在の分光器の主流となっている．

3.3.3　試料部

試料部は試料溶液を設置する部分であり，**セル**と呼ばれる容器とこれを保持するセルホルダーからなっている．セルは通常，角型のものを用いるが，フローセル，温調セルなどが目的に応じて使い分けられる．セルの材質としては石英とガラスが一般的であるが，ポリスチレン樹脂やアクリル樹脂のものもある．測定したい波長の光が容器に吸収されないことが必要である．石英は紫外・可視領域いずれにも使用できるが，ほかは可視領域でのみ用いられる．

3.3.4　測光部と記録部

光の強度の測定には主に**光電子増倍管**（photomultiplier tube, PMT）が使用される．光強度を光電子増倍管で電気強度に変換し，コンピュータで処理すると吸光度（あるいは透過率），さらには吸収スペクトルが得られる．最近は，

半導体光検出素子（フォトダイオード）を多数並べて構成した**フォトダイオードアレイ検出器**（photodiode array detector, PDA）が用いられることもある．この場合は，光源の光を分光せず，そのまま試料に照射し，透過してきた光を回折格子で分光して，フォトダイオードアレイ検出器で各波長での吸光度を一度に測定する．

3.4 分光光度計の測定法

分光光度計には単光束分光光度計（**シングルビーム型分光光度計**）と複光束分光光度計（**ダブルビーム型分光光度計**）がある．シングルビーム型の場合には，分光器から出た光がそのままセルを通り，検知器に入射する．この場合，波長によって入射光の強度が異なるので，測定波長ごとにそのつど，透過パーセントの100合わせ（または吸光度の0合わせ）を行う必要がある．最初にリファレンス（参照）の吸光度を測定し，その後にサンプル（試料）の測定を行う．サンプルとリファレンスの測定に同じセルを使用できるため，測定セルの個体差に起因する測定誤差をなくすことができる．

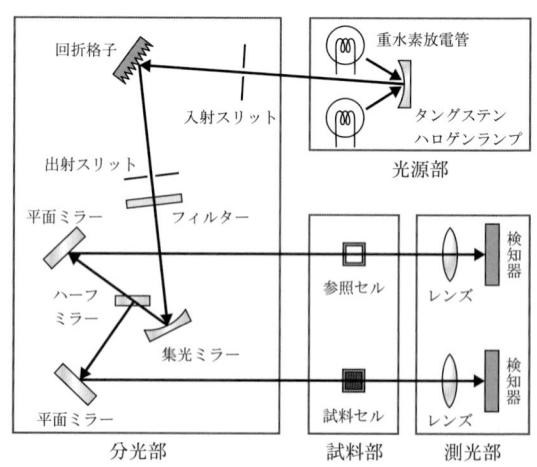

図3.7　ダブルビーム型分光光度計の装置構成
［澤田清（編），上原伸夫（著），若手研究者のための機器分析ラボガイド，講談社（2006），図4.2を参考に作成］

一方ダブルビーム型（図3.7）の場合には，分光部から出た光を2つの光束に分け，一方をサンプルに，もう一方をリファレンスに照射し，それぞれの光束を別々に検出する．リファレンスとサンプルを同時に測定するため，時間経過による光源の変動（ドリフト）を補正することができ，長時間安定した測定ができる．

3.5　紫外・可視吸光光度法による定量分析

3.5.1　重金属イオンの定量

紫外・可視吸光光度法は金属イオンの分析において公定分析法として多く採用されている．例えば，特定有害物質として指定されている6価クロムの分析では，発色試薬としてジフェニルカルバジドを用い，赤色に呈色した錯体を542 nmにおける吸光度を用いて定量する．なお，紫外・可視吸光光度法では，吸光度が0.16〜1.0程度の範囲で誤差が小さくなる．したがって，正確な測定を行うためには，この範囲に吸光度が入るように検量線を作成し，測定試料もその吸光度がこの範囲に入るように濃度を調整する（図3.8）．

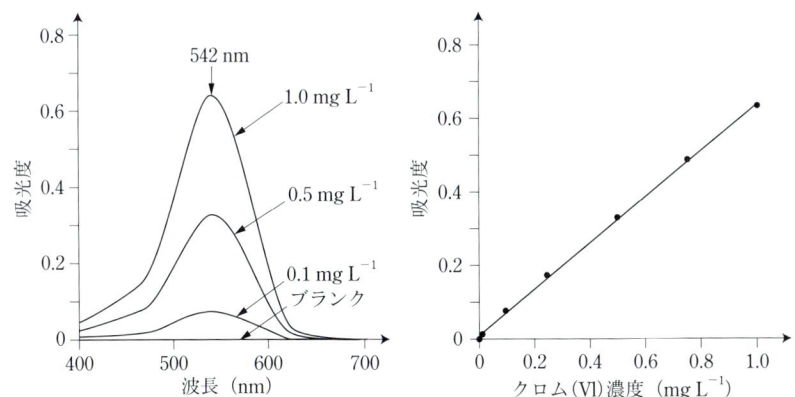

図3.8　6価クロムのジフェニルカルバジド錯体の吸収スペクトルと検量線
［日本分析機器工業会ウェブ資料，紫外可視分光光度計の原理と応用，図4より］

3.5.2　多成分系の同時定量

2成分あるいはそれ以上の成分を含む混合溶液において，それぞれの成分の

極大波長の位置が互いに離れており，かつそれらの成分間に相互作用がない場合には，それぞれの成分を単離することなく同時に定量することができる．今，XとYの2成分系を考えよう．成分XとY，およびその混合溶液の吸収スペクトルを図3.9に示す．混合溶液の吸収スペクトルは各成分のスペクトルの和で表される．

　成分Xの波長λ_1における吸光係数をε_{X1}，波長λ_2における吸光係数をε_{X2}とし，同様に成分Yの波長λ_1における吸光係数をε_{Y1}，波長λ_2における吸光係数をε_{Y2}とする．XとYの混合溶液のλ_1およびλ_2における吸光度をA_1およびA_2とし，XおよびYの濃度をそれぞれC_XおよびC_Yとすると，次の関係が成立する．

$$A_1 = \varepsilon_{X1} \cdot C_X + \varepsilon_{Y1} \cdot C_Y \tag{3.1}$$

$$A_2 = \varepsilon_{X2} \cdot C_X + \varepsilon_{Y2} \cdot C_Y \tag{3.2}$$

C_XとC_Yは式(3.1)と式(3.2)から求めることができる．

$$C_X = \frac{\varepsilon_{Y2} \cdot A_1 - \varepsilon_{Y1} \cdot A_2}{\varepsilon_{X1} \cdot \varepsilon_{Y2} - \varepsilon_{X2} \cdot \varepsilon_{Y1}} \tag{3.3}$$

$$C_Y = \frac{\varepsilon_{X2} \cdot A_1 - \varepsilon_{X1} \cdot A_2}{\varepsilon_{X2} \cdot \varepsilon_{Y1} - \varepsilon_{X1} \cdot \varepsilon_{Y2}} \tag{3.4}$$

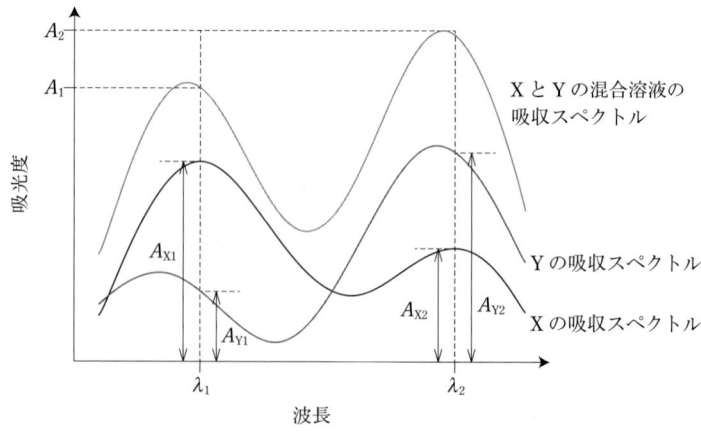

図3.9　2成分混合溶液の吸収スペクトル

3.6　励起スペクトルと蛍光スペクトル

　図3.1に示したように，分子が光のエネルギーを吸収すると，はじめに基底一重項状態の最低振動準位にあった電子は，照射した光（励起光）のエネルギーに応じて，励起一重項状態のさまざまな振動準位へと励起される．振動エネルギーは周りの分子との衝突などによって失われて，各々の最低振動準位に下がる．このような振動緩和や内部転換といった無放射遷移を介して励起された電子は，速やかに第一励起一重項状態S_1の最低振動準位へと移行する．蛍光は，この第一励起一重項状態S_1の最低振動準位から基底状態S_0の各振動準位への遷移によって生じるものである．蛍光スペクトルおよび励起スペクトルの形状は物質に固有のため，試料成分を同定することができる．また，蛍光強度から定量を行うことができる．最適な励起波長と蛍光波長を選ぶことができるため，吸光光度法に比べ選択性，感度ともに高い．

　励起スペクトル（excitation spectrum）は，蛍光の測定波長を固定しておき，励起光の波長を変化させ，各励起波長で得られた蛍光の強度をプロットしたものである．励起スペクトルは本質的には吸収スペクトルと同じものである．一方，**蛍光スペクトル**（fluorescence spectrum）は，励起光の波長を固定しておき，各波長で観測された蛍光強度をプロットすることにより得られる．図3.10にアントラセンの励起（吸収）スペクトルと蛍光（発光）スペクトルを示す．

　励起された蛍光分子は，励起状態の最下位S_1のエネルギー状態（最低振動準位）へ，自らのエネルギーを他の分子へ与えたり熱として放出したりして遷移（振動緩和）してから，基底状態S_0へ遷移する．このため，蛍光を発するときのエネルギーの大きさは基底状態から励起状態に遷移させる励起光のエネルギーよりも常に小さくなる．したがって，蛍光スペクトルは励起スペクトルよりも長波長側に現れる．これを**ストークスの法則**（Stokes' law）という．また，励起状態と基底状態の振動準位は相互に類似するため，図3.10にみられるように，励起スペクトルと蛍光スペクトルの形状は左右対称の鏡像関係となることが多い．なお，蛍光スペクトルには，試料中の目的物質からの蛍光だけでなく，励起光由来の散乱光や溶媒のラマン散乱光（6章参照），さらに散乱光の二次光も観測されることがあるので注意を要する．

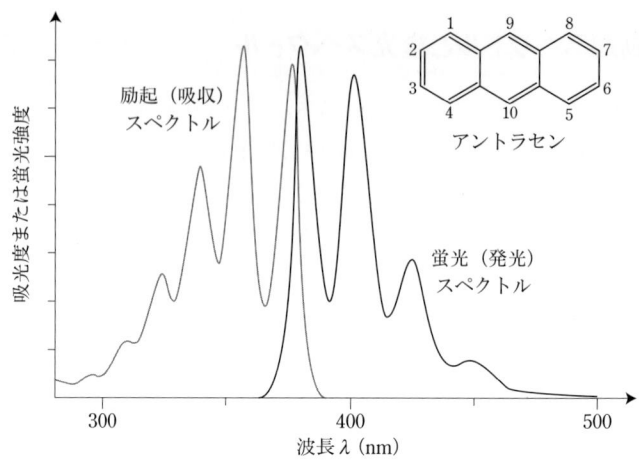

図3.10　アントラセンの励起（吸収）スペクトルと蛍光（発光）スペクトル
［http://www.st.hirosaki-u.ac.jp/~jun/mhp0603/mhp0603_34.html を参考に作成］

3.7　蛍光強度

　溶液が十分希薄であるとき，蛍光強度 F は次式で示されるように溶液中の蛍光物質の濃度 C に比例する．

$$F = k\phi I_0 \varepsilon Cl \tag{3.5}$$

ここで，k は装置定数，I_0 は励起光の強度，ε は励起光の波長におけるモル吸光係数，l は液層長である．また，ϕ は**蛍光量子収率**（fluorescent quantum yield）と呼び，吸収した励起光子の数に対する発光した蛍光光子の数の比である．

　式(3.5)から，蛍光強度は励起光の強度に比例するので，光源の強度を増大することによって感度を向上できることがわかる．また，モル吸光係数と蛍光量子収率の値が大きいほど蛍光強度が大きくなり，高感度分析が可能となる．

　蛍光を発する物質は，多環性の芳香族化合物で代表されるように，共役系が長く，かつ平面構造をとる分子が多い．一般に，$-NH_2$ や $-OH$，$-OCH_3$ のような電子供与基は一般に蛍光を増大させ，$-COOH$ や $-NO_2$，$-X$（ハロゲン）のような電子吸引基は蛍光を減少させる．また，発色団に対して平面性をより大きくする構造変化は蛍光を増大させることがある．例えば，ベンゼン環2個

を酸素で架橋して環形成したフルオレセイン（**図3.11**）は緑色の蛍光を発する．

蛍光はさまざまな環境因子によってその強度が減少させられる．これを**消光**（quenching）といい，温度消光，濃度消光，共存物質による消光などがある．測定時にはこれらの影響に十分注意する必要がある．

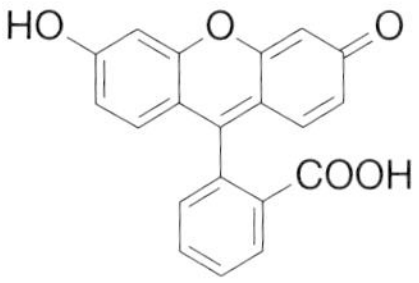

図3.11　フルオレセイン

3.8　蛍光光度計の装置構成

蛍光光度計（fluorometer）は光源，励起側分光部，試料部，蛍光側分光部，測光部，および記録部からなる．**図3.12**にその構成例を示す．

蛍光光度計では試料部の前後に分光器を設置する．光源を出た光は1つ目の分光部（励起波長の選択）で単色光とし，試料に照射される．試料から放射された蛍光は，2つ目の分光部（蛍光波長の選択）で目的の波長の光が取り出され，測光部へと導かれる．

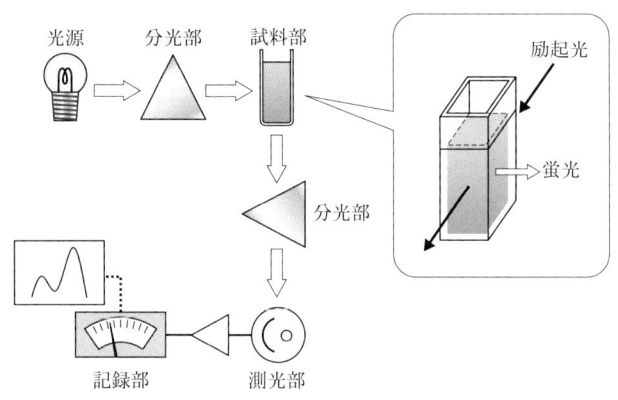

図3.12　蛍光光度計の装置構成

蛍光強度は励起光の輝度に比例するため，光源としては中圧水銀灯やキセノンランプなど輝度の高いものが用いられる．スペクトル測定用には，連続光源であるキセノンランプが適している．

試料を入れるセルには，四面透明な石英セルが用いられる．蛍光の検出には光電子増倍管が用いられる．蛍光は全方位に放射されるため，励起光（散乱光）の影響をできるだけ少なくするために，測光部は入射光の光軸と直角の方向におかれる．

3.9　蛍光光度法による定量分析

蛍光を発しない，あるいは蛍光が弱い物質を強蛍光性の物質に変換することによって，高感度・選択的な分析を行うことができる．蛍光誘導体化には，蛍光性の試薬との反応により目的物質に蛍光部位を導入する蛍光ラベル化法と，目的物質との反応によって蛍光性へと導く発蛍光型の反応法に大別される．

シックハウス症候群の原因とされるホルムアルデヒドは，酢酸アンモニウムの存在下で2分子のアセチルアセトンと反応し，蛍光性を有する3,5-ジアセチル-1,4-ジヒドロルチジンを生成する（図3.13）．この物質は510 nm付近において強い蛍光を発するので，ホルムアルデヒドの微量分析ができる．

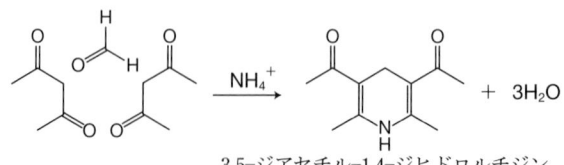

3,5-ジアセチル-1,4-ジヒドロルチジン

図3.13　発蛍光性物質の生成

Coffee Break

遷移金属錯体の色の起源

　水溶液中でCo^{2+}がピンク色に，Cu^{2+}が青色にみえるのは水和錯イオンによる．Co^{2+}やCu^{2+}のような3d軌道に電子の入れる空席がある遷移金属イオンでは，水分子の孤立電子対が接近すると，その相互作用によってd軌道のエネルギー準位が分裂する．すなわち，複数のd軌道間でエネルギー差が生じる．ここに光を当てるとd軌道電子が励起され，分裂したd軌道間で遷移が起こる．この遷移はd-d遷移と呼ばれる．d-d遷移（f-f遷移もある）は禁制遷移であり，モル吸光係数はせいぜい数百程度と発色強度が弱く，低濃度の定量分析にはほとんど用いられることはない．

　一方，金属イオンのd軌道（あるいはf軌道）から配位子のπ*軌道へと電子が遷移したり，あるいは配位子の軌道から金属イオンの空のd（またはf）軌道へと電子が遷移するときに強い吸収帯が現れることがある．この電子遷移は異なる原子間での電子移動を伴う遷移過程であり，電荷移動遷移と呼ばれている．電荷移動遷移では10000を超えるモル吸光係数が得られることが多く，1,10-フェナントロリンとFe^{2+}との濃赤色の呈色など定量分析に汎用されている．

参考文献

1) 日本化学会（編），澤田嗣郎，飯田厚夫，寺前紀夫，樋口精一郎，矢野重信，分光分析化学，大日本図書(1988)
2) 小熊幸一，酒井忠雄（編著），基礎分析化学，朝倉書店(2015)，pp.119-143.
3) S. P. J. Higson（著），阿部芳廣，渋川雅美，角田欣一（訳），分析化学，東京化学同人(2006)，pp.60-80.
4) 澤田清（編），若手研究者のための機器分析ラボガイド，講談社(2006)，pp.118-136.
5) 定金豊，イメージから学ぶ分光分析法とクロマトグラフィー，京都廣川書店(2009)，pp.24-38.
6) 日本分析化学会（編），井村久則，菊池和也，平山直紀，森田耕太郎，渡會仁（著），吸光・蛍光分析，共立出版(2011)

❖演習問題

3.1 色のついた溶液を紫外・可視分光光度計にセットした．460 nmでその試料は吸光度0.79を示した．吸収された光の割合（%）を計算せよ．

3.2 0.15 mmol L^{-1}の濃度のある物質の水溶液を光路長1 cmのセルを用いて吸光度を測定したところ0.62を示した．この物質のモル吸光係数を計算せよ．

3.3 分子量が107.4の色素分子8.96 mg L^{-1}を含む水溶液を光路長1 cmのセルを用いて吸光度を測定したところ，吸光度0.80を示した．この色素のモル吸光係数を求めよ．

3.4 モル吸光係数が1.1×10^4 L mol^{-1} cm^{-1}（650 nm）である化合物を光路長1 cmのセルに入れて紫外・可視分光光度計で吸収度を測定したところ，吸光度0.77を示した．この化合物の濃度を求めよ．

第4章　原子吸光分析

　フレームもしくは黒鉛炉中で，分析対象元素を蒸気化（原子化）し，この原子状態の気体中に適当な波長（エネルギー）の光を通過させたとき，もしその光がその原子固有のスペクトル線であれば，外側電子の励起に基づく吸収が起こる．この現象を**原子吸光**（atomic absorption）といい，これを利用するのが**原子吸光分析法**(atomic absorption spectrometry)である．原子化の方法により，**フレーム原子吸光法**と**電気加熱（黒鉛炉）原子吸光法**に大別される．簡便性と汎用性の観点から，水溶液試料中の金属元素の計測法として幅広く用いられている．

4.1　原子吸光分析の特徴

原子吸光分析法の特長は，
1）高感度である
2）共存元素（マトリックス成分）の影響が比較的少ない
3）一般的には，溶液試料であるため，検量線作成が容易である
4）電気加熱原子吸光法の場合，固体試料の分析も可能であり，他の分析法と比較して前処理が簡便である

などが挙げられる．しかし，分析対象元素ごとに光源ランプが必要であるため，一般に単元素ごとの定量法であり，ICP発光分析法のような多元素同時定量には不向きである．また，定性分析の目的にはあまり使用されない．

　原子吸光分析法では，分析対象元素により定量できる範囲が異なる．例えば，フレーム原子吸光法において，最も高感度な測定が行えるZnでは，10 ppb（ng mL^{-1}）レベルの定量が可能であり，続いて，Cd, Co, Cr, Cu, Niなどでは，数十ppbレベルの定量が可能である．FeやPbは，100 ppbレベルまで，Al, Ga, Inは数百ppbレベルまでなら計測が可能である．原子吸光分析法による検出限界を**表**4.1に示す．

表4.1　原子吸光分析法の検出限界

元素	分析線/nm	検出限界 フレーム法/ng mL^{-1}	検出限界 黒鉛炉法/pg	元素	分析線/nm	検出限界 フレーム法/ng mL^{-1}	検出限界 黒鉛炉法/pg
Ag	328.1	1	0.10	K	766.5	3	40
Al	309.3	3[†]	1.0	Li	670.8	1	3.0
As	193.7	30	8.0	Mg	285.2	0.1	0.040
Au	242.8	20	1.0	Mn	279.5	0.8	0.20
B	249.7	2500[†]	20	Mo	313.3	30[†]	3.0
Ba	553.6	20	6.0	Na	589.0	8	—
Be	234.9	2[†]	0.030	Ni	232.0	5	9.0
Bi	223.1	50	4.0	Pb	283.3	10	4.0
Ca	422.7	1[†]	0.40	Rb	780.0	5	1.0
Cd	228.8	1	0.10	Sb	217.5	30	5.0
Co	240.7	2	0.080	Se	196.0	100	9.0
Cr	357.9	2	2.0	Si	251.6	100[†]	0.50
Cs	852.1	50	4.0	Sn	224.6	50	20
Cu	324.7	1	0.60	Sr	460.7	5[†]	1.0
Fe	248.3	4	10	Te	214.3	50	1.0
Ga	287.4	50	1.0	Ti	364.3	90[†]	40
Ge	265.2	100[†]	30	Tl	276.8	20	1.0
Hg	253.7	500	20	V	318.4	20[†]	3.0
In	303.9	30	0.40	Zn	213.8	1	0.030

[†] 一酸化二窒素-アセチレンフレーム，無印は空気-アセチレンフレームを利用することを示す．
[澤田清（編），板橋英之（著），若手研究者のための機器分析ラボガイド，講談社(2006)，表5.1を一部改変]

4.2　装置構成と原理

　原子吸光分析法も（分子）吸光光度法も紫外・可視領域の波長の光を利用している．しかし，大きな違いは，吸光光度法では溶液中の分析対象分子の光吸収を利用するのに対して，原子吸光分析法では気体状態の中性原子の光吸収を利用することである．すなわち，原子吸光分析法では，気体雰囲気中の中性原子による**線スペクトル**（line spectrum）の吸光を利用する．したがって，吸光光度法は連続光を光源として用い，原子吸光分析法は**線スペクトル**（共鳴線）を放射するランプを光源として用いる．

　原子吸光分析法では，分析対象の目的元素の原子蒸気を生成し，その蒸気層に目的元素に固有な波長の光を通過させて吸光度（原子吸光シグナル）を測定

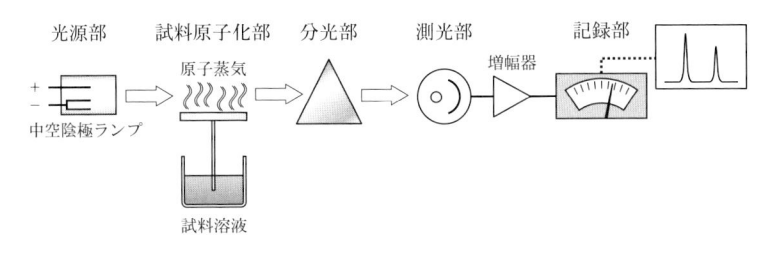

図4.1 原子吸光分析の装置構成

するため，原子吸光分析装置は一般に，光源部，試料原子化部，分光部，測光部の四部門に大別される．**図4.1**に装置の概念図を示す．

基底状態にある自由原子は，振動数νの単色光（線スペクトル）を吸収する．波長と吸収されるエネルギーの関係は，式(4.1)で表される．

$$\Delta E = E_{\mathrm{ex}} - E_{\mathrm{gr}} = h\nu = \frac{hc}{\lambda} \tag{4.1}$$

ここで，E_{ex}は励起状態のエネルギー，E_{gr}は基底状態のエネルギー，hはプランク定数（6.626×10^{-34} J s），cは光速（2.998×10^8 m s^{-1}）である．今，厚さlの中性原子蒸気層に振動数νの光が入射して，原子吸光現象が起こる場合を考えよう．光源の光強度（入射光強度）をI_0，吸光後の光強度（透過光強度）をIとし，振動数νでの吸光係数をk_νとすると，入射光強度と透過光強度の関係は式(4.2)のランベルト-ベールの法則で表される（2章参照）．

$$I = I_0 \exp(-k_\nu l) \tag{4.2}$$

吸光係数k_νは振動数νによって変化する．すなわち，原子の吸光線は線幅の広がりを有するので，実際にはその振動数の広がりの範囲で積分した値が観測される．原子のスペクトル線（発光線，吸光線）の線幅の広がりには，自然幅，ドップラー広がり，ローレンツ広がり，ホルツマーク広がり，ゼーマン広がり，シュタルク広がり，自己吸収による広がり，同位体の超微細構造による広がりなどがある．

ある振動数での吸収は**積分吸光係数**A_iで与えられる．吸光線の面積A_i（積分吸光係数，integrated absorption coefficient）は，アインシュタインの理論により式(4.3)で表される．

$$A_\mathrm{i} = \int k_\nu l = \frac{\lambda_0^2 g_\mathrm{ex}}{8\pi g_\mathrm{gr}} \frac{N}{\tau} \tag{4.3}$$

ここで, N は単位体積中の中性原子の数, g_ex は励起状態の**統計的重率**（statistical weight）, g_gr は基底状態の統計的重率, λ_0 は吸光線の中心波長, τ は原子が励起状態にとどまる時間（寿命）である. 統計的重率とは対象となるそれぞれの量子レベル（エネルギー準位）における等しいエネルギーをもっている電子の数であり, J を全内部量子数とすると $2J + 1$ となる. 吸光線の面積, すなわち積分吸光係数 A_i は, 式(4.3)から式(4.4)に変形される.

$$A_\mathrm{i} = \int k_\nu l = \frac{\pi e^2}{mc} Nf \tag{4.4}$$

ここで, f は**振動子強度**（oscillator strength）である. 式(4.4)からわかるように, 吸収量（積分吸光係数）は, 中性原子（基底状態原子）の数 N と振動子強度 f に比例する. したがって, この式(4.4)が, 原子吸光分析法により定量的に元素分析できる根拠（基礎）となる. なお, 振動子強度は一次スペクトル線（光源光）によって励起される1原子あたりの電子の平均数である.

積分吸収は基底状態の原子数に比例するので, 原子化部の原子濃度を C とすると, **吸光度**（absorbance）A は式(4.5)のようになる.

$$A = -\log T = \log(I_0/I) \propto aC \tag{4.5}$$

ここで, T は透過率, a は元素に固有の比例定数である.

今, 溶液中に化合物MAとして存在している元素Mが高温で原子化され, 次の反応式のようにMとAに解離する場合を考えよう.

$$\mathrm{MA} \rightleftharpoons \mathrm{M} + \mathrm{A} \tag{4.6}$$

解離した後, さらに原子Mが熱エネルギーを得て励起されると, その基底状態の原子数と熱エネルギーにより励起された原子数の比は, **マックスウェル-ボルツマンの分布則**（Maxwell–Boltzmann's distribution law）に従うので, 式(4.7)が成立する.

$$\frac{N_\mathrm{ex}}{N_\mathrm{gr}} = \frac{g_\mathrm{ex}}{g_\mathrm{gr}} \exp\left(-\frac{E_\mathrm{ex} - E_\mathrm{gr}}{k_\mathrm{B} T}\right) \tag{4.7}$$

ここで，N_{ex}は励起状態の原子数，N_{gr}は基底状態の原子数，Tは温度（絶対温度），k_Bは**ボルツマン定数**（1.38×10^{-23} J K^{-1}）である．

原子吸光分析法で使われる温度（3000 K程度）では，元素の基底状態と励起状態に存在する原子数の比（N_{ex}/N_{gr}）は，ナトリウム5.9×10^{-4}，カルシウム3.5×10^{-5}，亜鉛5.6×10^{-10}であり，ほとんどの原子が基底状態にある．

4.3　光源部

原子吸光の吸収幅は非常に狭いため，光源としては分析対象の目的元素に固有の**中空陰極ランプ**（hollow cathode lamp，HCL）または**無電極放電ランプ**（electrodeless discharge lamp，EDL）を用いる．したがって，測定元素の数だけ光源ランプを準備しなくてはならない．ほとんどの元素について中空陰極ランプが市販されているが，As，Sb，Seのような低融点元素については，輝度が強い無電極放電ランプを用いることが多い．図4.2に中空陰極ランプの構造を示す．多元素を同時に測定するには，キセノンランプのような連続光源または**マルチ中空陰極ランプ**（multi-element hollow cathode lamp）を用いる必要がある．連続光源を一次光源として用いる場合には，スリット幅が感度に大きな影響を与える．すなわち，入射光強度（発光強度）は，スリット幅×連続光源強度であるのに対して，スリット幅に比較して，吸収線幅は非常に小さいた

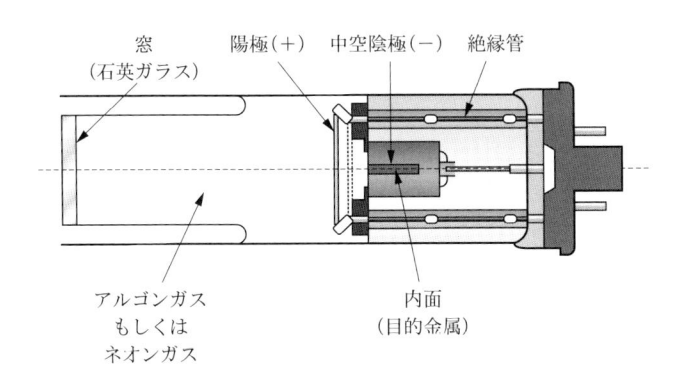

図4.2　中空陰極ランプの構造

［澤田清（編），板橋英之（著），若手研究者のための機器分析ラボガイド，講談社（2006），図5.2を参考に作成］

め，吸光後の吸光強度は極めて小さくなる．ゆえに，原子吸光分析法による定量分析では一般に単元素用中空陰極ランプが用いられる．この点は測定上の欠点であるが，逆に発光分光法で観察されるようなスペクトル干渉が少ないため，有利な点として考えることもできる．

中空陰極ランプの放電領域は，正規グロー放電（数十〜数百 V，mA）領域である．ランプのサイズは，直径 28〜40 mm，長さ 12〜15 cm 程度である．陰極は，目的金属またはその金属化合物（酸化物の場合が多い）から作られている．電極が単一金属からなることは少なく，合金で作られることが多い．ランプの中には，270〜1300 Pa（2〜10 mmHg）の希ガス（Ar または Ne）が封入されている．封入ガスはイオン化され，そのイオンが陰極に衝突するとスパッタリングにより陰極金属元素をたたき出し，その金属元素が励起されて原子発光線を放射する．

ランプに封入する希ガスは，その透明波長領域の違いにより異なる．線スペクトルが 290〜410 nm の場合にはネオンガスを封入し，390〜510 nm の場合にはアルゴンガス，480 nm 以上の場合にはネオンガスを主に用いる．光が透過する窓は石英が主に使用されているが，400 nm より長波長領域では，パイレックス®ガラスまたは硬質ガラスが使用されることもある．点灯は，数百 V の直流（通常は 300 V），電流 4〜12 mA で行われる．これ以上の電流で点灯すると，目的金属の蒸気圧が高くなり，自己吸収が起きる．自己吸収が起きると，自己反転スペクトルが生じ，中心波長でのスペクトル強度が低下し，さらに発光線幅が広がる．その結果，原子吸光測定の分析感度（検出限界）は悪化する．

4.4 原子化部

原子化（蒸気化）法としては，主に**フレーム原子化法**，**電気加熱原子化法（黒鉛炉法）**，**水素化物発生法**（As，Sb，Se などに），**還元気化水銀分析法**（Hg）が用いられている．原子化にフレームを用いる方法はフレーム原子吸光法と呼ばれる．黒鉛炉を用いる方法は電気加熱原子吸光法（ファーネス原子吸光法）と呼ばれる．感度（1 % 吸収）および検出限界（バックグラウンドの標準偏差の 3 倍に相当する濃度または物質量）は，フレーム原子吸光法よりも電気加熱原子吸光法が優れている．

原子化部に導入された試料溶液から中性原子が生成する過程は，次のようになる．

溶媒の蒸発 → 塩粒子から結晶水などの脱水 → 残留粒子・反応生成物の蒸発 → 分析対象元素の化合物の分解 → 分子の解離 → 原子化

なお，原子化後，励起とイオン化も起こり，輝線放射による発光も発生する．

4.4.1 フレーム原子化法（flame atomization）

フレーム（化学炎）はバーナーを用いて生成されるが，そのバーナーは図4.3に示すようなスリットバーナーがよく用いられる．このスリットバーナーヘッド上に，光束方向に沿って幅の狭い長いフレームが形成される．原子吸光分析用に用いられるフレームは，予混合型フレームと呼ばれるもので，燃料と空気などの助燃ガスが噴霧室で十分混合された後，バーナーに導入される．

フレームには，燃料ガスとしてはLNG（都市ガス，メタン），プロパン，ブタン，水素およびアセチレンが，助燃ガスとしては空気，酸素，一酸化二窒素（亜酸

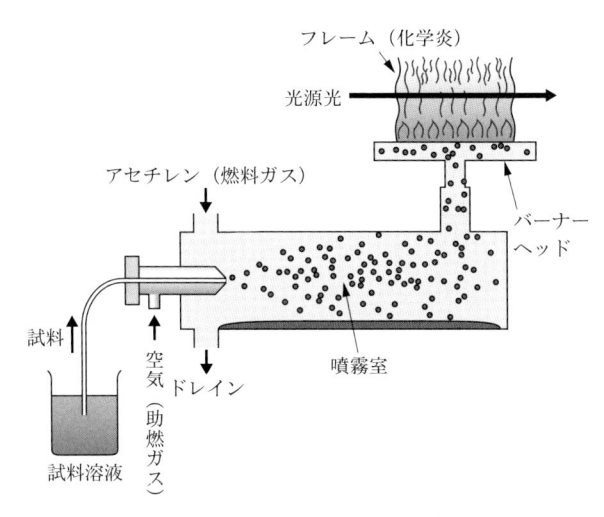

図4.3 バーナーと噴霧室の概略図
［澤田清（編），板橋英之（著），若手研究者のための機器分析ラボガイド，講談社（2006），図5.3を参考に作成］

表4.2　各種フレームの温度と最大燃焼速度

フレーム	温度（K）	最大燃焼速度（cm s^{-1}）
空気–LNG（メタン）	2100	41
酸素–LNG	3000	380
空気–プロパン	2200	43
酸素–プロパン	3100	390
空気–水素	2400	370
酸素–水素	3000	1150
空気–アセチレン	2500	212
酸素–アセチレン	3400	1790
N$_2$O–アセチレン	3000	285

［日本分析化学会(編), 太田清久, 金子聡(著), 原子吸光分析, 共立出版(2011), 表2.2より］

化窒素と呼ばれることがある）N$_2$Oが用いられる．それぞれのフレームの温度と最大燃焼速度を**表4.2**に示す．

　最大燃焼速度が極端に速い酸素–水素および酸素–アセチレンフレームは，逆火爆発の危険性があるので，点火の際には，特に注意が必要である．一般に噴霧室の体積が増大するとフレームに移行する分析原子が多くなり，吸光強度も増加する．また，分析目的元素によっては共存ないしは混入した他元素によって妨害を受けることがあるので，試料の前処理などにも配慮する必要がある．

4.4.2　電気加熱原子化法（electrothermal atomization, ETA）

　電気加熱原子化法は，炉，電極および電源からなる．**図4.4**に示すような黒鉛炉や金属ボートを用いて電気的に加熱する．炉内外にアルゴンのような希ガスを流して炉の酸化を防ぐ．電気加熱原子化法では，試料量がフレーム原子化法と比較して極端に少なくてよく（1/1000以下），試料注入はマイクロピペットまたはオートサンプラーで行う．

　一般的な黒鉛炉は，**マスマン型**（Massmann type）が基本である．試料を黒鉛炉上部の細孔からピペットで10〜50 μL注入し，約80〜120 °Cで数秒間水分を蒸発させ，300〜1200 °Cで数秒〜数十秒灰化（炭化）する（**図4.5**）．その後，1000〜2800 °Cで数秒〜十数秒加熱し，分析対象の目的元素を原子化する．現在，ほとんどの市販装置ではこの過程がプログラム化されており，オートサンプラーと組み合わせて，試料注入，自動昇温，原子化，測定・データ取得，デー

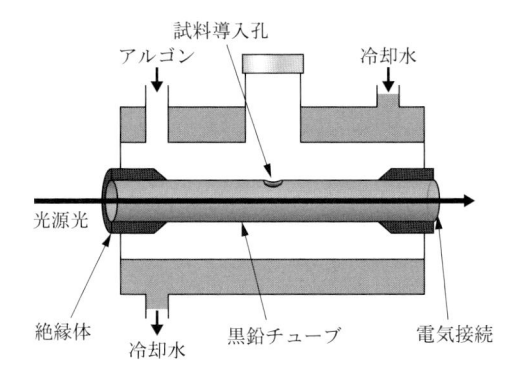

図4.4　黒鉛炉の構造
［澤田清(編)，板橋英之(著)，若手研究者のための機器分析ラボガイド，講談社(2006)，図5.4を参考に作成］

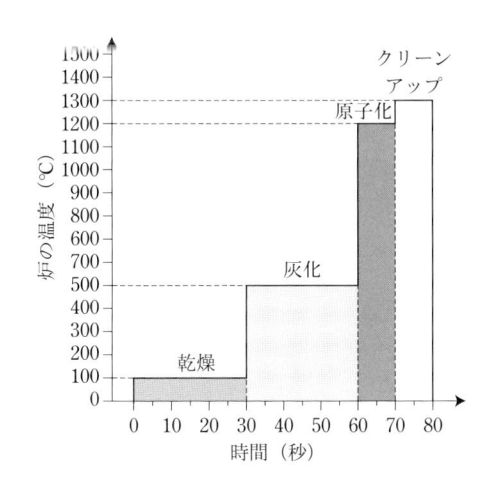

図4.5　炉の温度プログラム

タ処理が自動で行われている．

　黒鉛炉はアルゴン雰囲気に包まれて加熱されるが，密閉容器中におかれていないため，使用回数が増加するにつれて巻き込まれる空気により酸化され，消耗・劣化し，抵抗値が変化する．一般的に，数百回程度の繰返し加熱に使用できるが，使用条件（灰化・原子化温度，試料溶液の性状および共存物質，干渉除去用添加剤など）によっては少ない回数でも劣化する場合がある．炉の劣化

を判断するためには，分析精度の低下やピークシグナルの形状変化が目安となる．

4.4.3 水素化物発生法（hydride generation method）（As，Sb，Seなど）

ヒ素（As），アンチモン（Sb），セレン（Se）などの**水素化物**を加熱石英セルに導いて原子化する方法（還元気化法）である．溶液中で還元されて気体状態の水素化物を生成し，原子吸光の測定に利用される元素は8種類あり，その水素化物はAsH_3，BiH_3，GeH_4，PbH_4，SbH_4，H_2Se，SnH_4，H_2Teである．例えば，Asを原子吸光法で分析する場合，溶液中でこれらの元素は3価と5価の異なる原子価を有していると考えられるが，水素化ホウ酸ナトリウム（$NaBH_4$）で還元すると，これらの元素は気体状態の水素化物（AsH_3）になることが知られている．

4.4.4 還元気化水銀分析法（reducing vaporization method）

環境水などの水溶液中の総水銀は，**還元気化水銀分析法**により測定される．固体試料の場合には，試料をH_2SO_4–HNO_3酸性下において$KMnO_4$で酸化し，ペルオキシ二硫酸ですべての水銀を酸化分解してHg^{2+}にすると，MnO_2の沈殿に吸着される．この沈殿を塩化ヒドロキシルアンモニウムで溶解し，$SnCl_2$で還元したときに発生する水銀蒸気を石英管（チューブ）に導入し，原子吸光測定する．

水銀は室温でも比較的大きな蒸気圧を有するため，原子吸光分析装置の光路中に，フレームの代わりに石英窓付き試料セルをおき，生成した水銀蒸気を入れて吸光信号を得る．水銀の測定は，すべて室温で行うことができることから，**冷原子吸光分析法**（cold vapor type atomic absorption spectrometry）と呼ばれることもある．

4.5　分光部

中空陰極ランプの発光スペクトルは数本のスペクトル線からなっているが，測定に必要なスペクトル線はあまり分解能の高くない分光器（モノクロメーター）で分けることができる．分光部は，光源から放射された光の中から必要

なスペクトル線だけを選び出すためのものである．分光には，プリズム分光法，**回折格子分光法**，フィルター法などがある．このほかに干渉計法があり，赤外分光分析で用いられているが，原子吸光分析では利用されていない．一般的な原子吸光装置では，回折格子分光法を用いている．

回折格子（図3.6参照）は，ガラス板などにノコギリ状の溝が刻まれたものである．回折格子の刻線数が多いものほど分散度は大きく，分光器の焦点距離の長いものほど分散度は大きい．分解能は分散度とスリット幅で決まり，格子面積の小さな回折格子でも幅の狭いスリット幅を使用することにより高い分解能が得られる．

1 mmに600本，1000本の刻線（ブレーズ）を彫ったものなどがある．原子吸光分析法にはブレーズ1000～5000本/mmの回折格子を用いる分光器が利用される（図3.6(b)参照）．回折格子の波長分解能はプリズム，フィルターと比較して格段によいが，分光器としては暗い．測定波長幅（band pass）は約0.5 nmである．

4.6 測光部

測光部は，透過光を受光して光を電気信号に変換する部分である．分光した光を検出する方式としては，モノクロメーター方式とポリクロメーター方式がある．**モノクロメーター方式**は光を分光して単一波長の光（単色光）だけを検出する方式である．一方，**ポリクロメーター方式**は分光後，多数の波長の光を同時に検出する方式である．

光源からの光を測定するためには光を電流に変換する光電変換素子が必要である．紫外光，可視光および赤外光を検出できる光変換器としては，光電管（phototube），光電池（photocell），光伝導セル（photoconductivity cell），**光電子増倍管**（photomultiplier tube, PMT），フォトダイオードアレイ検出器（photodiode array detector, PDA）がある．この中で原子吸光分析法には，微弱光の検出に最も優れている光電子増倍管が用いられ，モノクロメーター方式と組み合わせて使用する．フォトダイオードアレイは，一般的にはポリクロメーターに組み込んで用いられている．現在では光電子増倍管とフォトダイオードアレイが主に用いられている．ポリクロメーター方式の原子吸光測定は，一般にモ

ノクロメーター方式に比べ感度が悪い．感度を向上させるためには，近接線を分離できる十分な分解能を備えた分光方式が望ましい．この点では回折格子分光法が最適である．

4.7 干渉現象

原子吸光分析において，原子化の際に生じる干渉現象には物理干渉，分光干渉，化学干渉，イオン化干渉，バックグラウンド吸収がある．干渉は，実際に定量操作を行う場合に大きな誤差原因となるので，あらかじめ干渉除去（抑制）の対策を施さなければならない．干渉除去方法として，標準添加法の適用（5章参照），**マトリックス修飾剤**（マトリックスモディファイヤー）の使用，標準液と分析試料溶液の組成をできるだけ同じにするマトリックスマッチング法の利用などがある．

4.8 測定例

フレーム原子吸光分析法では，測定試料は液体であることが求められている．一方，電気加熱原子吸光分析法では，固体試料にも高粘度の溶液試料にも対応できる．しかし，固体試料を直接測定する場合には精度（再現性）が低下することがある．

原子吸光分析法は共存元素の影響を受けやすいこともあり，目的成分の分離や濃縮のために分離濃縮法が前処理として行われることがある．原子吸光分析法には，金属キレート試薬による抽出が幅広く用いられている．その一例として，ピロリジンジチオカルバミン酸アンモニウム（APDC）-メチルイソブチルケトン（MIBK）抽出法を説明する．

試料溶液（容器への吸着防止のため，あらかじめpHを約1にしておく）100 mLを分液ロート（200 mL）に分取し，0.1％のブロムフェノールブルー指示薬を数滴加える．ついで，アンモニア水（7 mol L^{-1}）を溶液が紫色になるまで加えた後，飽和硫酸アンモニウム溶液25 mLを加える．この水溶液に，APDC水溶液（1％）を1～5 mL加えた後，MIBK（10 mL）を加えて2分間激しく振とうし，金属APDC錯体をMIBK相に抽出する．

検量線の作製には，検量線溶液を調製し，試料と同様の操作を行う．上記の分液ロートを静置分相した後，上層（MIBK相）を50 mLビーカーに分取し，フレーム原子吸光分析法もしくは電気加熱原子化法により試料および検量線溶液の吸光度をそれぞれ測定する．得られた吸光度と元素含有量の関係から，試料中の元素濃度を決定する．

Coffee Break

ボルツマン分布

　原子吸光分析法では，基底状態の原子数と熱エネルギーにより励起された原子数の比は，マックスウェル–ボルツマンの分布則に従うことを利用している．ここでは，ボルツマン分布を概説する．

　ある温度と圧力の気体状態にある多数の分子の集合体を考えよう．一定体積Vの容器中の一定温度Tの分子集団が熱平衡（thermal equilibrium）にあると仮定する．この条件は，次のようにすれば満足される．つまり，気体を熱伝導性のよい壁を有した容器に入れ，それをさらに恒温槽（温度T）の中に設置し，その気体のどこも均一に同じ温度Tになるまで待てばよい．このとき，最低エネルギー準位E_{gr}にある分子数N_{gr}と，他のエネルギー準位E_{ex}にある分子数N_{ex}との関係は，式(4.7)で表される．式(4.7)は，最低エネルギー状態（基底状態）を基準にして表されたものであるが，同様の式がE_iとE_jというエネルギーの，任意の2状態の間にも次のように記述できる．

$$\frac{N_i}{N_j} = \frac{g_i}{g_j}\exp\left(-\frac{E_i - E_j}{k_B T}\right) \tag{4.8}$$

ここで，g_iとg_jはそれぞれの準位の統計的重率であり，k_Bはボルツマン定数である．式(4.8)は，1868年に物理学者ボルツマン（L. E. Boltzmann）によってはじめて得られた．式(4.8)はボルツマン分布則と呼ばれており，物理化学の分野では最も重要な式の1つである．

参考文献

1) 日本分析化学会（編），太田清久，金子聡（著），原子吸光分析，共立出版(2011)，pp.1-53.
2) 太田清久，酒井忠雄（編著），伊永隆史，久米村百子，鈴木透，金子聡，青木豊明，松岡雅也，中原武利，寺岡靖剛，石原達己，今堀博，中西孝，手嶋紀雄，田中庸裕，増原宏，吉川裕之，勝又英之（著），分析化学，朝倉書店(2004)，pp.76-80.
3) 澤田清（編），若手研究者のための機器分析ラボガイド，講談社(2006)，pp.137-149.
4) R. L. Pecsok, L. D. Shields, T. Cairns, I. G. McWilliam（著），荒木峻，鈴木繁喬（訳），分析化学　第2版，東京化学同人(1980)，pp.259-286.
5) 小熊幸一，上原伸夫，保倉明子，谷合哲行，林英男（編著），これからの環境分析化学入門，講談社(2013)，pp.170-172.
6) 大道寺英弘，中原武利（編），原子スペクトル　測定とその応用，学会出版センター(1989)，pp.25-28.

❖演習問題

4.1 光源部である中空陰極ランプの発光原理と特徴を述べよ．

4.2 原子吸光分析法における原子化過程を述べよ．

4.3 原子吸光分析法において，試料濃度と吸光度の関係性を議論せよ．

4.4 回折格子を説明せよ．

4.5 電気加熱（黒鉛炉）原子吸光分析法は，フレーム原子吸光分析法よりも一般的に高感度である．その理由を考えよ．

第5章 プラズマ発光分析とプラズマ質量分析

プラズマ発光分析と**プラズマ質量分析**はアルゴンプラズマを用いる高感度かつ多元素同時（迅速）分析が可能な元素分析法であり，金属材料，半導体，セラミックス，食品，生体試料，環境・地球科学試料などさまざまな試料中に含まれる微量および超微量元素の分析に広く利用されている．本章では，両分析法の原理，装置構成，分析化学的特徴，定性・定量分析の方法，主な干渉とその対策などを解説する．

5.1 ICP（誘導結合プラズマ）とは

　ICPとは「誘導結合プラズマ（inductively coupled plasma）」の略であり，一般にはアルゴンプラズマを指す．プラズマは「荷電粒子を含んだほぼ中性の粒子集団」であり，このアルゴンプラズマは高温においてほぼ同数のアルゴンイオンと電子を帯びたガスである．ICPを原子の励起源として用いたものが，**ICP発光分析法**（inductively coupled plasma atomic emission spectrometry, ICP-AES）[*1]，原子のイオン化源として用いた分析法が**ICP質量分析法**（inductively coupled plasma mass spectrometry, ICP-MS）である．

　図5.1にICPのプラズマ生成メカニズムを示す．ICPは，高周波（27.12 MHz）を高周波誘導コイルに印加し，コイル内に生成する高周波磁場により誘起される誘導電流によって，コイル内側の石英トーチ内を流れるアルゴンガスを無電極放電させることにより維持される．みた目には都市ガスなどの可燃性のガスの燃焼から生じる炎にも似ているが，アルゴンプラズマは希ガスのアルゴンに1.0〜1.6 kWの高周波出力をかけることにより安定なアルゴン原子をイオン化させている．このアルゴンプラズマは極めて高温（6000〜10000 K）であり，高い電子密度（10^{14}〜10^{15} cm^{-3}）をもつ．化学実験でよく用いられるブンゼン

[*1] 最近は，ICP-OES（inductively coupled plasma optical emission spectrometry）とも表記される．

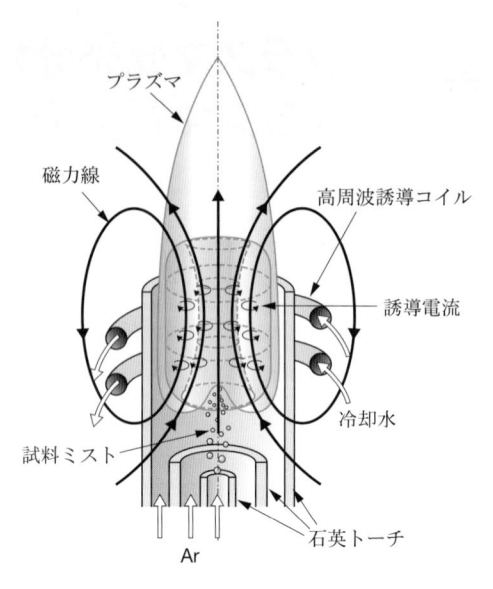

第5章　プラズマ発光分析とプラズマ質量分析

図5.1　ICPのプラズマ生成メカニズム
［原口紘炁，ICP発光分析の基礎と応用，講談社(1986)，図2.5を参考に作成］

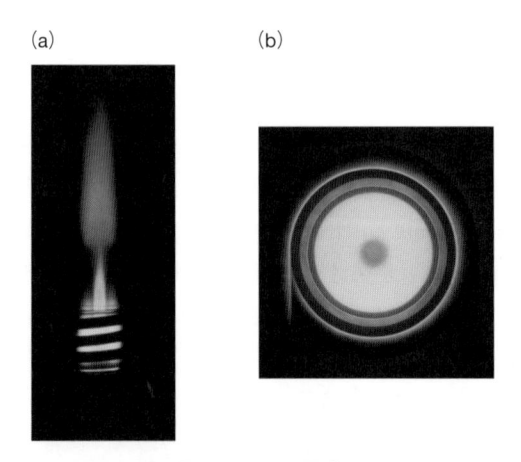

図5.2　ICPの写真
(a)横からの写真，(b)上からの写真(ドーナツ構造)．
［写真提供：原口紘炁氏］

バーナーの温度は1000～1500 K程度なので，アルゴンプラズマはその数倍の温度である．また，ICPはプラズマ周辺部の方が中心部よりも温度や電子密度

が高く，上からのぞくと中心部の輝度が弱く，周辺部の輝度が高いため，ドーナツのようにみえる（図5.2）．このドーナツ構造があるため，ミスト（霧状の液滴）として導入される試料溶液が拡散することなくプラズマ中心部に効率よく運ばれ，脱溶媒，原子化，励起あるいはイオン化される．そのため，ICP発光分析法，ICP質量分析法ともに検量線の直線範囲（ダイナミックレンジ）が広いという特長をもつ．

5.2 ICP発光分析法

ICP発光分析法（ICP-AES）は，1965年頃に分光学者ファッセル（V. A. Fassel）および分光学者グリーンフィールド（S. Greenfield）によって創始された分析法である．それまで主流だったフレーム（炎）を用いる分析法では励起されにくい一部の元素も，6000 K以上の高温では励起して発光するため，ほとんどのすべての元素の発光分析が可能となり，高感度・多元素分析法として広く利用されている．ICP-AESの特長をまとめると次のようになる．

1) 周期表のほとんどすべての金属元素（H，N，O，希ガスなどを除く）について，ppb（μg L^{-1}）～ppm（mg L^{-1}）レベルの高感度分析が可能である．
2) ダイナミックレンジが4～5桁と広い．
3) 化学干渉やイオン化干渉がほとんどない．
4) 多元素同時（または迅速）分析が可能である．
5) 多様な化学組成をもつ広範な試料の分析に適用できる．

5.2.1 原理

ICP-AESの原理は，例えていえば，高校化学で学習する炎色反応を精密に測定しているようなものである．炎に相当する原子化・励起源に高温のICPを用いて，そこに試料溶液のミストを導入し，分析目的成分である微量元素の励起にともない放射される原子発光を分光して波長ごとに発光強度を測定する．発光線の波長から定性分析が，発光強度から定量分析ができる．

5.2.2 装置構成

図5.3にICP-AESの概略図を示す．ICP-AESは，試料導入部，ICP部，分光・光検出部から構成される．試料導入部では，ネブライザー（霧化器）で噴霧されてミスト状にした試料溶液がアルゴンガスとともに石英トーチの中心管からプラズマに導入される．一般的なネブライザーによる試料の吸い上げ量は0.5〜2 mL min^{-1}である．このときプラズマ中に導入される試料量は噴霧した量の1〜2％程度で，残りはドレイン（廃液）としてスプレーチャンバー（噴霧室）から捨てられる．ICP部でプラズマ中に導入された試料は，脱水→固体塩の分解→原子化（塩や酸化物の解離）→イオン化→原子およびイオンの励起→発光という過程を経て分析される．プラズマから発せられる光は，分光・光検出部で波長ごとに測光される．表5.1にICP-AESで分析される主な発光線を示す．表5.1より原子とイオンの両方の発光線が紫外・可視領域（波長120〜780 nm程度）に存在することがわかる．ICP内では多くの元素がイオン化されているので，同じ元素については，通常イオン線の方が原子線よりも高感度である．原子線の発光が測定されるのは，その元素のイオン線が可視・紫外領

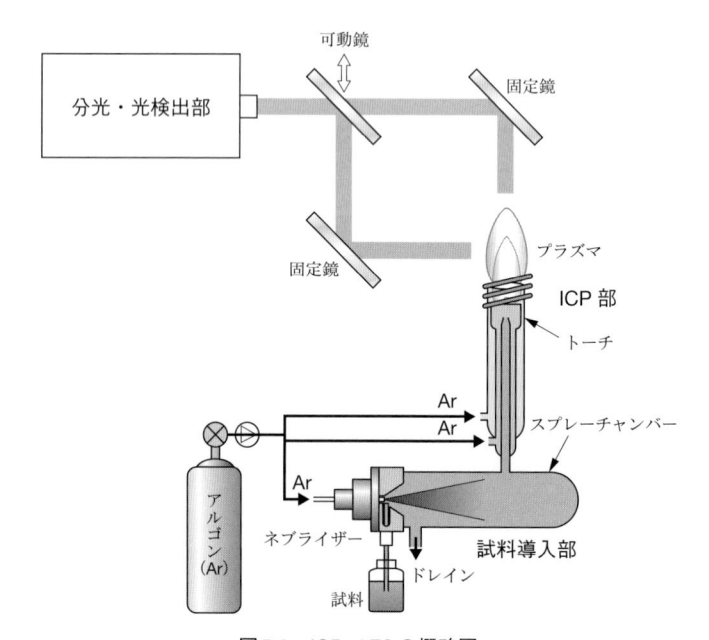

図5.3　ICP-AESの概略図

表5.1 ICP-AESで用いられる主な発光線

元素	分析線* (nm)	元素	分析線* (nm)	元素	分析線* (nm)
K	I 769.896	Er	II 337.271	Co	II 228.616
Li	I 670.784	Ti	II 334.941	Re	II 227.525
Na	I 588.995	Yb	II 328.937	Os	II 225.585
Ba	II 455.403	Ag	I 328.068	Ir	II 224.268
Ce	II 418.660	Cu	I 324.754	Bi	I 223.061
Pr	II 417.939	Be	II 313.042	Ni	II 221.647
La	II 408.672	Nb	II 309.418	Pb	II 220.353
Sr	II 407.771	V	II 309.311	Pt	II 214.423
Nd	II 401.255	Ga	I 294.364	Te	I 214.281
Al	I 396.152	Th	II 283.730	Zn	I 213.856
Ca	II 393.366	Mg	II 279.553	P	I 213.618
U	II 385.958	Tl	I 276.787	W	II 207.911
Eu	II 381.967	Ge	I 265.118	Sb	I 206.833
Y	II 371.030	Lu	II 261.542	I	I 206.160
Sc	II 361.384	Fe	II 259.940	Cr	II 205.552
Sm	II 359.260	Mn	II 257.610	Mo	II 202.030
Dy	II 353.170	Si	I 251.611	Se	I 196.026
Tb	II 350.917	B	I 249.773	Hg	II 194.227
Tm	II 346.220	Au	I 242.795	As	I 193.696
Ho	II 345.600	Ru	II 240.272	C	I 193.091
Gd	II 342.247	Ta	II 240.063	Sn	II 189.980
Pd	I 340.458	Rh	II 233.477	S	I 180.6
Hf	II 339.980	In	II 230.606	Br	I 154.065
Zr	II 339.198	Cd	I 228.802	Cl	I 134.724

* I，IIはそれぞれ原子線とイオン線を表す．
［原口紘炁ほか，ICP発光分析法，共立出版(1988)，表2.1を一部改変］

域に存在しない場合である．ICP-AESでは，分光・光検出部の種類により，**波長掃引型（シーケンシャル型）**と**多元素同時分析型（マルチチャンネル型）**の2種類に分けられる．

(1) 波長掃引型（シーケンシャル型）

　シーケンシャル型ICP-AESの分光器を**図5.4**に示す．シーケンシャル型装置では分光器はツェルニ・ターナー型分光器などが使用され，平面回折格子を回転させることによって分光する．回折格子の回転を高速制御することによって多元素迅速分析を行うことができる．光検出は光電子増倍管による光電変換の後，信号の増幅，演算，データ処理・表示などをすべてコンピュータ制御により自動的に行う．

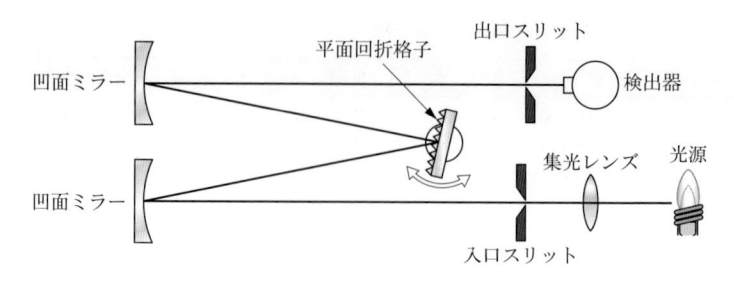

図5.4 シーケンシャル型ICP-AESに用いられるツェルニ・ターナー型分光器
　　　［JIS K0116:2014を一部改変］

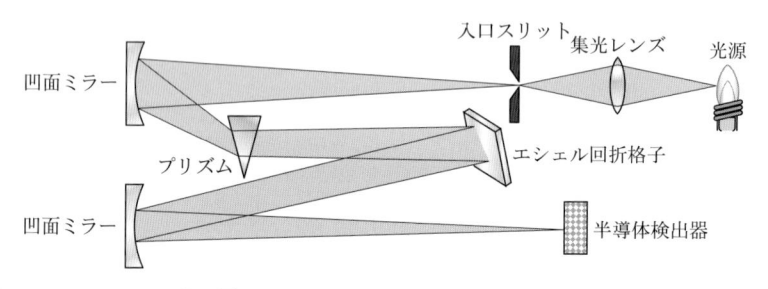

図5.5 マルチチャンネル型ICP-AESに用いられるエシェル型分光器と半導体検出器の一例
　　　［JIS K0116:2014を一部改変］

（2）多元素同時分析型（マルチチャンネル型）

　各元素からの発光を多数並べた光電子増倍管，あるいは面検出型の半導体検出器で検出するマルチチャンネル型ICP-AESは多元素同時分析が可能である．マルチチャンネル型ICP-AESの分光器と検出器の一例を**図5.5**に示す．この装置では，エシェル回折格子による縦方向分散と，プリズムによる水平方向分散を組み合わせることにより，紫外・可視領域に渡るすべての光を分光し，検出面に連続的に並んだ無数の半導体素子により同時に検出することができる．したがって，発光線を数の制限なく同時に測定することが可能となる．

5.2.3　分析化学的特徴

　表5.2にICP-AESおよび5.3節で述べるICP-MSの検出限界をまとめて示す．表5.2の検出限界は，ブランク溶液（通常は試料と同じ濃度，同じ種類の

5.2 ICP発光分析法

表5.2 ICP-AESとICP-MSの検出限界

H —																	He
Li 1 0.0002	Be 0.1 0.001											B 2 0.004	C 10 —	N	O	F	Ne
Na 10 0.012	Mg 0.1 0.002											Al 4 0.003	Si 5 2.6	P 30 0.53	S 20 30	Cl	Ar
K 40 5	Ca 0.1 1	Sc 0.4 0.02	Ti 0.8 0.01	V 1 0.004	Cr 2 0.007	Mn 0.3 0.005	Fe 0.62 0.56	Co 0.85 0.0005	Ni 3 0.13	Cu 1 0.0008	Zn 1 0.02	Ga 7 0.0003	Ge 13 0.005	As 10 0.003	Se 15 0.11	Br 1.6 0.05	Kr
Rb 0.1 0.0004	Sr 0.1 0.0001	Y 0.8 0.00003	Zr 1.9 0.0001	Nb 10 0.0002	Mo 2 0.004	Tc	Ru 7 0.0002	Rh 8 0.00006	Pd 10 0.0001	Ag 1 0.0001	Cd 1 0.0005	In 20 0.00006	Sn 10 0.003	Sb 10 0.0002	Te 10 0.0009	I 50 0.007	Xe
Cs 4000 0.00008	Ba 0.2 0.0001	ランタノイド系	Hf 5 0.0001	Ta 8 0.00007	W 10 0.0007	Re 2 0.00008	Os 0.5 0.0001	Ir 7 0.0001	Pt 10 0.0008	Au 3 0.0003	Hg 5 0.01	Tl 10 0.00006	Pb 20 0.0002	Bi 5 0.00007	Po	At	Rn
Fr	Ra	アクチノイド系															

元素名
ICP-AES
ICP-MS

ランタノイド系	La 2 0.00003	Ce 9 0.00006	Pr 9 0.00005	Nd 10 0.0002	Pm	Sm 8 0.0002	Eu 0.45 0.00007	Gd 3 0.0002	Tb 5 0.00005	Dy 2 0.0001	Ho 0.00005	Er 2 0.0001	Tm 1.3 0.00005	Yb 0.4 0.0001	Lu 0.3 0.00005
アクチノイド系	Ac	Th 14 0.00005	Pa	U 50 0.00005	Np	Pu	Am	Cm	Bk	Cf	Es	Fm	Md	No	Lr

注 ①元素について，上段はICP-AES，下段はICP-MSの検出限界の値を示す．
②単位：ppb（µg L^{-1}）
③各欄の―は測定が困難なことを示す．
④空欄となっている元素は，測定不可能または放射性元素であることを示す．
［日本化学会（編），地球環境と計測化学，学会出版センター (1996)，p.40の表5を一部改変］

51

酸溶液）を測定して得られるバックグラウンド信号の標準偏差σの3倍に相当する濃度で表している．表5.2のICP-AESによるほとんどの元素の検出限界は，サブppb～数十ppb程度の微量レベルであることがわかる．表5.2の値はいずれも従来型の横方向測光のICP-AESによるものである．しかし，近年のICP-AESでは，測定対象元素の濃度レベルやマトリックス（共存元素）の違いなどを踏まえて，プラズマで発生する光の観測方法を軸方向と横方向で使い分けるタイプが主流となっている（図5.3）．5.1節で述べたようにアルゴンプラズマはドーナツ構造をしており，ドーナツの穴のすぐ外側の部分が最も高温で強く発光している．従来の横方向観測ではその周りの低温部を光が通り抜ける際の自己吸収（ある原子が発光した光を周囲の同じ元素の原子が吸収してしまうこと）や分子バンド（プラズマ中で生成する溶媒由来の分子による発光）によるバックグラウンドが高いことなどが問題となったが，観測方向を軸方向とすることで，強い発光を直接的に分光器に導入できるため，感度が向上するメリットがある．しかし，軸方向観測では，高マトリックス試料を測定する際にイオン化干渉（5.2.5項参照）の影響を受けやすいという問題もある．したがって，試料中の分析目的元素の濃度やマトリックスの程度によって両者を使い分ける必要がある．

5.2.4 定量法

ICP-AESにおける定量法としては，**検量線法**（calibration curve method），**内標準法**（internal standard method），**標準添加法**（standard addition method）

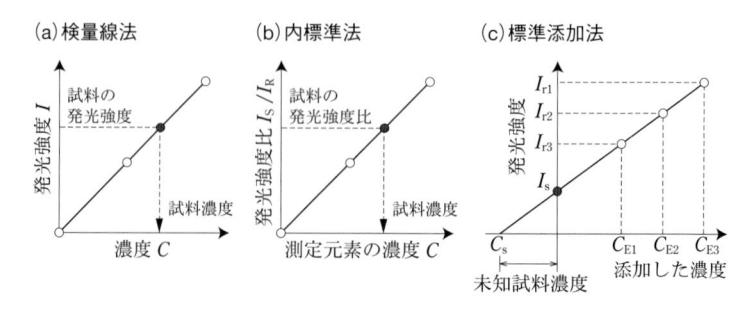

図5.6 ICP-AESで用いられる3種類の定量
［原口紘炁，ICP発光分析の基礎と応用，講談社(1986)，図6.3を一部改変］

5.2 ICP発光分析法

が用いられる．これらの定量法の原理を**図5.6**に示す．通常は検量線法で定量を行うことが多い．

(1) 検量線法

濃度既知の分析目的元素を含む標準液を用いて発光強度と濃度の関係を表す検量線を作成した後，試料溶液中の分析目的元素の発光強度からその濃度を求める．

ICP-AESは多元素同時定量が可能なため，検量線作成用の標準液は，通常複数の元素を含む混合標準液を用いる．原子吸光分析用の元素標準液1000 ppmまたは100 ppmの標準液を希釈・混合して調製するか，市販されている汎用混合標準液を希釈して調製する．調製の際には，分光干渉（5.2.5項を参照）を起こしやすい元素の組み合わせを避けること，物理干渉（5.2.5項を参照）を防ぐために溶媒の酸の種類と濃度を一致させることなどに留意するとよい．

(2) 内標準法

分析目的元素の標準液に濃度既知の内標準元素を添加し，分析目的元素の発光強度と内標準元素の発光強度との比を求め，発光強度比と濃度の関係を表す検量線を作成する．試料溶液についても同様の操作と測定を行って，検量線から分析目的元素の濃度を求める．内標準法では，物理干渉や，プラズマの揺らぎによる発光強度の変動が補正できる．内標準元素として使用する元素は，以下のような条件を満たす必要がある．①試料中にほとんど含まれていないこと，②分析目的元素に対して分光干渉を与えないこと，③分析目的元素と分光特性が類似していること，などである．一般にY，Co，Sc，Be，Tlなどが内標準元素としてよく用いられる．

(3) 標準添加法

マトリックスによる何らかの干渉があり，その干渉が除去できない場合に用いる方法である．試料溶液に，分析目的元素の標準液を試料溶液にほぼ同じレベルで3点以上濃度を変えて添加する．無添加の試料溶液も含めて分析目的元素の発光強度を測定し，添加濃度に対してプロットして外挿すると，横軸の切

片から分析目的元素の濃度が求められる．実際の試料を用いて検量線を作成するため，マトリックスの影響などは考えなくてもよいというメリットがある．しかし，試料ごとに元素の添加が必要なため操作が煩雑である．

5.2.5　干渉とその対策

ICP-AESにおいては，マトリックスや溶媒に由来する分光干渉と物理干渉が問題になることがある．また，軸方向観測ではイオン化干渉が問題になることがある．したがって，ここでは**分光干渉**（spectral interference），**物理干渉**（physical interference），**イオン化干渉**（ionization interference）の概要とその対策について述べる．

（1）分光干渉

アルゴンプラズマが高温であるために各元素が多数の発光線を生じ，測定する分析線とマトリックスの発光線が重なることにより引き起こされる干渉を分光干渉と呼び，正の誤差の原因となる．ICP-AESにおける分光干渉の例を**図5.7**に示す．特にFe，Al，Ti，希土類元素などは多数の発光線をもつため，注意を要する．分光干渉の有無については波長表などを使って予知することができ

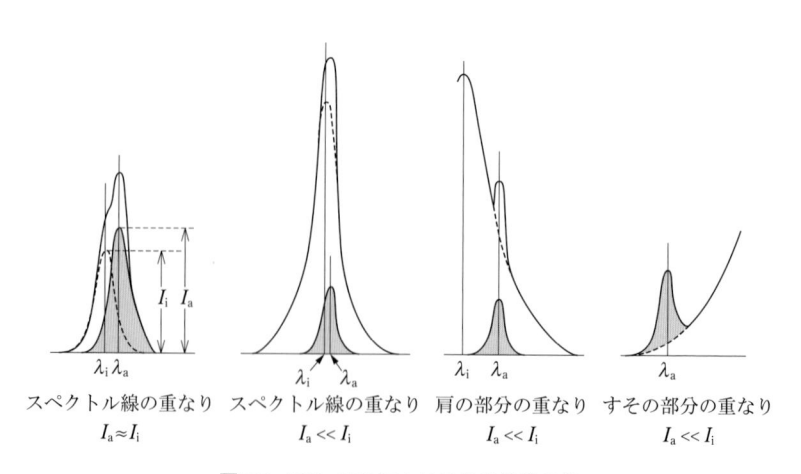

スペクトル線の重なり　スペクトル線の重なり　肩の部分の重なり　すその部分の重なり
$I_a \approx I_i$　　　　　　$I_a \ll I_i$　　　　　　$I_a \ll I_i$　　　　　$I_a \ll I_i$

図5.7　ICP-AESにおける分光干渉の例
λ_a：分析対象元素の波長，λ_i：干渉を与える元素の波長，
I_a：分析対象元素の発光強度，I_i：干渉を与える元素の発光強度．
［原口紘炁，ICP発光分析の基礎と応用，講談社（1986），図7.14より］

るが，スペクトルの形状からもある程度判断できる．分光干渉量を定量的に見積もり補正するためには，実験的に分光干渉補正係数を求めることが必要となる．また，分光干渉の影響を避けるために，マトリックスマッチング（標準試料中の主成分元素を試料溶液の組成に合わせること）が有効である．

(2) 物理干渉

試料溶液中の塩や酸の濃度が大きくなると，その粘性のためにネブライザーの噴霧効率が変化することにより，分析値に正または負の誤差を与える干渉を物理干渉という．試料送液にペリスタリックポンプを用いる場合は影響が少ないが，自然吸引式のネブライザーを用いる場合は，物理干渉が比較的起こりやすい．物理干渉が起こった場合には，内標準法（5.2.4項を参照）による補正を行う必要がある．

(3) イオン化干渉

試料溶液中にアルカリ金属などのイオン化しやすい元素が多量に存在すると，アルゴンプラズマ中のイオン化平衡がイオン化抑制の方向にずれるため，分析対象元素の発光強度の変動が起こる．これをイオン化干渉と呼ぶ．横方向観測では，イオン化干渉の影響を受けにくい観測位置を選択して測光するため，あまり問題とならないが，軸方向観測では，プラズマ全体を測光するため観測位置を特定の領域に固定できないことから，高マトリックス試料を測定する場合はイオン化干渉が問題となる．

5.3 ICP質量分析法

ICPの極めて高いイオン化能力に着目した分光学者ホーク（R. S. Houk）は，1980年頃にICPをイオン化源とする質量分析，**ICP質量分析法（ICP-MS）**を創始した（質量分析については16章参照）．ICP-MSの特長は，ICP-AESと共通する点も多いが，特筆すべきことは，ほとんどの元素の検出限界がICP-AESよりもさらに2〜4桁程低いことである．また，質量分析であることから，同位体比の測定が可能である．ICP-MSの特長をまとめると次のようになる．

1）周期表のほとんどすべての金属元素について，ppt（ng L^{-1}）〜ppb（μg L^{-1}）レベルの高感度分析が可能である．
2）ダイナミックレンジが7〜8桁と広い．
3）分析するうえで問題となる干渉が少ない．
4）多元素同時（または迅速）分析が可能である．
5）同位体比の測定が可能である．

5.3.1 原理

ICP-MSは大気圧下のアルゴンプラズマ中で生成した各元素のイオンを高真空の質量分析計に導き，質量分離したイオンを直接検出する分析法である．イオンを直接検出するため，非常に高感度の分析が可能である．基本的には1価の陽イオンを検出することになる．アルゴンプラズマ中における1価イオンのイオン化率を**図5.8**に示す．イオン化率は50％以下のものもあるが，金属元素はほとんど90％以上イオン化されている．ゆえに，多くの金属元素を同時に分析することが可能である．

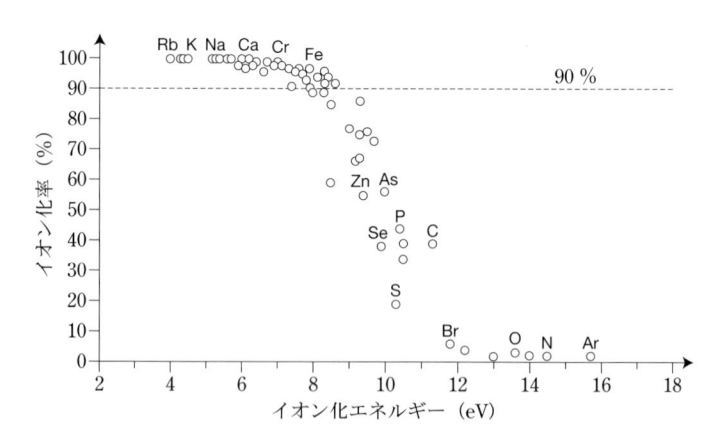

図5.8 ICPにおける各元素のイオン化エネルギーとイオン化率
［H. E. Taylor, *Inductively Coupled Plasma-Mass Spectrometry*, Academic Press（2000），Fig.3.10より］

5.3.2 装置構成

一般的でよく普及している，**四重極型ICP-MS**の概略図を**図5.9**に示す．四

5.3 ICP質量分析法

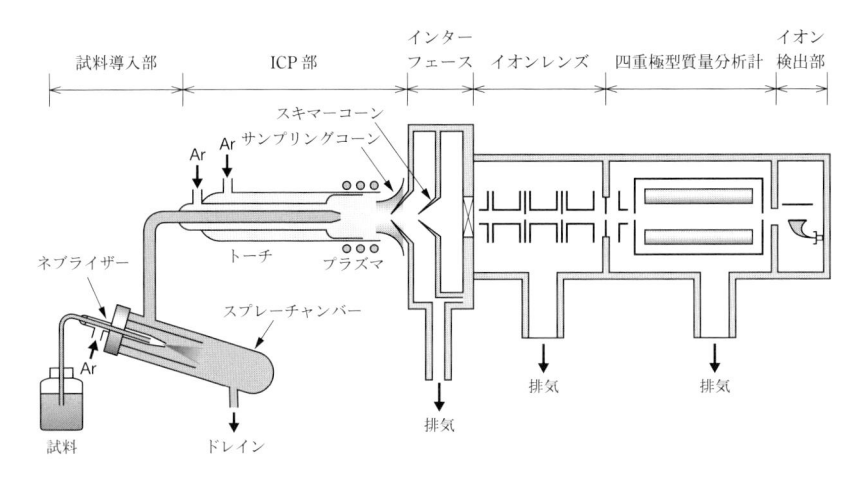

図5.9 四重極型ICP-MSの概略図
［澤田清（編），梅村知也（著），若手研究者のための機器分析ラボガイド，講談社(2006)，図5.9を参考に作成］

　四重極型ICP-MSは試料導入部，ICP部，インターフェイス部，イオンレンズ部，質量分析部，イオン検出部から構成される．試料導入部は，ICP発光分析装置とほぼ同じである．インターフェイス部では，大気圧下のプラズマ中で生成したイオンを高真空（ロータリーポンプやターボ分子ポンプなどの真空ポンプで10^{-4}～10^{-3} Pa程度に保つ）の質量分析計に直接導入するように設計されている．そのため，プラズマと接する状態で，頂点に小さな孔（オリフィス）が開いた円錐形の金属（Cu，Ni，Ptなど）であるサンプリングコーンがおかれている．このオリフィスの大きさは0.5～1 mm程度である．さらにその内側には，プラズマを安定なイオンビームにするために0.1～0.3 mm程度のオリフィスをもつスキマーコーンがおかれている．その後段にあるイオンレンズ部は，入射イオンビームを収束させ，中性原子や光からイオンを分離しながら，効率よく質量分析計に導入する働きをする．イオンレンズ部は数枚の電極からなり，それぞれに電圧をかけることにより生じる電場を利用して静電的にイオンの流れを制御している．質量分析部の四重極質量分析計と，イオン検出部のラッパのような形をしたチャンネルトロンと呼ばれる二次電子検出器は，有機質量分析で用いられるものと基本的に同じである（16章参照）．

5.3.3 分析化学的特徴

ICP-MSは現在最も高感度な元素分析法の1つとして認められている．表5.2に示したように，ICP-MSによる多くの元素の検出限界はサブppt～pptレベルである．また最近のICP-MS装置では，低濃度側ではパルス検出を，高濃度側ではアナログ検出を用いる自動切り替えが可能なため，ppmレベルの高濃度側の検量線のダイナミックレンジを拡大し，ICP-AESよりも広い7～8桁の直線性を有するようになり，さらに利便性が高くなった．しかし，ICP-MSでは以下のことに注意しなければならない．

1) 以前に測定した試料中の元素が装置内のどこかを汚染することにより起こるメモリー効果．
2) 分析対象元素と同じ質量数をもつ同重体イオンや多原子イオンによるスペクトル干渉．
3) マトリックスの影響で目的元素の信号強度が変動するマトリックス干渉．

これらは，いずれも誤差の原因となる．実際の試料は，通常多くの共存成分（元素）を含んでおり，上記のような干渉を引き起こす元素が主成分として共存する場合には特に注意が必要である．

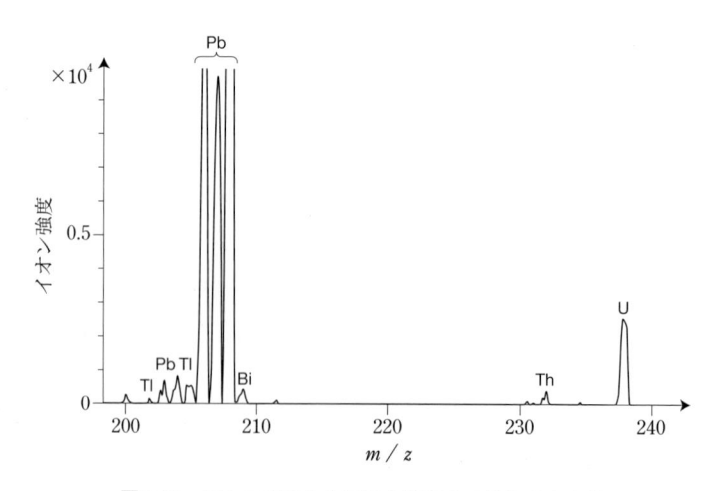

図5.10 ICP-MSによる河川水試料のマススペクトル

5.3.4 定性分析および定量分析

ICP-MSでは，質量数1〜260までの全質量範囲を高速スキャンすることでマススペクトルを得ることが可能である．このマススペクトルの測定を試料溶液とブランク溶液について行い，両者のイオン強度の差から得られる差スペクトル上に検出されたイオンの m/z から，試料中に存在する元素が定性できる．

表5.3 ICP-MSによる主なスペクトル干渉の例

スペクトル干渉の種類	干渉を受ける元素	同位体	干渉を与える多原子イオン（同重体イオン）
同重体イオン干渉	Ca	40	$^{40}Ar^+$
	Ni	58	$^{58}Fe^+$
	In	115	$^{115}Sn^+$
二価イオン干渉	Ga	69	$^{138}Ba^{2+}$
多原子イオン干渉 （アルゴン，水や酸などの溶媒起因）	Si	28	$^{14}N_2^+$
	P	31	$^{14}N^{16}O^1H^+$
	Ti	48	$^{32}S^{16}O^+$
	V	51	$^{35}Cl^{16}O^+$
	Fe	54	$^{40}Ar^{14}N^+$
		56	$^{40}Ar^{16}O^+$
		57	$^{40}Ar^{16}O^1H^+$
	Ni	58	$^{40}Ar^{18}O^+$
	Co	59	$^{40}Ar^{16}O^1H^+$
	Zn	64	$^{32}S^{16}O_2^+$, $^{32}S_2^+$
	Se	78	$^{38}Ar^{40}Ar^+$
		80	$^{40}Ar^{40}Ar$
多原子イオン干渉 （試料中のマトリックス起因）	K	39	$^{23}Na^{16}O^+$
	Cu	63	$^{40}Ar^{23}Na^+$
	Cr	52	$^{40}Ar^{12}C^+$
		53	$^{40}Ar^{13}C^+$
	Fe	56	$^{40}Ca^{16}O^+$
		57	$^{40}Ca^{16}O^1H^+$
	As	75	$^{40}Ar^{35}Cl^+$
	Cd	110	$^{94}Zr^{16}O^+$, $^{94}Mo^{16}O^+$
		111	$^{95}Mo^{16}O^+$, $^{94}Zr^{16}O^1H^+$
		112	$^{96}Mo^{16}O^+$
		113	$^{97}Mo^{16}O^+$
		114	$^{98}Mo^{16}O^+$
	Eu	151	$^{135}Ba^{16}O^+$
		153	$^{137}Ba^{16}O^+$
	Gd	156	$^{140}Ce^{16}O^+$
		157	$^{141}Pr^{16}O^+$
	Tb	159	$^{143}Nd^{16}O^+$

図5.10にICP-MSにおけるマススペクトルの一例を示す．2つ以上の同位体が存在する場合はその同位体比が天然同位体比とほぼ一致していれば，より的確にその元素が存在することが確認できる．ただし，スペクトル干渉を受けている可能性がある場合や単核種の場合は，イオン強度を間違えて認識してしまうこともあるので，慎重に判断する必要がある．特に溶媒の水に由来するOとプラズマガスのArに起因する多原子イオンには注意が必要である．測定した元素（M）の質量数に相当するm/zより，16あるいは40大きなm/zに強い信号がある場合，その元素の酸化物イオン（MO^+）あるいはアルゴン化物イオン（MAr^+）が検出された可能性が高い．元素の存在確認を行うm/zの成分は，このような干渉を受けにくい同位体であることが必要である．**表5.3**に，主なスペクトル干渉の例を種類別にまとめる．

定量分析は，定性分析の結果を踏まえてスペクトル干渉を受けていない，または干渉の補正が可能なm/zを選択したうえで，特定の同位体に相当するm/zにおいて精密にイオン強度の測定を行う．この際，複数の同位体を同時に測定し，多元素同時（迅速）分析を行うことが多い．定量操作はICP-AESの場合と同様に，検量線法，内標準法，標準添加法が利用される．そのほかに同位体希釈法も利用可能である．

スペクトル干渉の影響は，補正係数法である程度補正可能である．あるいは**コリジョン/リアクションセル**を搭載したICP-MS（Coffee Break 参照）や高分解能ICP-MSを利用することでスペクトル干渉を除去または軽減することができる．

☕ Coffee Break

コリジョン/リアクションセルを搭載したICP-MS

コリジョン/リアクションセル（衝突反応セル）は，分析目的元素以外のイオンが引き起こすスペクトル干渉を除去，低減するための装置であり，ICP-MSの質量分析計の前段に取り付けられる．四重極型ICP-MSに取り付けられることが多い．セルの中には，複数の電極からなるイオンガイドが設けられており，電極の数により四重極，六重極，八重極などと分類される．

このセル内に衝突ガス（ヘリウム）または反応ガス（水素，メタン，アンモニア，キセノンなど）を導入することにより，アルゴンイオンや多原子イオンを，これらのガスとの衝突反応によって中性化あるいは解離して除去し，目的とする元素のイオンだけを質量分析計に導入することができる．その結果，スペクトル干渉を受けやすく四重極型ICP-MSで測定が困難な元素も測定可能となる．一例として，衝突誘起解離により多原子イオンを除去する仕組みを図に示す．^{63}Cuは^{40}Ar^{23}Naによりスペクトル干渉を受けるが，図に示すように，セル内でのHeとの衝突により^{40}Ar^{23}Naが^{23}Naと^{40}Arに解離するため，^{63}Cuへの干渉が除去できる．ただし，干渉の種類によって最適なガスの種類や測定条件が異なるため，事前の条件検討が必要である．また，すべてのスペクトル干渉に有効ではないので，状況に応じて干渉の除去が適切に行われているかどうか確認が必要である．

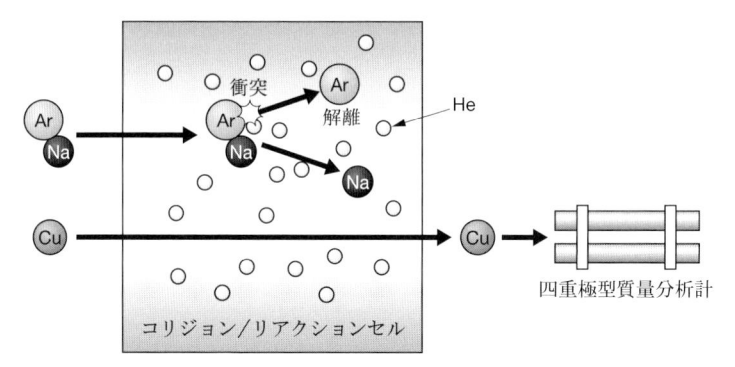

図　コリジョン/リアクションセル内の衝突誘起解離による多原子イオンの除去の一例
［アジレント・テクノロジー株式会社技術資料を参考に作成］

参考文献

1) 原口紘炁, ICP発光分析の基礎と応用, 講談社(1986)
2) 日本分析化学会(編), 原口紘炁, 久保田正明, 森田昌敏, 宮崎章, 不破敬一郎, 古田直紀(著), ICP発光分析法, 共立出版(1988)
3) 日本分析化学会(編), 千葉光一, 沖野晃俊, 宮原秀一, 大橋和夫, 成川知弘, 藤森英治, 野呂純二(著), ICP発光分析, 共立出版(2013)

4) C. Vandecasteele, C. B. Block(著), 原口紘炁, 寺前紀夫, 古田直紀, 猿渡英之(訳), 微量元素分析の実際, 丸善(1995)
5) 河口広司, 中原武利(編), プラズマイオン源質量分析, 学会出版センター(1994)
6) A. Montaser(編), 久保田正明(監訳), 誘導結合プラズマ質量分析法, 化学工業日報社(2000)
7) 日本分析化学会(編), 田尾博明, 飯田豊, 稲垣和三, 高橋純一, 中里哲也(著), 誘導結合プラズマ質量分析, 共立出版(2015)
8) 上本道久(監修), 日本分析化学会関東支部(編), ICP発光分析・ICP質量分析の基礎と実際, オーム社(2008)

❖演習問題

5.1 ICP-AESでは発光する光を横方向観測または軸方向観測するが, 軸方向観測の観測方法のメリットとデメリットを挙げよ.

5.2 ICP-AESにおいて分光干渉の影響を除く方法を説明せよ.

5.3 ICP-AESとICP-MSはともに広いダイナミックレンジをもつ. この要因として考えられることを説明せよ.

5.4 ICP-MSでは, ブランク溶液を測定しても目的元素のm/zに何らかの信号が検出されることが多い. この信号はなぜ生じるのか説明せよ. ただし, 試料溶液を調製する際の汚染はまったくないものとする.

第6章 赤外分光分析とラマン分光分析

　赤外分光もラマン分光も，分子の振動エネルギー準位の遷移をスペクトルとして観測する振動分光の一種である．振動スペクトルの横軸には**波数**（wavenumber）と呼ばれる物理量が用いられる．異なる化合物であっても同じ官能基があれば，ほぼ同じ波数にその官能基に由来する振動バンドが観測される．これを**グループ振動**という．例えばカルボニル基（ $\diagdown$ C=O）の伸縮振動バンドは波数1700 cm^{-1}付近であり，どのようなカルボニル化合物でも，赤外スペクトルには強く，ラマンスペクトルには弱く，波数1700 cm^{-1}付近に信号が現れる．波数1700 cm^{-1}を振動数に換算すると51 THz，波長に換算すると5.9 μmである．このことは，C=O結合がフックの法則にしたがい，その固有振動数が51 THzであり，同じ振動数をもつ波長5.9 μmの赤外光と相互作用することを意味する．赤外分光もラマン分光も，分子と光（電磁波）の相互作用を観測する分子分光の一種であり，そのほかの機器分析と同様に，あるいは相補的に，さまざまな化合物の定量分析や構造分析ができる．さらに，宇宙，気象，環境，農林水産業，食品，医療，工業といった広い分野において，その原理が応用されている．

6.1　波数とは

　振動スペクトルの横軸には光の波長λの逆数である波数$\tilde{\nu}$が用いられ，その単位はcm^{-1}である．国内ではこの単位をカイザーと読む習慣があったが，国際的に通用しないため，現在では国際的なルールにしたがってウェーブナンバーと読む．例えば水のO−H変角振動は1640 cm^{-1}に観測されるが，これを日本語では1640ウェーブナンバー，英語では西暦と同様に2桁ずつ区切ってsixteen-forty wavenumbersと読む．1 cm = 10^7 nmであるから，波数と波長の換算は

$$(\lambda/\mathrm{nm}) = \frac{1}{(\tilde{\nu}/\mathrm{cm}^{-1})} \times 10^7 \tag{6.1}$$

となり，波数が1640 cm^{-1}の赤外光の波長は6098 nm（6.098 μm）と計算される．アインシュタインの光量子仮説によると，光は振動数νをもつ波動であり，エネルギーEをもつ粒子でもある．この二重性は次式で関係づけられる．

$$E = h\nu = hc\tilde{\nu} = hc\frac{1}{\lambda} \tag{6.2}$$

ここで，h＝6.626×10^{-34} J sはプランク定数，$c = 2.998\times10^8$ m s^{-1}は真空中の光速である．波数$\tilde{\nu}$は長さの－1乗の次元をもつ物理量であるが，光子がもつエネルギーEに比例する．厳密には正しくないが，cm^{-1}をエネルギーの単位として考えてもよい[*1]．このように，振動スペクトルの横軸をエネルギーとして捉えることで，遷移するエネルギーの大きさを比較することができる．例えばC－H伸縮の基準振動は2900 cm^{-1}付近であり，その倍音[*2]は波数が（振動エネルギーが）およそ2倍の5800 cm^{-1}付近に観測される．

　紫外・可視スペクトルの横軸は長波長側（低エネルギー側）を右にとるため，それに合わせて振動スペクトルの横軸は高波数側（高エネルギー側）を左にとることが多い．こうすることで紫外・可視スペクトルにおいても赤外・ラマンスペクトルにおいても，左が高エネルギー側，右が低エネルギー側となる．また，可視光の色にちなんでバンドが高エネルギー側にシフトする場合を**ブルーシフト**，低エネルギー側にシフトする場合を**レッドシフト**という．

　振動スペクトルの例として，**図6.1**にエタノールの赤外スペクトルとラマンスペクトルを示す．赤外スペクトルにおいてもラマンスペクトルにおいても，およそ同じ波数位置に同じ振動モードに由来するバンドがみられるが，それぞれの強度は赤外スペクトルとラマンスペクトルで異なる．これは，分子振動によって**双極子モーメント**が変化する場合には赤外活性となり，**分極率**が変化する場合にはラマン活性となるためである．例えば極性基であるヒドロキシ基（－OH）は分子振動によって双極子モーメントが大きく変化するため，赤外スペクトルに強く，ラマンスペクトルに弱く観測される．

[*1] 正確にはエネルギーに比例する物理量の単位である．
[*2] 実際の分子振動は，フックの法則に従う単純な調和振動ではなく，複雑な非調和振動をしているために，振動スペクトルには基準振動の倍音や結合音も観測される．

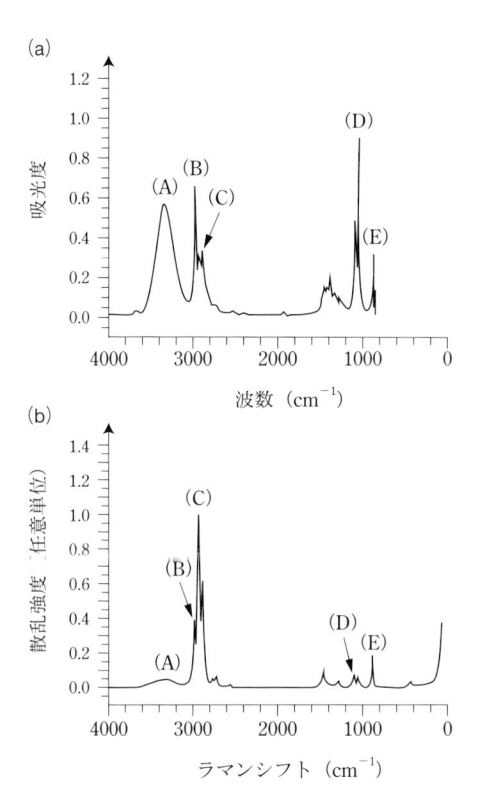

図6.1　エタノールの(a)赤外吸収スペクトルと(b)ラマン散乱スペクトル
(A)O－H伸縮振動，(B)C－H非対称伸縮振動，(C)C－H対称伸縮振動，(D)C－O伸縮振動，(E)C－C－O対称伸縮振動．

6.2　分子スペクトル

　分子のエネルギー準位は量子化（離散化）されており，値の低い方から，**並進エネルギー**，**回転エネルギー**，**振動エネルギー**，**電子エネルギー**の4つに分類される．ただし，分子の大きさに比べて十分に大きな空間に存在する分子の並進エネルギー準位は連続的である（量子化されない）と考えてよい．このため，分子のエネルギー準位の遷移を観測する分子スペクトルとしては，回転スペクトル，振動スペクトル，電子スペクトルの3つを考えればよい．**図6.2**に分子のエネルギー準位を模式的に示す．回転エネルギーは振動エネルギーより

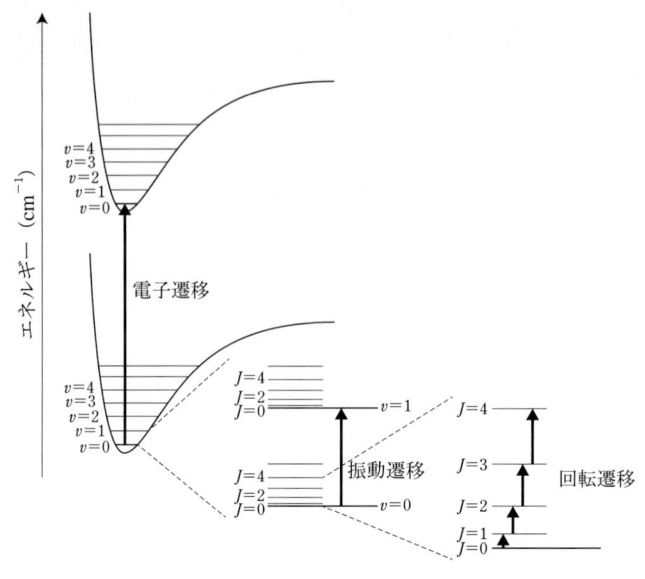

図6.2 分子のエネルギー準位

小さいため，回転スペクトルは振動スペクトルより低エネルギー側（低波数側）に観測される．逆に電子エネルギーは振動エネルギーより大きいため，電子スペクトルは振動スペクトルより高エネルギー側（高波数側）に観測される．具体的にみると，回転スペクトルは主にマイクロ波領域（10^{-2}～10^{2} cm^{-1}）に，振動スペクトルは主に赤外光領域（10^{1}～10^{4} cm^{-1}）に，電子スペクトルは主に紫外・可視光領域（10^{4}～10^{5} cm^{-1}）に観測される．ただし例外もあり，マイクロ波スペクトルは回転遷移のみを，赤外スペクトルは振動遷移のみを，紫外・可視スペクトルは電子遷移のみを観測するわけではない．例えば共役系によって赤外光領域に電子遷移のエネルギー準位をもつ分子も存在し，そういった分子は赤外分光によって電子スペクトルが得られる．このことから，赤外スペクトルに現れるピークがすべて振動遷移によるものであると思い込むのは危険である．紫外・可視光領域で**振動電子遷移**（vibronic transitions）が観測されるように，赤外光領域で気体分子の**回転振動遷移**（rovibrational transitions）も観測される．このことについては6.5.3項で詳しく説明する．

6.3 赤外分光分析

6.3.1 赤外分光とは

　赤外光は波長帯（エネルギー帯）によって3つの領域に分類される．およそ780 nm〜2.5 μm (13,000〜4,000 cm^{-1}) の領域を**近赤外光**, 2.5 μm〜25 μm (4,000〜400 cm^{-1}) の領域を**中赤外光**, 25 μm〜1 mm (400〜10 cm^{-1}) の領域を**遠赤外光**と呼び，それぞれの領域における分光分析を近赤外分光, 中赤外分光, 遠赤外分光と呼ぶ．しかし実際には，最もよく用いられる中赤外分光を狭義に**赤外分光** (infrared spectrometry) と呼ぶことが多い．近赤外光よりも短波長（高エネルギー）側は可視光（380〜780 nm）であり，遠赤外光はマイクロ波（100 μm〜1 m）と領域が一部重なる．最近ではおよそ30 μm〜3 mm (0.1〜10 THz) の領域をテラヘルツ波と呼び，この領域における分光分析を**テラヘルツ分光**と呼ぶ．

　赤外分光分析は，振動基底状態にある分子が赤外光のエネルギーを受け取って振動励起状態に遷移するのを観測する**赤外吸収分光**と，振動励起状態にある分子が赤外光としてエネルギーを放出することで振動基底状態に遷移するのを観測する**赤外発光分光**に分類される．赤外分光分析を行う際の試料は，気体，液体，固体を問わない．

6.3.2 FT-IR

　赤外スペクトルを測定するための赤外分光装置について説明しよう．1970年代までは回折格子を用いた分散型の赤外分光装置が標準的であったが，最近では干渉計を用いた**フーリエ変換型赤外分光装置（FT-IR）**が一般的である．FT-IRが普及しはじめた1980年代には，分散型分光装置で測定したIRスペクトルと区別するために，フーリエ変換型分光装置で測定したスペクトルを特別にFT-IRスペクトルと呼んでいたが，現在では区別する必要はなく，フーリエ変換型分光装置で測定したスペクトルであってもIRスペクトルと呼べばよい．

　図6.3に一般的なFT-IRの模式図を示す．市販されている多くのFT-IRは，シングルビーム光学系で前分光となっており，光源，干渉計（分光器の役割を果たす），試料室，検出器の順に配置されている．また，波長較正を行うために，レーザー（一般的には波長632.8 nmのHe-Neレーザー）が組み込まれている．このレーザー光は試料室内で白紙をかざすことにより確認でき，肉眼ではみえ

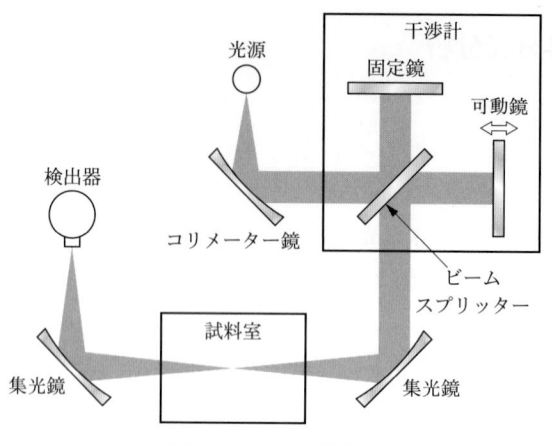

図6.3　FT-IRの模式図

ない赤外光が試料に照射され，検出器に到達しているかを大まかに把握するためのガイド光としても利用できる．

　FT-IRの動作原理を理解しよう．干渉計はビームスプリッター，固定鏡，可動鏡の3つの光学素子からなる．光源光はビームスプリッターによって反射光と透過光に分けられ，それぞれ固定鏡と可動鏡に導かれる．固定鏡と可動鏡で反射した光はふたたびビームスプリッターで重ね合わされ，試料室を経て検出器に到達する．ここで，固定鏡を経た光と可動鏡を経た光の2つがたどった，光源から検出器までの距離を考えよう．2つの光路の距離が等しい場合，どのような波長の光も検出器において強め合いの条件となる．この位置を可動鏡の原点としよう．可動鏡が原点からrだけずれると2つの光路の差は$2r$となり，$2r$が光の波長λと等しい場合は強め合いの条件となるが，それが$\lambda/2$と等しい場合は弱め合いの条件となる．横軸に可動鏡の位置rをとり，縦軸に検出器で検出される光強度をプロットしたものを**図6.4**に示す．これを**インターフェログラム**と呼ぶ．図6.4をみると，光源光のスペクトルはインターフェログラムのフーリエ変換となっていることに気づく．図6.4(d)には，実際のFT-IRで測定した光源光のインターフェログラムと，それをフーリエ変換して得たスペクトルを示している．FT-IRは，干渉計によって光を変調し，変調された光の強度変化を検出器でインターフェログラムとして計測した後に，コンピュータでインターフェログラムをフーリエ変換してスペクトルを得る．分散分光では回

6.3 赤外分光分析

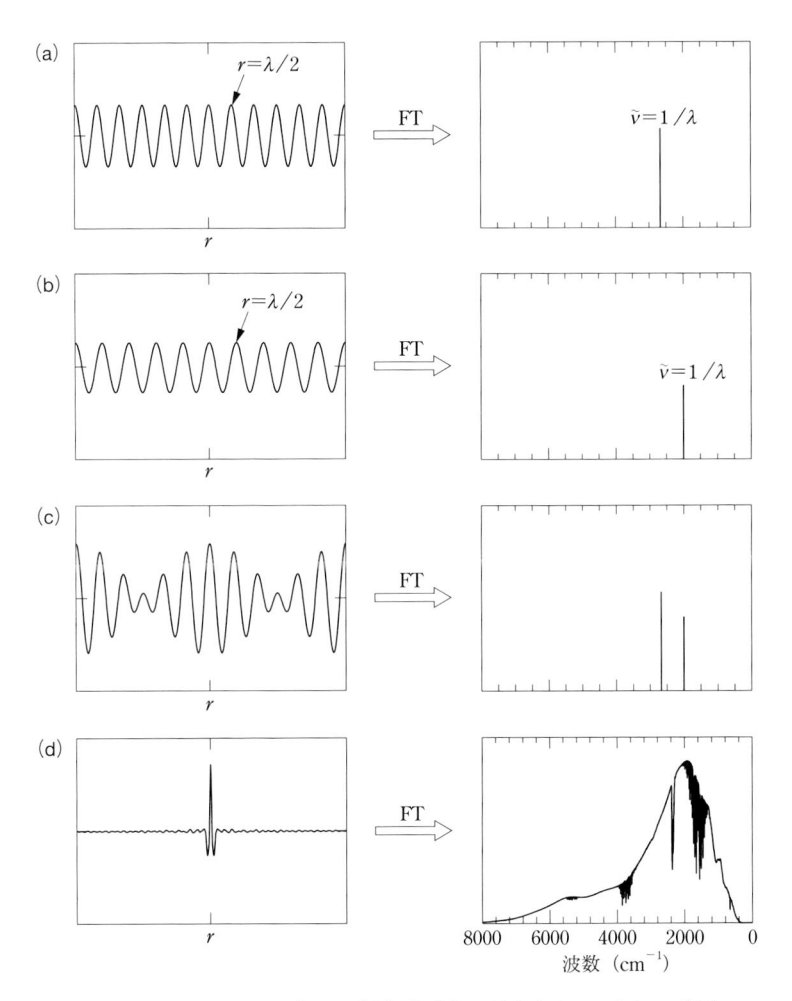

図6.4 インターフェログラム（左）とそれに対応するスペクトル（右）
(a) $\lambda = 3750$ nmの単色光を分光した場合，(b) $\lambda = 5000$ nmの単色光を分光した場合，(c) $\lambda = 3750$ nmの単色光と $\lambda = 5000$ nmの単色光を混合して分光した場合，(d) 実際の赤外光源光を分光した場合．

　折格子とスリットによって選択された一部の波長帯の光だけが切り出されて検出器に到達するために暗い分光となるが，フーリエ変換分光では干渉計で変調されたすべての波長帯の光が検出器に到達するために明るい分光となる．

69

6.3.3 赤外スペクトルの測定

実際にFT-IRを用いて，赤外吸収スペクトルを測定する手順をみてみよう．赤外吸収スペクトルは紫外・可視吸収スペクトルと同様に，**透過率スペクトル**（transmittance spectrum）

$$T(\tilde{v}) = \frac{I(\tilde{v})}{I_0(\tilde{v})} \tag{6.3}$$

あるいは**吸光度スペクトル**（absorbance spectrum）

$$A(\tilde{v}) = -\log_{10} T(\tilde{v}) \tag{6.4}$$

によって表される．ここで$I_0(\tilde{v})$は参照スペクトル，$I(\tilde{v})$は試料スペクトルである．多くのFT-IRはシングルビーム光学系となっているため，$I_0(\tilde{v})$と$I(\tilde{v})$を別々に測定する必要がある．**図6.5**に，試料室に何も入れずに測定した参照スペクトルとポリスチレンを設置して測定した試料スペクトル，およびそれらから計算したポリスチレンの透過率スペクトルと吸光度スペクトルを示す．参照スペクトルをみると，高波数側は7800 cm^{-1}付近で，低波数側は400 cm^{-1}付近で光強度がほぼ0となっている．この測定可能な波数範囲は，光源，検出器，光学素子（主に赤外光が透過するビームスプリッター）によって決まってしまう．もしこれよりも高波数側や低波数側を測定する必要があるならば，それに対応した光源，検出器，光学素子を準備すればよい．例えば中赤外領域の測定には，セラミック光源，**TGS**（triglycine sulfate）**検出器**，KBrビームスプリッターといった組み合わせが，近赤外領域の測定には，ハロゲン光源，InAs検出器，石英ビームスプリッターといった組み合わせが用いられる．また，高感度検出や高速スキャンが必要な場合には，液体窒素冷却型の**MCT**（mercury-cadmium-tellurium）**検出器**も用いられる．

さらに参照スペクトルをよくみると，いくつかの領域で光強度が弱まっていることがわかる．図6.5において，(B)は大気中の二酸化炭素，(A)と(C)は水蒸気によって赤外光が吸収された結果である．大気中にはそのほかに窒素（N$_2$）や酸素（O$_2$）が存在するが，等核二原子分子は赤外不活性であり，赤外光を吸収しない．次に試料スペクトルをみると，より多く光強度が弱まっている領域がみられる．これらは赤外光のエネルギーがポリスチレンの分子振動のエネルギーに移動した結果，検出器に到達する光が減ったことによるものである．

6.3 赤外分光分析

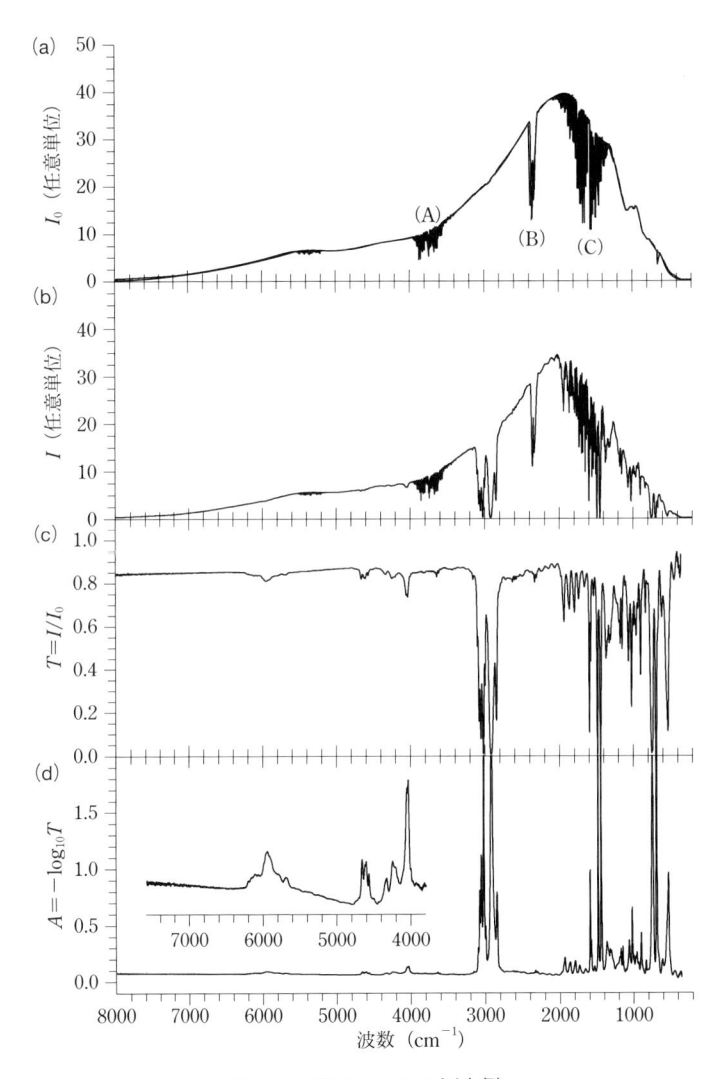

図6.5 ポリスチレンの測定例
(a)参照スペクトル$I_0(\tilde{\nu})$,(b)試料スペクトル$I(\tilde{\nu})$,(c)$I_0(\tilde{\nu})$と$I(\tilde{\nu})$から計算されるポリスチレンの透過率スペクトル$T(\tilde{\nu})$,(d)吸光度スペクトル$A(\tilde{\nu})$.4000 cm^{-1}以上の近赤外領域の吸光度は小さいために拡大したものも図中にプロットした.

さて,透過率スペクトルあるいは吸光度スペクトルをみると,ポリスチレンによる赤外吸収バンドがはっきりとみられるのに対し,二酸化炭素や水蒸気によ

71

る赤外吸収バンドはまったくみられない．これは，参照スペクトルを計測したときと試料スペクトルを計測したときで，二酸化炭素や水蒸気の量がほとんど変わっていないためである．しかし，二酸化炭素や水蒸気のバンドと重なっている試料の赤外吸収バンドを正確に得たい場合，わずかであってもそれらは分析結果に不確かさを与えてしまう．そのような場合は，試料室を窒素ガスでパージするか，真空にすればよい．水蒸気の影響だけを除きたい場合は乾燥空気でパージしてもよい．FT-IR内部の光学素子にKBrのような空気中の水蒸気を吸収して潮解しやすい材料が用いられている場合，内部は常に乾燥した状態を保たなければならない．その際にも適切なパージガスを用いるか，真空にする，あるいはシリカゲルのような乾燥剤を用いる．FT-IRは可動鏡の位置を波長オーダーで制御するため，振動や温度変化が小さい場所に設置しなければならない．特に潮解性の材料が用いられている場合は，設置場所の湿度も十分に管理する必要がある．

6.4 赤外分光による定量分析

紫外・可視吸収分光と同様に，赤外吸収分光においてもランベルト-ベール則が成り立つ．

$$A(\tilde{v}) = \varepsilon(\tilde{v})Cl \tag{6.5}$$

ここで，$\varepsilon(\tilde{v})$は吸光係数スペクトル，Cは試料濃度，lは光路長である．赤外吸収分光によって濃度の定量分析を行う際には，透過率ではなく吸光度を用いて行わなければならない（透過率は濃度に比例しない）．振動スペクトルは，電子スペクトルと比較して多数のバンドが重畳しており，その形状も複雑である．このことから，混合試料の振動スペクトルを測定して，その中に存在する特定の物質の濃度を定量分析することは容易ではない．そのような場合，多変量解析を応用するとよい．このような，機器分析による結果をコンピュータ解析して，何らかの化学的な情報を得る手法を**ケモメトリックス**と呼ぶ．例えば果物が選果場に集められると，大きさや傷の有無で分別されるだけでなく，近赤外スペクトルがオンラインで計測され，ケモメトリックスによって糖度や酸度といった複数の濃度情報が瞬時に予測される．このように果汁をしぼることなく

非破壊で分析することで品質の揃った果物を出荷できるようになっている．こういった分光分析とケモメトリックスの組み合わせは，定量分析だけでなく構造分析にも用いることができ，また，生産現場における品質管理だけでなく，医療診断や脳機能計測といった生体分析にも応用されつつある．

6.5 さまざまな試料の赤外分光分析

6.5.1 液体試料の赤外分光分析

さまざまな形態の試料を赤外分光分析する際の方法を説明しよう．液体試料の紫外・可視吸収スペクトルを測定する際には，光路長が1 cm程度の**キュベットセル**を用いることが多い．しかし多くの試料で，赤外光領域における吸光係数は可視光領域のそれと比較して大きく，1 cmのキュベットセルで赤外スペクトルを測定することは不可能である．そこで，図6.6に示すような**組み立てセル**を用い，薄いスペーサーによって光路長を調整するのが一般的である．用いるスペーサー（光路長）を決定する際には，測定したい波数範囲における吸光度が1以下（透過率が10％以上）となるようにするとよい．FT–IRを用いて定量分析を行う際に線形性が保たれる吸光度の範囲は検出器によって異なるが，例えば吸光度が2を超える（透過率が1％を下回る）スペクトルを用いて定量分析を行うことは極めて危険である．正確な分析を行うことができる吸光度の範囲は前もって調べておくとよい．

また，紫外・可視吸収スペクトルを測定する際に用いられるセルの材質は一般的に石英であるが，石英は中・遠赤外光領域において不透明であり，この領

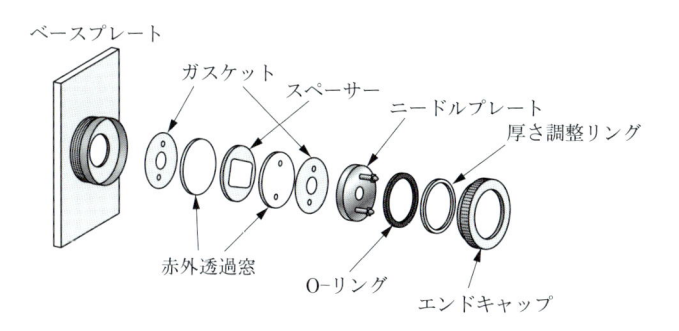

図6.6　液体試料測定用の組み立てセル

域の測定には使えない．全赤外光領域において十分に高い透過率をもち，化学的に安定で扱いやすい窓材はなく，測定条件に応じて適切な窓材を選ぶ必要がある．例えばKBrやNaClは中赤外光領域において光吸収帯がない好条件な窓材であるが，試料と物理的・化学的な相互作用を起こす場合は選択すべきではない．赤外分光分析では，そのほかにCaF_2，BaF_2，ZnSe，Si，Geなどが窓材として用いられる．

6.5.2 固体試料の赤外分光分析

高分子のように薄膜を準備できる場合は適切な基板上に固定して透過法や反射法で測定すればよい．反射法として，**高感度反射法**（reflection absorption spectroscopy，RAS）や**全反射減衰法**（attenuated total reflection，ATR）が挙げられる．粉体の場合は**KBr錠剤法**や**拡散反射法**（diffuse reflection，DR）によって測定する．試料が黒色である場合は透過法による測定が難しく，その場合は**光音響法**（photoacoustic spectroscopy，PAS）が適している．いずれの場合も，試料調製によって分子相互作用や結晶性が変化しないように注意する必要がある．

6.5.3 気体試料の赤外分光分析

適切な気体セルを用いて透過法で測定する．一般的にはFT-IRの試料室に収まる光路長が5 cm程度のセルが用いられるが，ppmレベル以下の低濃度試料を分析する場合，ミラーによって光路長が10 m以上となっているセルを用いることもある．また，環境汚染ガスや火山性ガスをフィールドで測定するために，オープンパスで測定できる専用のFT-IRも市販されている．気体試料の赤外吸収スペクトルを測定すると，液体や固体のそれとは違ったバンド形状が観測される．**図6.7**に5 cmセルを用いて測定した一酸化炭素の赤外吸収スペクトルを示す．気体試料の場合，このように線幅の細いピークが多数観測される．これは**図6.8**に示すように，振動準位vだけでなく，回転準位Jにまでまたがってエネルギー遷移するためである．これを**回転振動遷移**という．振動基底状態（$v=0$）にある分子の回転量子数をJ''，振動励起状態（$v=1$）にある分子の回転量子数をJ'としよう．気体分子が赤外光を吸収して振動量子数が$v=0$から$v=1$に変化する場合，回転量子数の変化$\Delta J = J' - J''$が-1，0，$+1$である遷移のピーク群をそれぞれP枝，Q枝，R枝という．例えば図6.8でR(0)

6.5 さまざまな試料の赤外分光分析

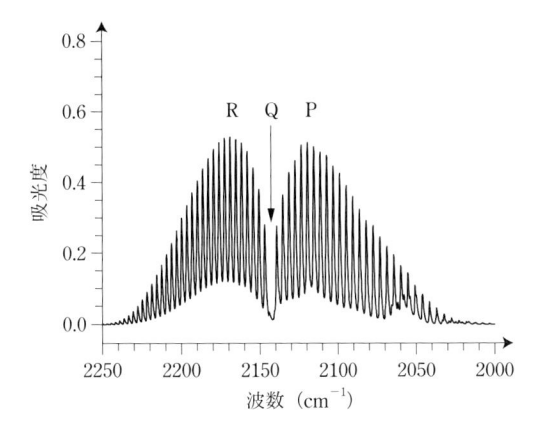

図6.7 一酸化炭素の赤外吸収スペクトル

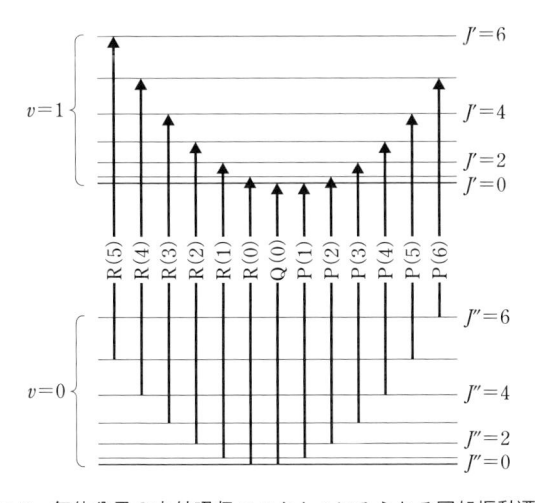

図6.8 気体分子の赤外吸収スペクトルにみられる回転振動遷移

と記した遷移は，振動基底状態（$v = 0$）において回転量子数が$J''=0$であった気体分子が，赤外光を吸収して振動励起状態（$v = 1$）へ遷移した際に回転量子数が$J'=1$となったことを表し，回転量子数の変化が$\Delta J = +1$であるため，R枝に分類される．図6.7に示した一酸化炭素のスペクトルでは，禁制遷移によりQ枝は観測されず，Q枝より低波数側にP枝が，それより高波数側にR枝が観測されている．このような回転振動線の各々の強度は，各エネルギー準位に

75

存在する分子の数に依存するため,温度に敏感である.

6.6 ラマン分光分析

6.6.1 ラマン散乱とは

ラマン分光(Raman spectroscopy)は赤外分光と同様に振動スペクトルを得ることができる分析手法の1つであるが,その原理と機器構成は大きく異なる.赤外分光は吸収もしくは発光という1光子過程を観測し,吸収スペクトルの縦軸は透過率もしくは吸光度という無次元量である.それに対し,ラマン分光は**散乱**という2光子過程を観測し,スペクトルの縦軸は散乱光強度[*3]である.

物質に波長λ_0の光を照射すると,一部の光子は分子に衝突して散乱する.散乱光の大半は波長が変化しないが,その中に微弱ながらも波長が変化した散乱光も現れる.これが**ラマン散乱**(Raman scattering)である.波長は波数(光子エネルギー)の逆数であるから,ラマン散乱光が照射光に対して波長シフトするということは,衝突の際に光子と分子でエネルギーの授受があったことを意味する.このような非弾性散乱は1928年に物理学者ラマン(C. V. Raman)によって発見され,その成果に対して1930年にノーベル物理学賞が授与された.

それでは具体的にラマン散乱スペクトルをみてみよう.**図6.9**はクロロホルムに波長$\lambda_0 = 514.5$ nmのアルゴンイオンレーザーを照射したときの散乱光を分光器で分光して得たスペクトルである.照射光の波長付近(B)にみられる強い散乱光は光子と分子でエネルギーの授受がなかった弾性散乱によるもので,**レイリー散乱**(Rayleigh scattering)と呼ばれる.レイリー散乱に対して長波長側(低エネルギー側)にシフトした散乱(A)を**ストークスラマン散乱**(Stokes Raman scattering,以下ストークス散乱),短波長側(高エネルギー側)にシフトした散乱(C)を**アンチストークスラマン散乱**(anti-Stokes Raman scattering,以下アンチストークス散乱)という.ここで,光子と分子の間で移動したエネルギーを見積もるために,横軸を波数$\tilde{\nu}$に変換し,照射光の波数位置$\tilde{\nu}_0$からのシフト量$\tilde{\nu}_R$を求めてみよう.

[*3] 散乱光の絶対強度を測定することは難しいので,カウント毎秒(count per second, cps)のような相対強度で表示される.

6.6 ラマン分光分析

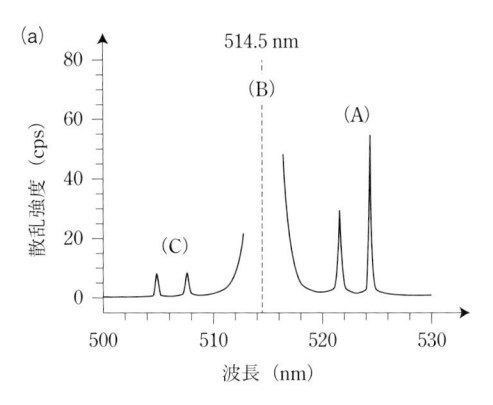

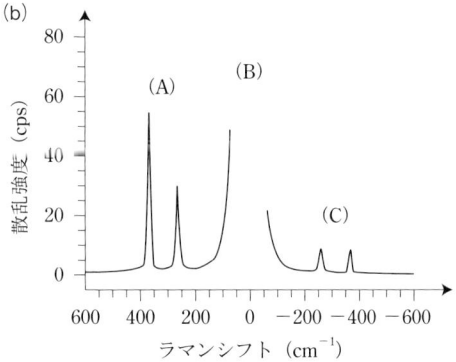

図6.9 クロロホルムのラマン散乱スペクトル
(a)絶対波長表示，(b)ラマンシフト表示．
(A)ストークス散乱，(B)レイリー散乱，(C)アンチストークス散乱．

$$(\tilde{\nu}_R/\mathrm{cm}^{-1}) = (\tilde{\nu}_0/\mathrm{cm}^{-1}) - (\tilde{\nu}/\mathrm{cm}^{-1})$$
$$= \frac{1}{(\lambda_0/\mathrm{nm})} \times 10^7 - \frac{1}{(\lambda/\mathrm{nm})} \times 10^7 \tag{6.6}$$

この$\tilde{\nu}_R$を**ラマンシフト**という．図6.9には絶対波長表示だけでなく，ラマンシフト表示によるスペクトルも示した．

次に，ストークス散乱とアンチストークス散乱の原理を理解しよう．エタノールの赤外吸収スペクトルとラマン散乱スペクトル（図6.1）を比べると，それぞれ強度は違うが，同じ波数位置に振動バンドが観測されている．このことは，ラマンシフトが分子のエネルギー準位に対応して現れていることを意味する．

第6章 赤外分光分析とラマン分光分析

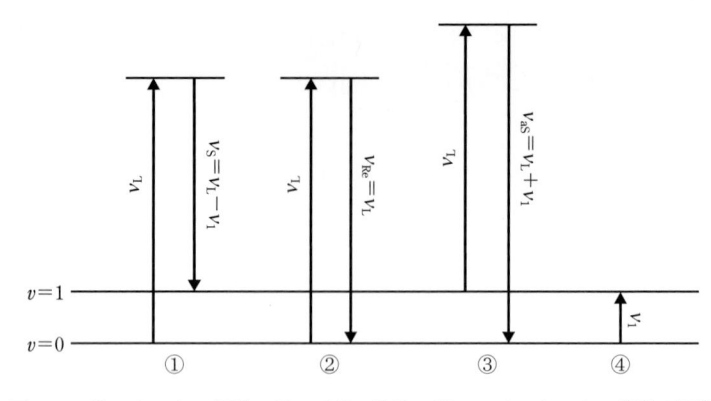

図6.10. ①ストークス散乱，②レイリー散乱，③アンチストークス散乱の遷移
比較のため，④赤外吸収による振動遷移ν_1も示す．ν_L, ν_S, ν_{Re}, ν_{aS}はそれぞれ，照射レーザー光，ストークス散乱光，レイリー散乱光，アンチストークス散乱光の波数（エネルギー）である．

図6.10に振動準位とラマンシフトの関係を模式的に示す．図6.10をみると，ストークス散乱は光子が分子にエネルギーを渡して低波数側（長波長側）にシフトしており，アンチストークス散乱は光子が分子からエネルギーをもらって高波数側（短波長側）にシフトしている．このことから，ストークス散乱は振動基底状態にある分子からの信号であり，アンチストークス散乱は振動励起状態にある分子からの信号であるといえる．

図6.9をみると，ストークス散乱強度に比べてアンチストークス散乱強度は小さい．これは，振動基底状態にある分子に比べて振動励起状態にある分子が少ないことを示している．一般に室温付近における測定では，アンチストークス散乱強度はストークス散乱強度に比べて極端に小さいため，分光分析が容易ではなく，狭義にラマンスペクトルといえばストークス散乱スペクトルのことを指す．

6.6.2 ラマンスペクトルの測定

ラマンスペクトルを測定するには，単色光源と分光器と簡単な光学系があればよい．ラマン効果が発見された当時は，レーザーもCCD検出器も存在しなかったため，水銀灯と分光写真機によって計測が行われたが，今日ではさまざまな波長のレーザーと高感度な**マルチチャンネル分散分光器**を使うことができる．励起光源としては，紫外光でも可視光でも赤外光でもよく，パルスレーザーを用いることで過渡的な現象を追跡することも可能である．散乱光強度は照射

光強度に比例し，波長の−4乗に比例するため，高強度で波長の短い光源を用いるほど強いラマン信号を得ることができるが，照射光によって分子を分解してしまっては意味がない．一般的には，出力が1〜1000 mW程度で，目視により光路を確認できる可視光レーザーが用いられる．

試料は気体，液体，固体を問わず，さまざまな形態でラマンスペクトルを測定することができる．ラマン分光では赤外分光と比べて短波長の光を用いるため，より集光した条件で実験を行うことが可能である．この利点を応用して，顕微鏡下でラマンスペクトルを測定することも一般的となっている．

6.7　赤外スペクトルとラマンスペクトルの解釈

分子情報に富む赤外スペクトルやラマンスペクトルを測定したとしても，そのままでは化学構造や分子構造の詳細を知ることはできない．スペクトルを解釈するときに最初にするべきことは，振動バンドの帰属である．帰属を行うには，グループ振動表やスペクトルライブラリーを用いるとよい．さらに最近では量子化学計算によって信頼できる帰属を行うこともできるようになってきた．これらの情報や実験結果から帰属を行う際には，以下のことを知っておくとよい．

1) 赤外スペクトルにはヒドロキシ基（−OH）やカルボニル基（$\mathrm{C=O}$）のような極性基の伸縮振動バンドが強く観測される．
2) ラマンスペクトルにはC＝C結合やC＝N結合のような多重結合の伸縮振動バンドが強く観測される．
3) 近赤外スペクトルには中赤外スペクトルにみられる基準振動バンドの倍音や結合音が観測され，近赤外吸収強度は赤外吸収強度に比べて微弱である．
4) 近赤外スペクトルにはO−H結合やC−H結合のような，水素原子を含む結合（X−H結合）に関与するバンドが強く観測される．
5) 遠赤外スペクトルには金属や重い元素を含む結合のバンドが観測される．
6) 赤外スペクトルには非対称伸縮振動バンドが，ラマンスペクトルには対称伸縮振動バンドが強く観測される．
7) 赤外スペクトルには分子中の局所的な振動によるバンドが，ラマンスペ

クトルには分子全体の共同的な振動によるバンドが強く観測される.
8) **フェルミ共鳴**[*4]が起こると,予想される振動数の高波数側と低波数側に2本のバンドが分裂して観測される.
9) 重水素置換を行うと振動数はおおよそ$1/\sqrt{2}$倍にシフトする.例えば2900 cm^{-1}付近のC－H伸縮振動バンドは2050 cm^{-1}のC－D伸縮振動バンドにシフトする.
10) 水素結合や結晶化により,バンド位置は大きくシフトする.逆にこの性質を利用することで,分子の微環境を知ることができる.

☕ Coffee Break

さまざまな分野における赤外分光技術

　赤外分光分析は,実験室で少量の試料を用いて行われるだけでなく,生産現場における品質管理やフィールドワークにおけるその場分析でも活躍していることをすでに述べた.最近では,空港で入国審査の前に赤外線カメラで撮影して体温をチェックしていることを知っている人も多いだろう.このときの光源は我々の体である.さらに大きな対象としては,気象観測や宇宙観測にも赤外分光が応用されている.現在では昼間だけでなく夜間でも雲の衛星写真を撮影することができるが,これはどのようにして行われているのであろうか? 現在運用されている気象衛星の「ひまわり」は,可視光画像だけでなく赤外光画像も撮影できる.昼間は可視光画像により直接雲が撮影されるが,夜間は赤外光画像が撮影される.

　ではなぜ赤外光で雲を撮影することができるのか.水はいくつかの赤外吸収帯をもつことをすでに述べた.これを撮影するときの光源は地球である.地球は夜間でも地表温度に対応した赤外光をプランクの法則にしたがって放射している.この放射光が雲によって吸収され,暗くなったところを白黒反転表示することで,雲のように白く表しているのである.

　また宇宙観測の分野では,赤外線天文衛星である「あかり」が2006年に打

[*4] 異なる振動準位(基本音であっても倍音や結合音であってもかまわない)が極めて近いエネルギーをもつ場合に相互作用すること.

ち上げられ，膨大な赤外分光データが集められた．それらを解析することで，超新星残骸に存在する気体分子や星間有機物の構造が明らかになりつつある．

参考文献

1) 日本分光学会(編)，赤外・ラマン分光法，講談社(2009)
2) 日本分光学会(編)，田隅三生(編著)，赤外分光測定法，エス・ティ・ジャパン(2012)
3) 尾崎幸洋(編著)，近赤外分光法，講談社(2015)
4) 浜口宏夫，岩田耕一(編著)，ラマン分光法，講談社(2015)
5) 長谷川健，スペクトル定量分析，講談社(2005)
6) J. B. Foresman, Æ. Frisch(著)，田崎健三(訳)，電子構造論による化学の探究，ガウシアン社(1998)
7) N. B. Colthup, L. H. Daly, S. E. Wiberley, *Introduction to Infrared and Raman Spectroscopy 3rd ed.*, Academic Press (1990)
8) G. Socrates, *Infrared and Raman Characteristic Group Frequencies 3rd ed.*, Wiley (2004)
9) C. Pouchert, *The Aldrich Library of FT-IR Spectra 2nd ed.*, Wiley (1997)
10) R. M. Silverstein, F. X. Webster, D. J. Kiemle(著)，荒木峻，益子洋一郎，山本修，鎌田利紘(訳)，有機化合物のスペクトルによる同定法 第7版，東京化学同人(2006)
11) D. A. McQuarrie, J. D. Simon(著)，千原秀昭，江口太郎，齋藤一弥(訳)，マッカーリ・サイモン 物理化学〈上〉，東京化学同人(1999)

❖演習問題

6.1 波長が10 μmである赤外光の波数(cm^{-1})，振動数(THz)，エネルギー(eV)をそれぞれ与えられた単位で求めよ．

6.2 200 nm(紫外光)，500 nm(可視光)，800 nm(近赤外光)で励起した際に観測される1000 cm^{-1}のストークス散乱バンドの絶対波長をそれぞれ計算せよ．

6.3 赤外吸収分光と紫外・可視吸収分光の違いについて，原理，装置，得られる分子情報の視点から述べよ．

6.4 ラマン散乱分光と蛍光発光分光の違いについて，原理，装置，得られる分子情報の視点から述べよ．

第7章　核磁気共鳴分析

　核磁気共鳴（nuclear magnetic resonance，NMR）分析は，磁場中において原子核が特定の電磁波を吸収する現象（NMR現象）を利用し，試料中の原子の環境を観測する分析法である．特に有機化合物においては，水素あるいは炭素のNMR分析から，分子の構造決定を行うための重要な情報を得ることができる．これはタンパク質のような巨大分子の構造解析においても有効であり，現代の有機化学や構造生物学において非常に重要な分析法となっている．

7.1　原理

7.1.1　NMR現象とは

　まず，原子核の磁気的性質を簡単に説明する．多くの原子種において，原子核の正電荷はスピン角運動量をもち，**磁気モーメント（核スピン）**を生じている[*1]．通常は，同じ原子種でもスピンの方向はバラバラだが，試料を静磁場（外部磁場）中におくと，スピンの方向が揃う（**図7.1**）．このときのスピンが取り得るエネルギー準位E_mは，次のように表される．

$$E_m = -\gamma m \frac{h}{2\pi} B_0 \tag{7.1}$$

ここでγは磁気回転比と呼ばれ，核種に固有の値である．またhはプランク定数（6.626×10^{-34} J s），B_0は外部磁場強度である．mは磁気量子数であり，$m = +I, I-1, I-2, \cdots, -I+1, -I$ というように**核スピン量子数**Iに関連付けられる．例えば^{1}H（プロトン）[*2]の場合，$I = 1/2$なので（**表7.1**），$m = +1/2, -1/2$となり，スピンのエネルギー準位は2種類あることがわかる．これは，スピンがB_0と同じ向き，または逆向きの2種類に相当する．これをエ

[*1]　原子核自体が微小な磁石だと考えてもよい．
[*2]　水素の原子核は，すなわち1個の陽子なので，これをプロトン（proton）と呼ぶ．

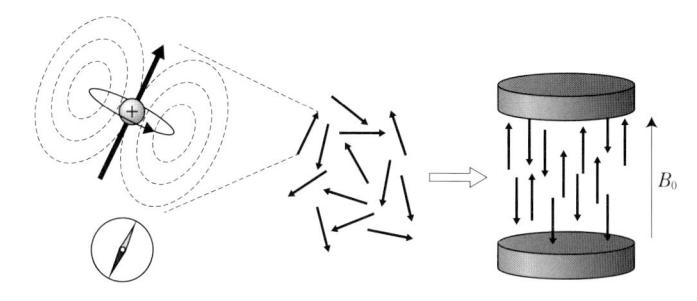

図7.1 核スピンのイメージ
静磁場（B_0）中では，核スピンの方向が揃う．

表7.1 核スピン量子数IとNMR観測の可否

原子種の例（I）	I	NMR観測
^{1}H$\left(\frac{1}{2}\right)$, ^{11}B$\left(\frac{3}{2}\right)$, ^{13}C$\left(\frac{1}{2}\right)$	半整数	可
^{2}H(1), ^{10}B(3)	整数	可
^{12}C(0), ^{16}O(0)	ゼロ	不可

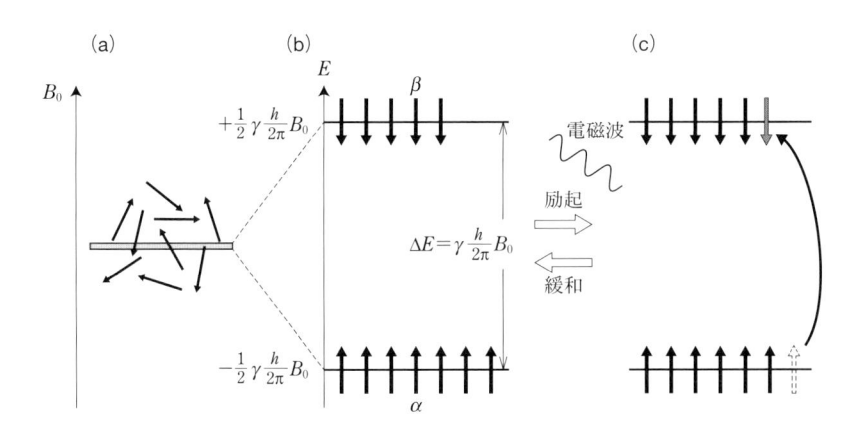

図7.2 エネルギー準位とNMR
(a)通常はスピンにエネルギーの区別がない，(b)磁場中でエネルギー準位が分かれる，(c)電磁波の吸収によりスピンが励起される．

ネルギー準位で表すと**図7.2**のようになる．静磁場と逆方向のスピン（β準位）は，同方向のスピン（α準位）に比べてエネルギーが高く，数は若干少ない．こ

のように外部磁場中で起こるエネルギー準位の分裂を**ゼーマン分裂**（Zeeman splitting）という．

ここに，スピンのエネルギー差ΔEに相当する電磁波（周波数10 kHz～1 GHz程度の**ラジオ波**）を照射すると，電磁波の吸収（**共鳴**）が起こり，α準位のスピンの一部が高エネルギーのβ準位に**励起**（excitation）される．電磁波の照射を止めれば，励起されたスピンは**緩和**（relaxation）と呼ばれる過程を経て，元の熱平衡状態に戻る．この一連の過程が**NMR現象**である．

照射する電磁波の周波数をνとすると，そのエネルギーは$h\nu$であり，$h\nu = \Delta E$のときに吸収が起こる．この条件は，次のNMR方程式で表される．

$$\nu = \frac{\gamma}{2\pi} B_0 \tag{7.2}$$

したがって，B_0またはνのどちらかを変化させ，式(7.2)が満たされるときの信号を観測することにより，**NMRスペクトル**が得られる．

なおNMR現象は，核スピン量子数Iが0の場合には起こらない．同じ元素でも同位体によってIの値は異なるため，NMR現象を観測できる原子種は限られている．例えば炭素の場合，天然に多く存在する^{12}CはNMR現象を観測できず，同位体である^{13}Cのみが観測可能である（表7.1）．本章では，議論が簡単で有機化合物の構造解析に重要な，^{1}HのNMR分析を中心に解説する．

7.1.2　NMRスペクトルと化学シフト

^{1}H NMRスペクトルの例を**図7.3**(a)に示す．前項までの説明では，核種（γ）が同じであれば共鳴周波数はすべて同じであり，NMR信号も1種類になるはずである．しかし実際には，同じ核種でも複数の信号が観測される．このような共鳴周波数の違いは，主に原子核の周りの電子に由来している．原子が外部磁場中におかれると，負電荷をもつ電子の運動により，原子核の周りに外部磁場とは逆向きの誘起磁場が発生する（図7.3(b)）．この誘起磁場による磁気的な**遮蔽**（shielding）のため，原子核が受ける有効磁場強度は，元の外部磁場強度B_0よりも小さくなる．すなわち遮蔽の程度により同じ核種でも共鳴周波数が異なるため，これを利用して原子核の化学的環境を区別することができる．

そこで観測試料の共鳴周波数と基準物質の共鳴周波数との差をとり，外部磁場強度に対応する周波数（7.2.2項で述べる）で割ることで，外部磁場強度に

7.1 原理

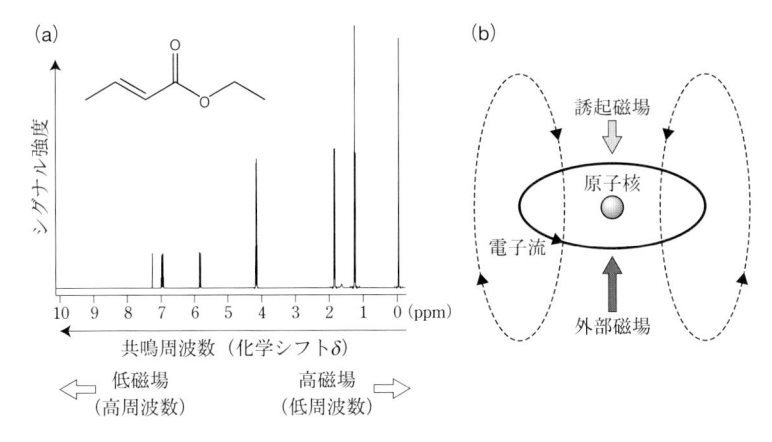

(a) (b)

図7.3 NMRスペクトルの例（クロトン酸エチル）と化学シフト
(a)縦軸は信号強度，横軸は共鳴周波数（化学シフトδ）を表す．(b)電子による誘起磁場が外部磁場を遮蔽する．

よらない無次元の値（記号δを用いる）が得られる．式(7.3)を**化学シフト**（chemical shift）といい，NMRスペクトルの横軸としてppm（百万分の一）スケールで表される．

$$\delta = \frac{\nu - \nu_r}{\nu_0} \quad \left(\nu_0 = \frac{\gamma B_0}{2\pi} \right) \tag{7.3}$$

ここで，νは信号の共鳴周波数（Hz），ν_rは基準物質の共鳴周波数（Hz），γは磁気回転比，B_0は外部磁場強度（T）である．

7.1.3 CW法とFT法

初期のNMR分析においては，照射するラジオ波の周波数を一定に保ち，磁場強度を連続的に掃引してスペクトルを得た[*3]．これを掃引法または**連続波**（continuous wave，**CW**）**法**という（**図7.4**(a)）．

一方，現在のNMR分析では，**フーリエ変換**（Fourier transform，**FT**）**法**が一般的となっている．FT法では，一定の磁場強度の下でごく短時間のラジオ

[*3] このときの慣習から，NMRスペクトルの左側を「低磁場側」，右側を「高磁場側」と呼ぶことが多い（図7.3(a)）．

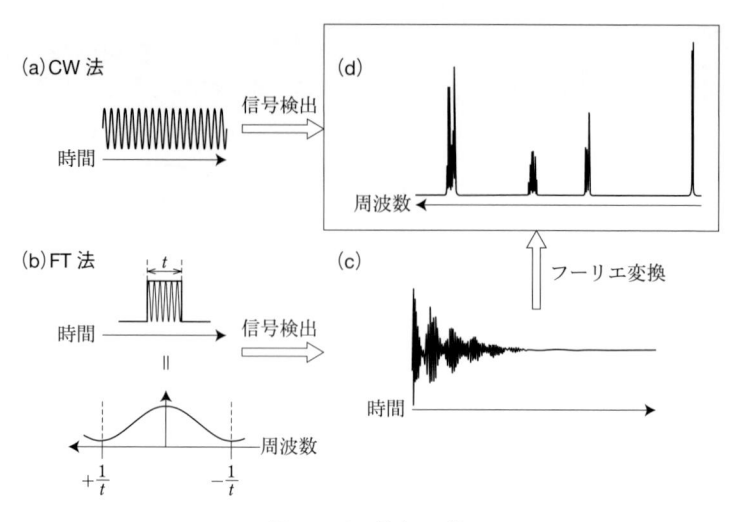

図7.4 CW法とFT法
(a)CW法では連続したラジオ波を照射してスペクトルを得る．(b)FT法ではラジオ波パルスを照射して一定の周波数範囲の核を一度に励起させる．(c)時間を横軸とするFID信号が観測される．(d)フーリエ変換によって周波数軸のNMRスペクトルを得る．

波パルスを照射する．ここでパルス照射時間をtとすると，$+1/t$〜$-1/t$の周波数範囲のラジオ波を一度に照射したのと同様の現象が起こり，さまざまな共鳴周波数をもつ核スピンが一斉に励起される（図7.4(b)）．励起された核スピンは緩和によって熱平衡状態に戻るが，その信号は，時間とともに減衰する**自由誘導減衰**（free induction decay，**FID**）**信号**として観測される（図7.4(c)）．これをフーリエ変換することにより，周波数を横軸とするNMRスペクトルを得る（図7.4(d)）．

FT法は，CW法に比べて測定時間が圧倒的に短いため，積算による感度向上や後述の二次元NMRなどの応用測定を可能とし，NMR分析を大きく発展させた．

7.2 装置構成と測定

7.2.1 NMRの装置構成

本節では，近年のNMR装置の概略と，関連する測定手順について述べる．

7.2 装置構成と測定

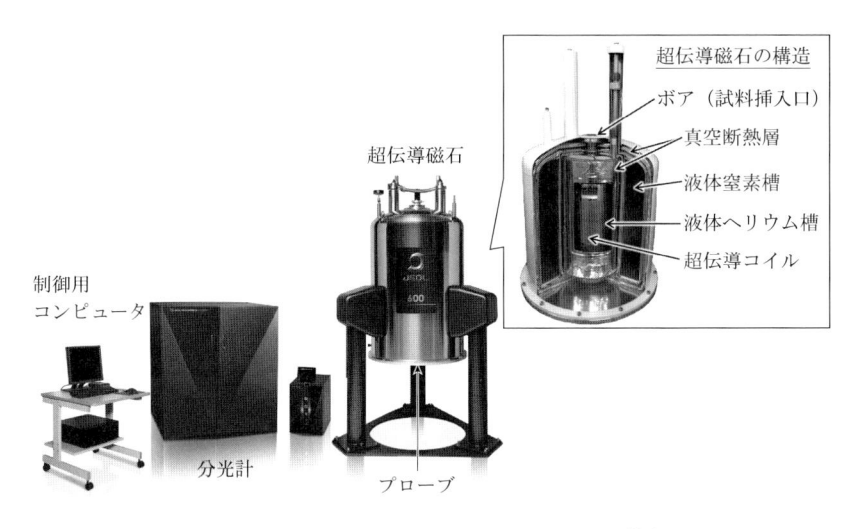

図7.5 一般的なNMR装置構成と超伝導磁石の構造
［写真提供：日本電子株式会社］

現在，一般的なフーリエ変換型NMR装置は，**超伝導磁石**（super-conducting magnet，**SCM**），信号の検出を行うためのプローブ，ラジオ波を送受信するための分光計，および制御用コンピュータなどからなる（**図7.5**）．

7.2.2 超伝導磁石

NMR装置に使用されるSCMは，コイルに電流を流して磁場を発生する電磁石であるが，超伝導コイルは線材を超伝導に保つため，クライオスタット（低温容器）内の液体ヘリウム槽で冷却され，さらに液体ヘリウム槽は外側の液体窒素槽によって冷却されている（図7.5）．このため，一般的なNMR用SCMは，定期的な液体ヘリウムおよび液体窒素の補充を必要とする．一般的に，SCMの磁場強度が高いほどNMRの検出感度と信号の分解能は向上する．したがって複雑な分子構造の解析には，より磁場強度の高いSCMが求められている．

なお磁場強度B_0の単位はテスラ（T）だが，NMRにおいては慣習的に，対応するプロトンの共鳴周波数(MHz)で磁場強度を表すことが多い．例えば9.4 TのSCMは「400 MHz（のSCM）」となる．

7.2.3 プローブ

NMR用SCMは,試料を超伝導コイルの中心に導入するため,クライオスタットの上下を貫通するボアが用意されており,このボアにプローブが挿入される.プローブはNMR信号を受信するための検出コイルを備えている.一般的な二重共鳴プローブでは,検出コイルが内側と外側に2つ備えられており,それぞれ異なる周波数に同調されているため,^{1}Hと^{13}Cなど,異なる共鳴周波数をもった複数のラジオ波を同時に出力することが可能となっている.

7.2.4 分光計

試料に照射するラジオ波パルスを生成し,NMR信号として放出される微弱なラジオ波を増幅して,データとして取り込むのが分光計である.近年のNMR装置では,ラジオ波の制御の大部分がデジタル化されており,種々の信号処理技術が応用されている.また制御用コンピュータと連動し,後述するNMRロックやシムの制御,試料の温度調節など,装置に関わるすべての制御を行っている.

7.2.5 測定試料の調製

NMRは他の分光分析や質量分析と比べて検出感度が低いため,一般的な有機化合物においては数mg程度の試料が必要であり,これを溶液にして測定を行う.その際,**重水素化溶媒**(重クロロホルム:$CDCl_3$など)を用いることが多い.これは,試料中の^{1}Hの信号が溶媒分子の^{1}Hの信号と重なることを防ぐとともに,後述するNMRロックの基準とするためである.また化学シフトの基準物質を溶液に加えることも多い.^{1}H NMR測定においては,**テトラメチルシラン**$Si(CH_3)_4$(tetramethylsilane, TMS)がよく用いられる.溶液は専用の試料管に充填され,プローブに導入される.

7.2.6 NMRロック

超伝導磁石は,原理的には電気抵抗値がゼロであり,発生する磁場は常に一定となる.しかし実際のSCMにおいては,コイルの線材をつなぎ合わせるため,極めて微小な電気抵抗が残っている.これによってSCMの発生する磁場は徐々に低下し(磁場ドリフト),NMR測定において共鳴周波数がずれる原因となる.

そこで，試料と関わりのない重水素化溶媒の重水素信号を常時追跡し，共鳴周波数が一定になるように磁場を補正する．これを**NMRロック**と呼び，長時間を要する高分解能測定において必須となる．

7.2.7 シム調整

信号検出の対象となる試料空間は，極めて均一な磁場に保たれる必要がある．例えば磁場強度が400 MHz（9.4 T）のNMR装置において，試料空間内の磁場が10 μTずれたとすると，NMR信号の位置（化学シフト）は約0.1 ppmもずれてしまい，正常なNMRスペクトルを得ることはできない[*4]．SCMそのものが作り出す磁場をそこまで均一にすることは難しく，また試料空間の磁場は試料そのものの影響も受ける．そこで，ボア内に設置したシムコイルと呼ばれる複数の補助的なコイルによって，均一な磁場になるよう補正を行う．これを**シム調整**（シミング）と呼ぶ．

シム調整は測定の分解能に著しく影響する．近年のNMR装置ではシム調整がほぼ自動化されているが，必要に応じて，シム調整が適切に行われているかを確認することも大切である．

7.3 NMRスペクトル

7.3.1 ^{1}H NMRスペクトルの要点

ここでは，**図7.6**のスペクトルを例に，有機化合物における^{1}H NMRスペクトルの基本的な読み方を説明する．^{1}H NMRスペクトルにおいて注目すべきは，主に以下の3つの情報である．

- **化学シフト**（ピークの位置）：官能基の種類
- **信号強度**（ピークの面積）：^{1}Hの数の相対比
- **スピン結合**（ピークの分裂）：隣接する^{1}H同士の関係

[*4] ちなみに地磁気は東京で45 μT程度．

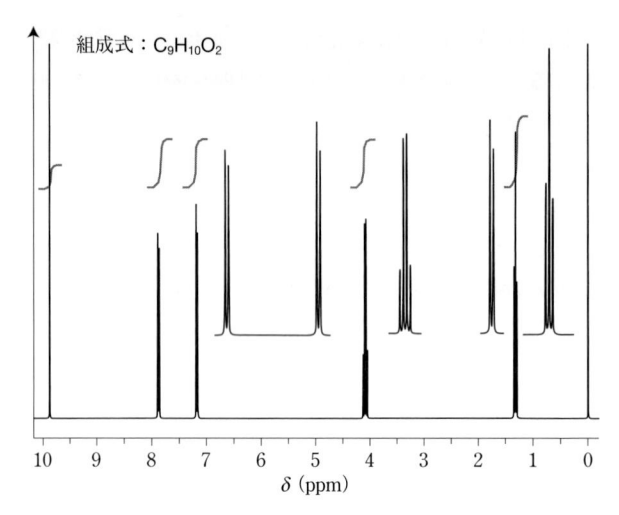

図7.6 ある化合物の ¹H NMR スペクトル
各ピークの積分曲線も示す．また分裂したピークは各々の右上に拡大図を示す．

組成式：$C_9H_{10}O_2$

7.3.2 化学シフト

前述の通り，化学的環境が異なる ¹H は，異なる化学シフト（別々のピーク）を示す．化学シフトを変化させる要因は，主に以下のようなものである．

まず7.1.3項で示した電子による遮蔽は，¹H の周りの電子密度に左右される．電気陰性度の高い原子や電子吸引性の置換基が結合あるいは隣接すると，¹H の周りの電子密度が低下し，遮蔽が弱くなるため，ピークは低磁場側（スペクトルの左側）にシフトする．

また芳香環のように π 電子をもつ構造では，**環電流効果**による磁気的な異方性がみられる（**図7.7**）．磁場中では π 電子による環電流が誘起磁場を発生させる．このとき，誘起磁場の向きは環の内側と外側とで異なり，¹H が結合している環の外側では，外部磁場と同じ向きとなる．この**非遮蔽**（deshielding）により有効磁場強度が増加するため，芳香環水素のピークは大きく低磁場にシフトする．同様の効果は，アルデヒド水素などにもみられる．

これらの効果に基づいて，さまざまな官能基に対応する化学シフトの値が知られている（**図7.8**）．この化学シフトから，官能基の種類を特定することができる．

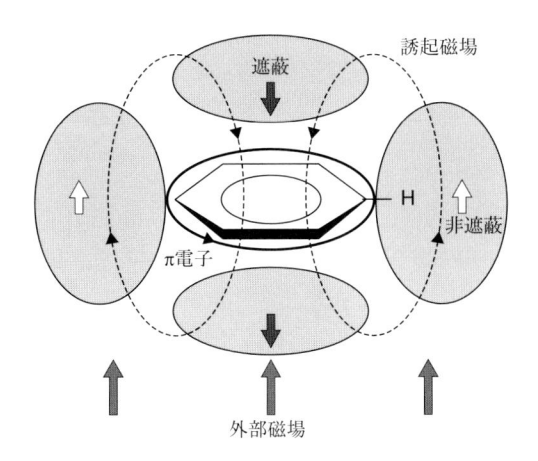

図7.7 環電流による誘起磁場の磁気異方性
環の外側は非遮蔽の効果を受ける.

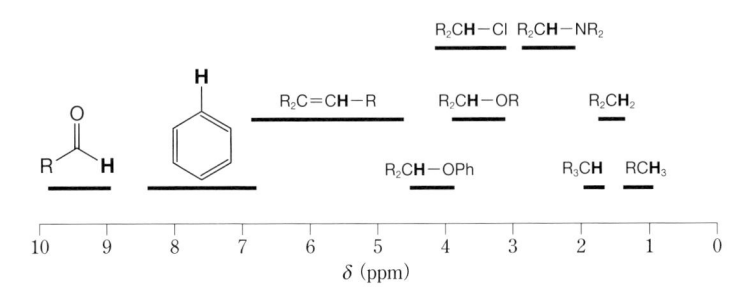

図7.8 置換基による化学シフトの違い
Rはアルキル基または¹H, Phはフェニル基を示す.

7.3.3 信号強度

　NMRの信号強度はピークの面積，すなわち積分値で表される[*5]．¹H NMRにおいては，信号強度は¹Hの数に比例する．すなわち信号強度が2倍であれば，その信号に相当する¹Hの数が2倍ということになる．例えば，エチル基（−CH$_2$CH$_3$）の3つのメチルプロトンは化学的に等価（化学シフトが同じ）なので，1種類のピークを示す．同様に2つのメチレンプロトンも1種類のピー

[*5] スペクトル上では図7.6のように積分曲線として表示される.

クを示す．このとき，それぞれの信号強度の比は3：2となる[*6]．

7.3.4 スピン結合

図7.6では，各ピークは何本かに分裂している．これは**スピン結合**（spin coupling）と呼ばれる現象に由来する．いくつかの化学結合を介して隣接した2つの原子の核スピンは，互いが生じる磁場によって相互作用（スピン結合）し，これによってエネルギーの分裂が起こる．そのため，各々がスペクトル上で分裂したピークを生じる．また分裂の幅は**スピン結合定数**（spin-spin coupling constant）（J値）と呼ばれ，分子構造の情報を与えてくれる．

^{1}H NMRにおいて特に重要なのは，3つの結合（H−C−C−H）を介した^{1}H，すなわち「隣の炭素に結合した^{1}H」同士のスピン結合である．同じ結合定数をもつ複数の^{1}Hがスピン結合する場合，分裂の様式には「**$n+1$則**」が成り立つ．すなわち，スピン結合する相手の^{1}Hが1つ（$n=1$）の場合には，ピークは二重線（$n+1=2$）に分裂する．同じく^{1}Hが2つの場合には三重線に分裂する（**図7.9**）．

このように，ピークの分裂様式から隣接する^{1}Hの数を知ることができる．

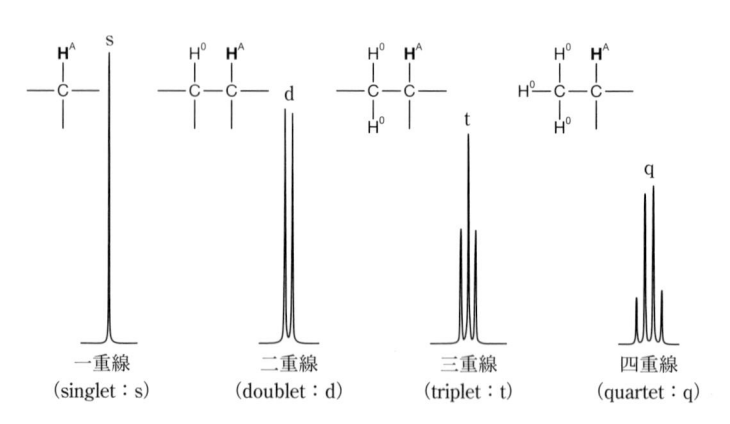

一重線　　　二重線　　　三重線　　　四重線
（singlet：s）（doublet：d）（triplet：t）（quartet：q）

図7.9　ピーク分裂の様式
それぞれH^{A}におけるピークの分裂様式と名称を示している．

[*6] あくまで相対比であることに注意する．

7.3.5 構造解析の例

上記の説明に基づき，図7.6のスペクトルから化合物の構造解析の流れを示す．まず図7.6では全部で5種類のピークがみられる．その情報をまとめると以下のようになる（カッコ内は分裂様式と，信号強度から求めた^{1}Hの数）．

- 1.3 ppm（t, 3H） → アルキル鎖末端のCH$_3$．隣にCH$_2$あり．
- 4.1 ppm（q, 2H） → 電子吸引性基に結合したCH$_2$．隣にCH$_3$あり．
- 7.2 ppm（d, 2H） → 芳香環．等価な2つの^{1}H．
- 7.9 ppm（d, 2H） → 芳香環．等価な2つの^{1}H．
- 9.9 ppm（s, 1H） → アルデヒドの^{1}H．

1.3 ppmおよび4.1 ppmのピークを示す部位は互いに隣接しているとみられることから，エチル基の存在が示唆される．またCH$_2$の化学シフトから，電気陰性度の高い酸素原子に結合していると考えられる（$-$O$-$CH$_2-$CH$_3$）．次に7.2 ppmおよび7.9 ppmのピークは，それぞれ等価な2つの芳香環水素の存在を示しており，パラ二置換ベンゼン（X$-$Ph$-$Y）の構造が推察される．また9.9 ppmの大きく低磁場シフトしたピークは，アルデヒド基（$-$CH=O）の水素と考えられる．

ここまでで得られた部分構造は，与えられた組成式（C$_9$H$_{10}$O$_2$）を満たしている．そこでこれらをつなぎ合わせると，4-エトキシベンズアルデヒドとなる（図7.10）．

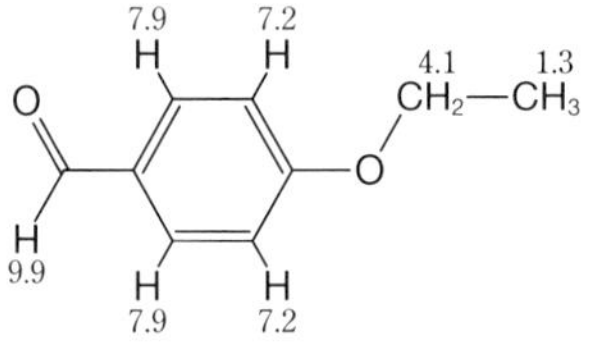

図7.10　4-エトキシベンズアルデヒドの構造
数値は^{1}H NMRピークの化学シフトを示す．

7.3.6　^{13}C NMRスペクトル

有機化合物においては炭素の情報も重要である．しかし前述のように，

NMR現象を示す炭素の同位体は^{13}Cであり，**^{13}C NMR分析**にはいくつかの制約がある．まず大きな問題は，^{13}Cの天然存在比が低い（約1.1 %）ことである．このため，NMRにおける^{13}Cの検出感度は^{1}Hと比べて著しく低く，FT法でも長時間の測定が必要になる．次に，有機化合物においては炭素に結合した^{1}Hの影響により，信号強度が^{13}Cの数に比例しないという問題がある．そのため通常の^{13}C NMRスペクトルの信号強度からは炭素数を定量することはできない．また^{1}Hなどの影響で，ピーク分裂が著しく複雑になるため，通常は**デカップリング**（decoupling）という手法によって，すべてのピークを一重線で表示する．したがって通常の^{13}C NMRスペクトルから得られる情報は，ピークの本数（非等価な炭素の種類）と化学シフト（各炭素の化学的環境）である．

このように制約がある^{13}C NMR分析だが，^{1}H NMRや後述の二次元NMRと組み合わせることで，複雑な分子構造の解析に役立つ情報を与えてくれる．

7.4　二次元NMR

7.4.1　二次元NMRとは

FT法の普及により，複数のラジオ波パルスを組み合わせたマルチパルス実験が可能となった．そこでパルス系列（シーケンス）の一部に長さ可変な期間（展開期間）をもたせ，展開期間中の時間t_1を変化させながらスペクトルを複数取得することによって，間接的に時間領域データ（インターフェログラム）を生み出すことができる．これをフーリエ変換することで，新たな周波数軸（間接観測軸，F_1軸）が得られる．結果として，直接観測軸（F_2軸）と間接観測軸によって構成された平面（二次元）上に信号が検出される．これが**二次元**

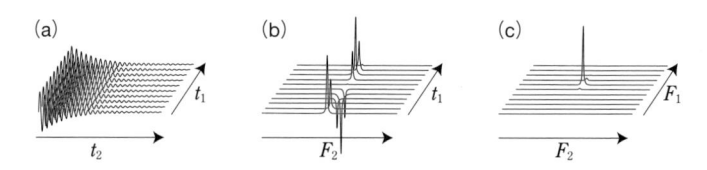

図7.11　二次元NMRデータの模式図
(a) t_1を変えながら複数の測定を行う．(b) t_2のFID信号をフーリエ変換して直接観測軸（F_2）のスペクトルを得る．(c) t_1のFID信号もフーリエ変換してF_1とF_2の二次元スペクトルを得る．

NMR（two-dimensional NMR, 2D NMR）である（**図7.11**）．二次元NMRではさまざまなパルスシーケンスを用いることにより，以下に示すような多様な情報を得ることが可能である．

7.4.2 COSY

COSY（correlation spectroscopy）とは，**同種核化学シフト相関NMR**であり，互いにスピン結合している^{1}Hの間に相関信号が現れる．通常，隣り合う炭素に結合した^{1}H同士はスピン結合しており，それらの組み合わせを明らかにすることができる（**図7.12**）．一次元NMRのピーク分裂のみでは解析が困難なスペクトルでも，COSYの利用により非常に簡便に解析することが可能となる．

なおCOSYをはじめとする同種核二次元スペクトルにおいては，対角線上に現れる信号（対角ピーク）は自分自身との相関であるため意味をもたず，対角線から外れた信号（交差ピーク）が解析対象となる．

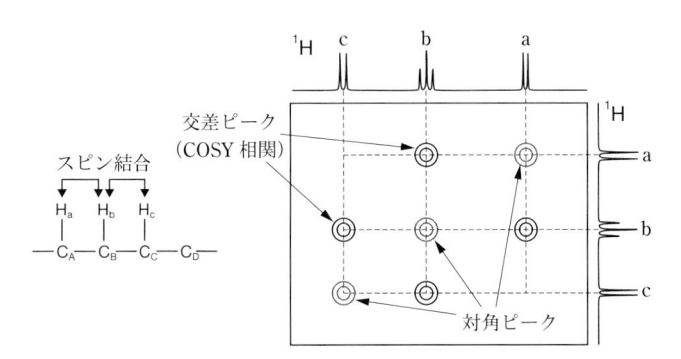

図7.12 化学構造とCOSYスペクトルの模式図
スピン結合している2つの^{1}Hの交差位置に相関ピークが現れる．

7.4.3 NOESY

核オーバーハウザー効果（NOE）とは，化学結合の有無によらず，空間的に近い核同士の相互作用により，互いのピーク強度が変化する現象である．**NOESY**（nuclear Overhauser effect spectroscopy）は，**同種核NOE相関NMR**であり，空間的に近い（NOE相互作用のある）^{1}Hの間に相関信号が現れる（**図7.13**）．一般にNOE相互作用が働く距離は6Å（0.6 nm）程度以内であり，相関信

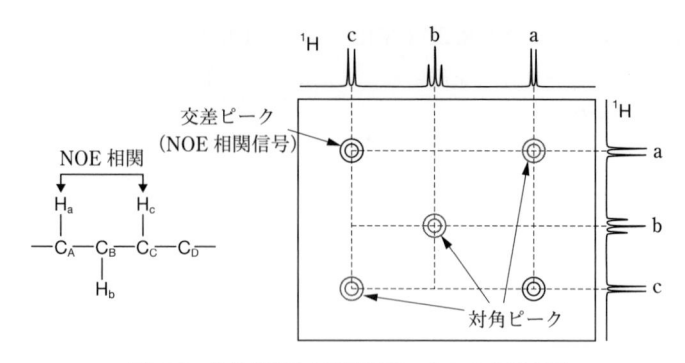

図7.13 化学構造とNOESYスペクトルの模式図
空間的に近い2つの^{1}Hの交差位置に相関ピークが現れる．

号の強度から，空間的な距離情報を得ることができる．

7.5　固体NMR

　7.2.5項で説明したように，一般的なNMRによる構造解析の対象は溶液試料だが，溶媒に溶けない試料や，固体状態における構造情報を得ようとする場合には，固体を直接測定する必要がある．

　溶液状態の試料は，分子がNMRのタイムスケールに対して高速に運動しているため，外部磁場に対する化学結合の向きが平均化され，等方的な信号のみが現れる．これに対し固体では磁場に対する化学結合の向きが平均化されず，信号が広範囲に広がってしまう．この問題を解決するために**マジック角回転法**（magic angle spinning法，MAS法）が利用される．マジック角とは，立方体の対角線が辺となす角度（約54.74°）であり，これを軸として試料管を高速回転し，*xyz*方向を平均化する（**図7.14**(a)）．実験的には，等方的な信号を中心として，**スピニングサイドバンド**と呼ばれる不要な信号が現れる（図7.14(b)）ため，少なくとも数kHz以上の回転速度が必要となる．また，**固体NMR**（solid-state NMR）では核間（特に^{1}H）の磁気双極子相互作用が強く影響するため，有機化合物では高出力のデカップリングが必要となる．近年ではこれらの障害を乗り越えた装置（数十kHz以上の高速回転）や，測定技術の発展が著しく，NMRの応用は固体へと大きく広がっている．

7.5 固体NMR

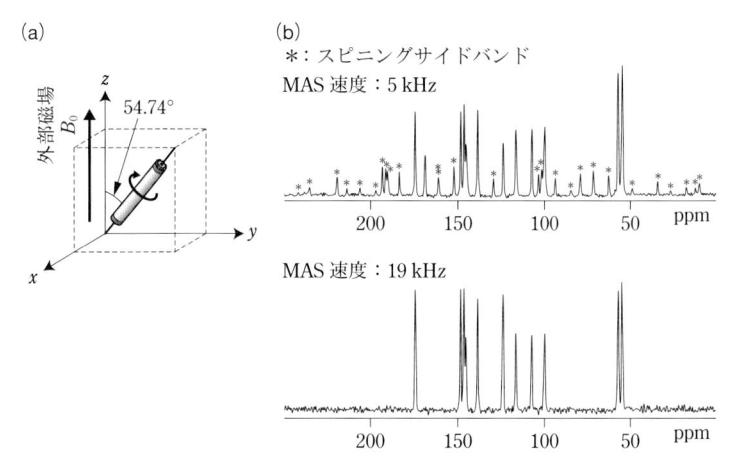

図7.14 マジック角回転法（MAS法）を用いた固体NMR
(a) MAS法の模式図，(b) MASの回転速度とスピニングサイドバンド．5 kHzでは等方性化学シフトの周辺に5 kHz間隔で小さな信号が現れ，スペクトルを複雑にする．19 kHzでは，1次のスピニングサイドバンドが，等方性化学シフトから19 kHz（400 MHzの場合 ^{13}C で190 ppm）離れるため，サイドバンドがほとんど観測されない．

☕ Coffee Break

MRI

NMRの技術は，分子構造解析以外にも広く応用されている．その中で最も社会に広く利用されているのが **MRI**（magnetic resonance imaging）であろう．MRIはX線被曝リスクのない断層撮像法として，主に医療現場で活用されている．

MRIで信号を得る原理は本質的にNMRと同様であり，通常MRIで画像として得られているのは，^{1}HのNMR信号である．一般にNMRが化学シフトと信号強度を軸としたスペクトルを得るのに対し，MRIは3次元の空間位置情報に対応した信号を得ることによって画像を構築する．このとき利用されるのが勾配磁場である．試料空間の*xyz*方向に勾配をもった磁場を与えると，試料が感じる磁場は空間内の位置によってすべて異なることになる．式(7.2)にあるように，NMR信号の位置（共鳴周波数）は静磁場の強度に比例する

97

ため，勾配磁場下でNMR信号を観測することにより，3次元空間内にどのような ^1H が分布しているかを明らかにすることができる．例えば生体においては，^1H は主に水分子や生体有機化合物中に存在しているため，^1H の空間分布から臓器などの3次元画像を構築することができる．

なお人体などを対象とした医療用MRIは，MRI測定に特化した装置であり，本書で述べたNMR装置とは機能や構成も異なる．ただし分析機器としてのNMR装置も，MRI専用プローブを用いることにより，マウスなどの生体試料や無機材料など，試料径10〜25 mm程度の小さな試料を対象としたマイクロイメージング測定に供されることがある．

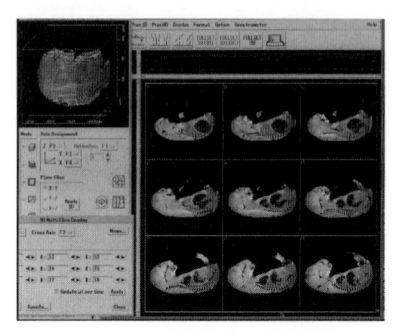

図　マウス胎児のMRI画像
［写真提供：日本電子株式会社］

Coffee Break

NMR装置の変遷

NMRは，1953年にはじめての市販装置がアメリカで発売され，1956年には初の国産装置（図）が発売された．左のユニットが分光計で，32 MHz, 12 MHz, 4 MHzの3種類の高周波を発振, 検出した. 中央と右のユニットが，最大1Tの磁場を発生する水冷式の電磁石とその電源ユニットであり，試料は電磁石の中央に配置されたプローブ内で測定に供された．

当初磁場掃引型装置であったNMRは，60年代後半に確立されたフーリエ変換型NMR法によって応

図　初の国産NMR装置
［写真提供：日本電子株式会社］

用範囲がさらに拡大し，80年代には超伝導磁石の利用による高磁場化によって，その感度と分離能が大幅に進歩した．その後の超伝導技術の発展により，現在では400 MHz〜600 MHzの装置が広く普及しているが，1000 MHzを超える装置も登場している．

参考文献

1) R. M. Silverstein, F. X. Webster, D. J. Kiemle（著），荒木峻，益子洋一郎，山本修，鎌田利紘（訳），有機化合物のスペクトルによる同定法　第7版，東京化学同人（2006）
2) 日本分析化学会（編），田代充，加藤敏代（著），NMR，共立出版（2009）

❖演習問題

7.1 ^{1}H NMRにおいては，テトラメチルシラン（TMS，Si(CH$_3$)$_4$）の信号を化学シフトの基準（0 ppm）とすることが多い．TMSの信号が通常の有機化合物よりも著しく高磁場側に現れる理由を説明せよ（ケイ素の電気陰性度が炭素よりも低いことに注意）．

7.2 下図の^{1}H NMRスペクトルにおけるa〜cの各ピークは，化合物中のどの^{1}Hによるものか．なお積分値の比は，低磁場側から1:3:3である．

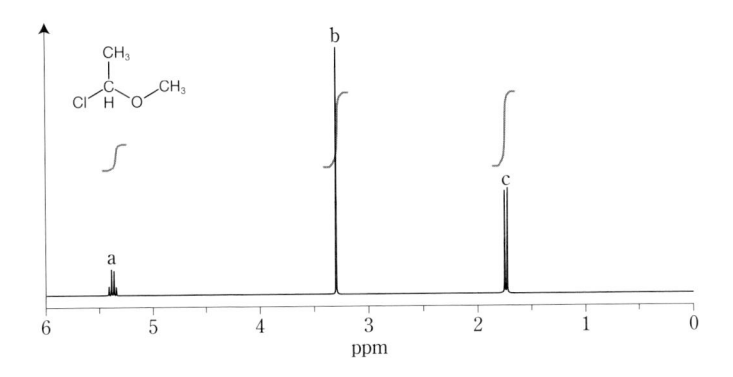

7.3 下記の ¹H NMR スペクトルを示す化合物の構造式を書け（組成式は図中に示した）．なお積分値の比は，低磁場側から 2：3：3 である．

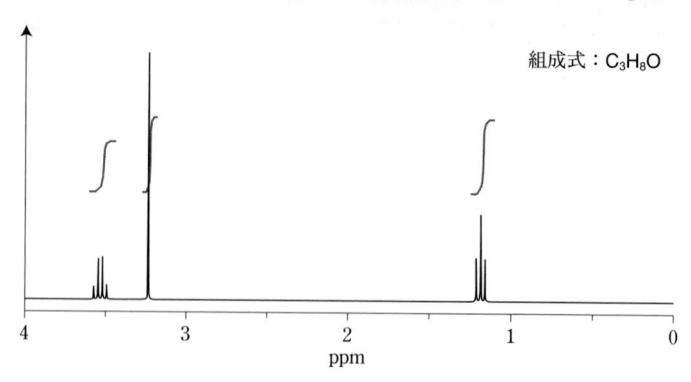

組成式：C_3H_8O

第8章　X線分析

　X線（X-ray）のエネルギーは他の電磁波より高く，内殻電子の結合エネルギーを十分上回るため，K殻やL殻の電子を叩き出して光電子を生じ，蛍光X線が発生する．この蛍光X線のエネルギーと強度から，物質の元素組成分析が可能となる．またX線の波長は結晶中の原子間距離とほぼ同程度のため，弾性散乱X線による回折現象から，物質の結晶構造を調べることができる．さらにX線の吸収から，対象元素の酸化状態や原子の局所構造解析も可能となる．このように，X線分析は，物質の元素組成，結晶構造，および対象元素の化学状態を調べることができ，物質の評価には極めて有効な分析法である．

8.1　X線と物質の相互作用

　X線は波長が0.01～10 nm程度の電磁波である．X線を用いる分析法は，**X線透過法**，**X線分光法**，**X線回折法**に大別され，それぞれ物質によるX線の吸収現象，蛍光X線の放出現象，X線の散乱現象を利用している．

　物質にX線を照射したときに生じる主な現象を**図8.1**に示す．入射X線の一部は吸収され光電子を生じ，物質を構成する各元素の**特性X線**（characteristic X-ray）（**蛍光X線**）が発生する．またX線は物質中の電子によって散乱される．生じる散乱には，**弾性散乱**（elastic scattering）（トムソン散乱）と**非弾性散乱**（inelastic scattering）（コンプトン散乱）がある．弾性散乱では，散乱波の波長が入射X線の波長と同じで，散乱の前後で一定の位相関係を保っている．したがって，散乱波は互いに干渉し合って回折現象を生じる．非弾性散乱は散乱する際にエネルギーを失って波長がわずかに長くなり，回折現象には関係しない．このように観察される蛍光X線や弾性散乱X線は，物質の厚みlや密度ρや元素組成の影響を受ける．長波長のX線（軟X線）は空気中では減衰が著しく真空中で測定する必要がある．短波長のX線（硬X線）は物質に対する透過力が大きい．

第8章　X線分析

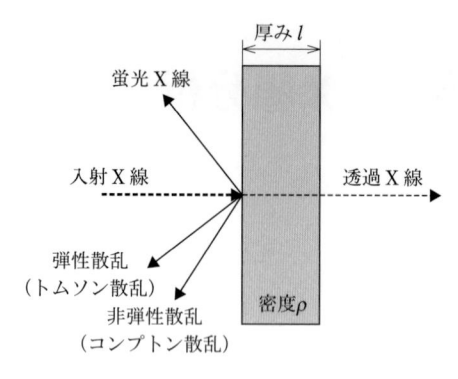

図8.1　X線と物質の相互作用

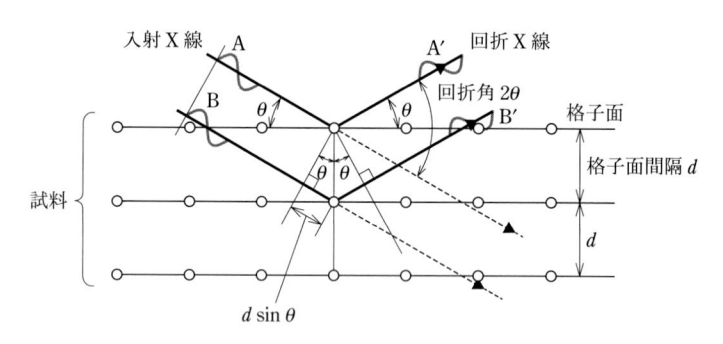

図8.2　X線回折とブラッグの条件

　光は直進するが，障害物があるとその陰に回り込む．これを**回折**（diffraction）という．回折した光が互いに干渉して強め合うと，回折光が観察される．X線の回折現象は，物理学者ラウエ（M. von Laue）によって発見された．物質を構成する原子が規則正しく並び，各原子によって散乱されるX線の位相がよく揃って互いに強め合う場合には，回折斑点が観測される．

　結晶性物質の場合，原子やイオン，分子が規則正しく3次元の周期性を保って配列しており，平行でかつ等間隔に並んだ複数の格子面をもつ．そこで，等間隔に並んだ格子面によってX線が反射されると考えよう（**図8.2**）．格子面間隔をd，格子面に対するX線の入射角と反射角をθとする．それぞれの格子面からの散乱波は，隣接する格子面からの散乱波と，光路差$2d\sin\theta$が波長の整数倍$n\lambda$に等しいときだけ，位相が揃って回折が起こる．

$$2d \sin \theta = n\lambda \quad (n = 1, 2, 3, \cdots) \tag{8.1}$$

これを**ブラッグの条件**（Bragg's law）とよび，θをブラッグ角（2θを回折角），nを反射の次数という．式(8.1)から，$\lambda \leq 2d$でなければ回折は起こらないことがわかる．またX線の波長λおよび回折線が観察された角度から，格子面間隔dを算出することができる．

8.2 粉末X線回折法

8.2.1 粉末X線回折とは

X線回折法（X-ray diffraction method）が単結晶試料を対象とする分析法であるのに対し，**粉末X線回折法**（powder X-ray diffraction method）は，微細な結晶があらゆる方向にランダムに並んでいる試料を対象とする回折法である．このような試料に，ある波長のX線を照射すると，ブラッグの条件をちょうど満足する位置におかれている微結晶だけが回折に寄与して，回折線が生じる．結晶中にはいろいろな格子面を考えることが可能であるから，それぞれの格子面間隔に対応して，多数の回折線が観測される．これを**回折パターン**とよんでいる．回折パターンから算出した複数の格子面間隔dの値（d値）は物質の結晶構造を反映しており，測定した試料のd値と既存の物質のデータベースと比較することで，物質の同定が可能となる．例えばダイヤモンドと黒鉛，そして無定形炭素は同じ炭素原子からなるが，それぞれ異なる結晶構造をもち，まったく異なる回折パターンを与える．また，物質によるX線の弾性散乱は，物質を構成している各原子の電子によって生じるため，電子の多い重元素からなる物質ほど散乱が大きく，回折強度が高くなる．

粉末X線回折法は，セラミックスや金属などの材料分野をはじめとし，構造物性科学，無機構造化学，鉱物学などの分野で広く用いられているキャラクタリゼーションの方法である．X線を単結晶試料に照射し，得られた回折斑点を正確に測定して結晶構造を解析するX線回折法に比べ，粉末試料や多結晶試料を対象とする粉末X線回折法では，試料についての制限が少なく，非破壊的にさまざまな情報が得られる．特長は以下の通りである．

1) 回折パターンとデータベースを比較することで，物質の同定（定性分析）を行うことができる．
2) 結晶の格子面間隔dを正確に測定することが可能で，構造が既知であれば格子定数を精密に求めることができる．
3) 結晶性の良否を調べることができる．回折線の拡がりは結晶の大きさを反映しており，シェラーの式を用いて結晶子を求めることができる．非結晶性材料の場合は無定形の回折パターン（ハロー）が得られる．ポリマーの結晶化度を測定することができる．
4) 結晶の配向性を調べることができる．
5) 混合物の回折パターンは，試料を構成している各化合物の回折パターンを重ね合わせたものとなり，各成分を容易に同定することができる．
6) 格子定数を精密に測定して，固溶による格子の膨張や収縮を求めることができる．

8.2.2 装置構成

粉末X線回折計は，X線発生部（X線管球，高圧電源および制御回路），ゴニオメーター（測角器：回折角2θを測定する装置），検出部（検出器および計数回路，制御回路）から構成されている．分析目的や試料の形態に応じて，装置にはさまざまな付属品が準備されているので，詳細は参考文献を参照してほしい．

(1) X線発生部

X線源として，主に**封入型X線管球**および**回転対陰極型X線管球**が用いられている（**図8.3**）．封入型X線管球の構造を図8.3(a)に示す．管球の中にフィラメント（ワイヤー）とターゲット（対陰極，陽極）があり，高度の真空が保たれている．陽極のターゲット材にはCu, W, Mo, Co, Fe, Cr, Agなどがある．フィラメントに電流を通じて加熱すると，熱電子が放出される．フィラメントと陽極の間に高電圧（20～100 kV）を印加すると，熱電子は加速され陽極に衝突し，X線が発生する．その際，電子の運動エネルギーの大部分は熱に変換され，X線に変わるのはわずか0.1％程度である．

X線管球から発生するX線を**図8.4**に示す．発生するX線は電子の制動放射

8.2 粉末X線回折法

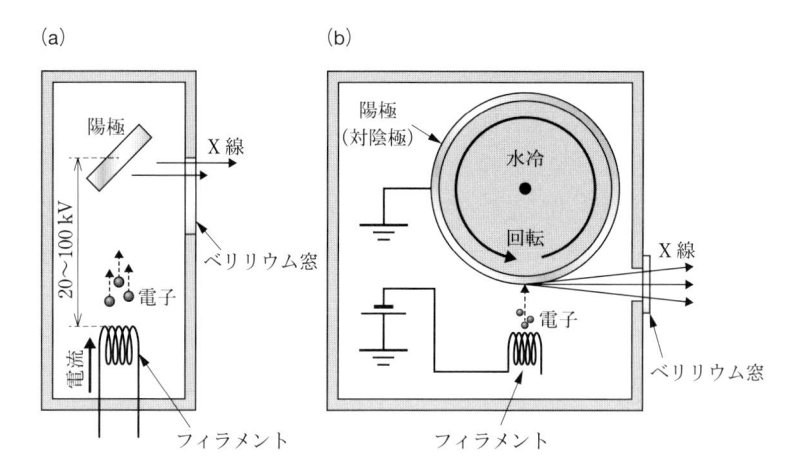

図8.3　X線源
(a)封入型X線管球，(b)回転対陰極型X線管球．

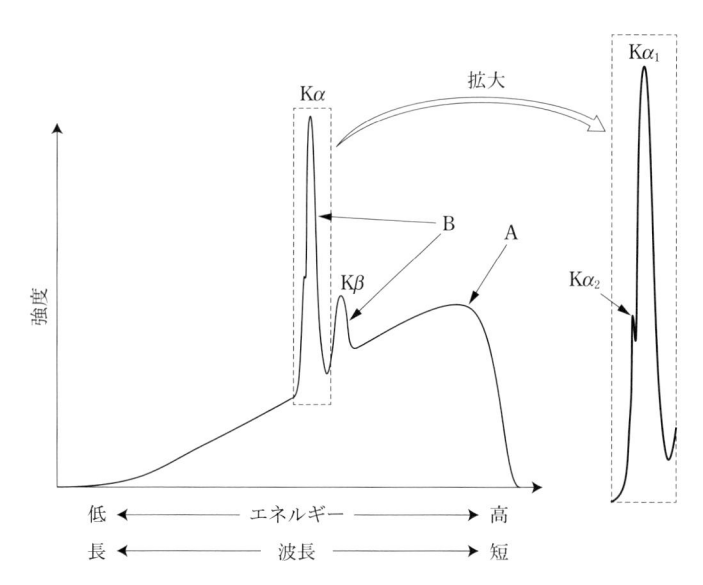

図8.4　X線管球から発生するX線（ターゲット材：Cu）
$K\alpha_2$：8.0278 keV，$K\alpha_1$：8.0478 keV，$K\beta$：8.9054 keV．

による連続X線（A）と，陽極元素の特性X線（B）とからなる．発生したX線は，金属ベリリウム箔の窓から大気中へ放射される．

ターゲット材からKα_1線やKα_2線，Kβ線などの特性X線が発生するが，回折線の測定には，単一波長が理想である．波長の異なるKβ線や回折パターンのバックグラウンドを上昇させる要因となる連続X線は不要である．検出器の前にフィルター（Cu Kβの除去にはNiフィルター）やモノクロメーター（通常はグラファイトの単結晶）を配置し，Kα線のみを検出することで，回折パターンにおけるP/B比（ピーク/バックグランド比）を向上させている．

図8.3(b)の回転対陰極型X線管球では，円筒状の陽極（対陰極）を高速回転しながら使用する．フィラメントからの熱電子が衝突する陽極が常に回転しているため，高い負荷をかけることができ，封入型X線管球（0.3～3 kW）に比べて高い出力（12～18 kW）が得られる．装置内を排気するためにターボ分子ポンプなどの真空ポンプが用いられる．

（2）ゴニオメーター

ゴニオメーター（goniometer）は回折X線を測定するための測角器である．各種のスリットやX線源，試料台，検出器を可動するための機械的な駆動部品からできている．市販されているゴニオメーターの光学系は，**ブラッグ–ブレンターノ型集中法**の条件を近似的に満たすようにつくられている（**図8.5**）．焦点上にある光源から発散したX線は，焦点円に接する平面試料によって回折されて，焦点円上の受光スリットに集中する．検出器と試料は同じ軸を中心に回転させて測定を行うが，検出器を回転させる機械的な軸を2θ軸，試料を回転させる軸をθ軸とよぶ場合が多い．検出器の回転（2θ）に連動して，必ず半分の角度（θ）で試料を回転させながら回折X線の測定を行う．したがって，試料に対するX線の入射角θと反射角θとは常に等しく，一次X線と回折X線のなす角は2θである．

X線源から出たX線はソーラースリットを経て，発散スリットを通過したX線だけが試料に入射する．試料からの回折X線は散乱スリットとソーラースリットおよび受光スリットを経て検出器に入る．散乱スリットは発散スリットと同じ開口角のものを使用する．発散スリットでは，開口角1°のものが，受光スリットでは，幅0.2 mm程度のものが最も多く使われている．

8.2 粉末X線回折法

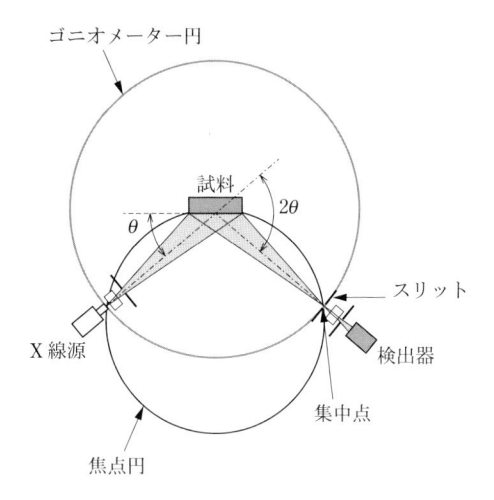

図8.5 ブラッグ-ブレンターノ型集中法の光学系

試料を中心とし，X線源と検出器（集中点）を通るような円をディフラクトメーター円（ゴニオメーター円）といい，検出器はこの円に沿って移動する．一方，X線源，ゴニオメーターの回転中心（試料表面の中心位置），集中点の3点を通る仮想的な円を焦点円（集中円）という．ゴニオメーターは，入射X線の中心と試料面とのなす角（θ）と，入射X線の中心と回折X線とのなす角（2θ）とを，つねに1：2に保つように，試料と検出器を駆動する機構（倍角回転機構）をもつ．

（3）検出部

粉末X線回折法では，単結晶の場合とは異なり，ブラッグの条件を満足する位置におかれた微結晶だけが回折に寄与する．このため，得られる回折線の強度は，入射X線の強度と比べて著しく弱い．X線の強度を測定する方法として，一定の時間に検出されたX線の光子の数を数えるパルス計数型と，X線強度の時間による積分に比例した値を記録する積分型のものがある．いくつかの種類があるが，パルス計数型検出器の1つで最もよく使われている，**シンチレーションカウンター**（scintillation counter，SC）を**図8.6**に示す．

シンチレーションカウンターは，NaIに微量のTlをドープした結晶（発光体，シンチレータ）を光電子増倍管の受光部に密着させた構造をもつ．この結晶にX線が入射されると青白い蛍光が生じ，この微弱な光は光電陰極で電子に変換され，さらに光電子増倍管によって増幅され電気的なパルスとして出力される．この電気パルスの波高を分析してエネルギー弁別をし，X線を計数する．

第8章　X線分析

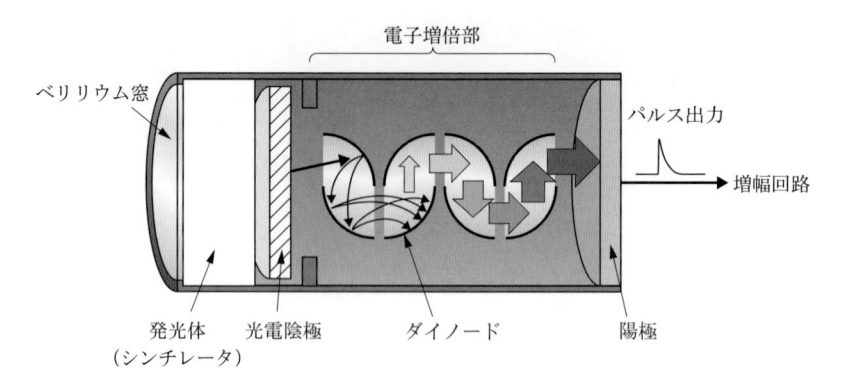

図8.6　シンチレーションカウンター

　近年では，狭い間隔でストリップ電極をシリコンセンサー上に形成し，位置敏感型の検出器としたシリコンマイクロストリップ検出器が，一次元検出器として利用されている．従来と比べ，約100倍のスピードでデータ収集を行うことが可能となる．素子のエネルギー分解能は高く，回折した$K\alpha$線のみを選択的に計数できるため，フィルターやモノクロメーターは不要となる．そのほかには，積分型の二次元検出器である**イメージングプレート**（imaging plate, IP）などが用いられている．

8.2.3　測定例

　酸化チタン（TiO_2）は塗料・釉薬の白色顔料および食品・医薬品・化粧品の着色料（食品添加物）として使われるほか，紫外線照射下で酸化還元反応の有効な光触媒として働く．TiO_2はシリコンと同様に半導体の1種である．TiO_2の結晶構造には，アナターゼ型，ルチル型，ブルッカイト型といった3つの多形が知られており，最も光活性が高いのはアナターゼ型である．アナターゼ型とルチル型の結晶構造と粉末X線回折パターンを**図**8.7に示す．いずれも化学組成は同じ（TiO_2）であるが，粉末回折パターンをみれば，結晶構造の違いは一目瞭然である．

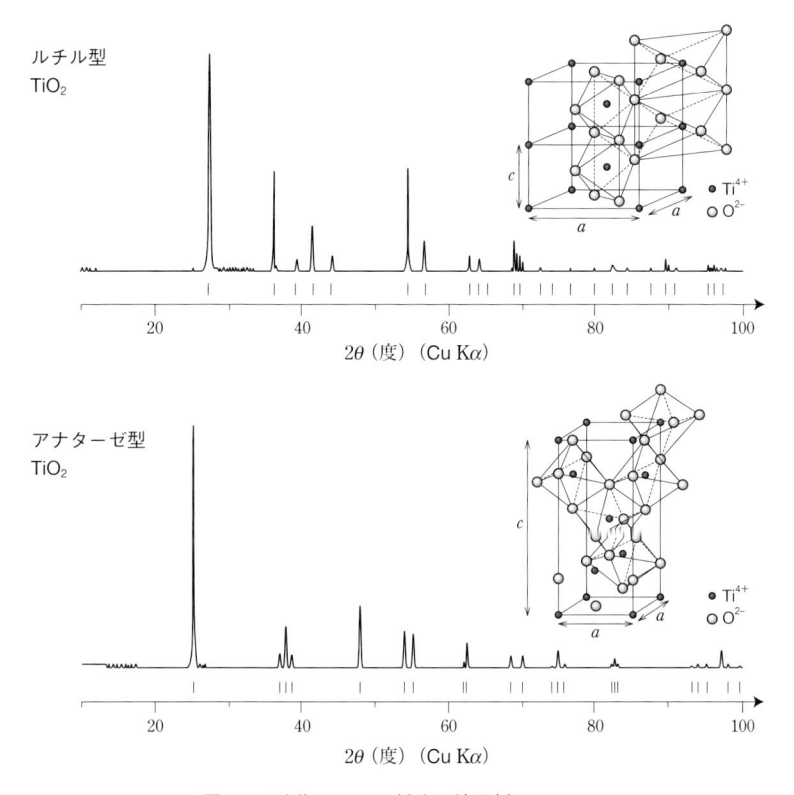

図8.7 酸化チタンの粉末X線回折パターン

［結晶構造の図は，平尾一之，田中勝久，中平敦，無機化学 その現代的アプローチ，東京化学同人(2002)，図8.7を一部改変．粉末X線回折データは，東京電機大学 藪内直明氏提供］

8.3 蛍光X線分析法

8.3.1 蛍光X線とは

蛍光X線分析法（X-ray fluorescence analysis）は，金属をはじめセメント，ガラス，地質学試料，石油，石油化学工業製品などの主成分から比較的微量成分までの組成分析に幅広く利用されている．**図8.8**に**蛍光X線**の発生原理を示す．原子は原子核と電子からなる．電子はK殻，L殻，M殻…に収容されており，各電子はクーロン力で原子核に束縛されている．X線の光子エネルギーは，内殻電子がもつ**結合エネルギー**（binding energy）を十分上回るため，X線を照

第8章　X線分析

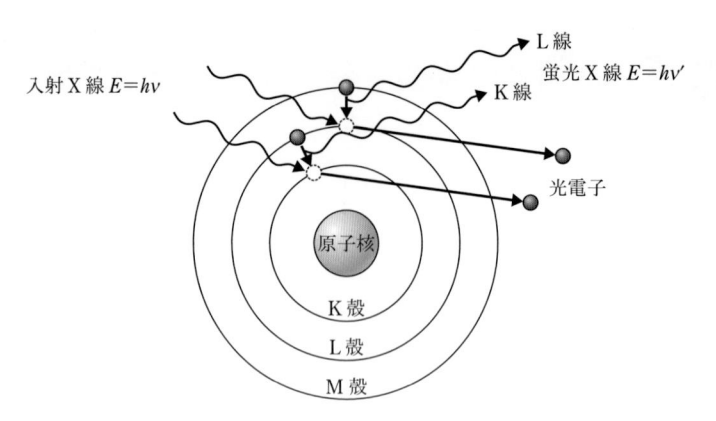

図8.8　蛍光X線の発生原理

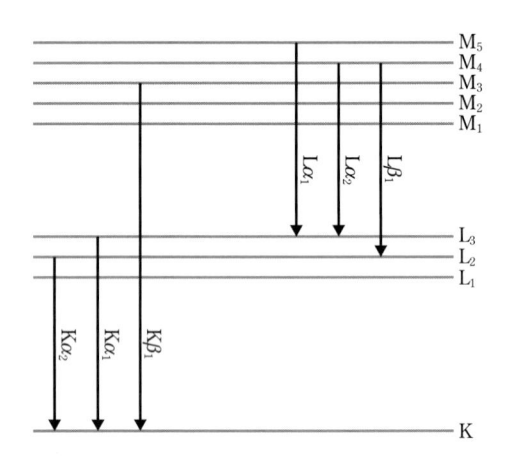

図8.9　電子の遷移と蛍光X線

射すると，電子は軌道から飛び出し光電子となる．内殻に空孔が生じた状態は不安定なので，上のエネルギー準位の電子が，空孔の生じたエネルギー準位へ**遷移**（transition）する．このとき遷移のエネルギー準位差に相当する蛍光X線が発生する．電子のエネルギー準位は元素によって異なるため，発生した蛍光X線のエネルギーを調べることで，物質を構成する元素の情報を知ること（定性分析）ができる．また発生する蛍光X線の強度は，物質中の原子の数に依存するため，元素の含有量を調べること（定量分析）もできる．

　K殻に生じた空孔にL殻の電子が遷移して生じた蛍光X線をKα線，M殻の

電子が遷移して生じた蛍光X線をKβ線とよぶ（シーグバーン表記）．そのほか，主なものを図8.9に示す．蛍光X線分析法の特長は以下の通りである．

1）簡便に非破壊でそのまま分析できる．固体，粉体，液体などさまざまな形態の試料が測定可能である．
2）対象元素は $_4$Be～$_{92}$U で，ppmオーダーから100％までの広い濃度範囲の分析ができる．また化学状態に影響されにくい．
3）測定のための試料前処理が比較的簡単である．
4）蛍光収率は原子番号に依存しており，感度は元素の原子番号の関数としてなめらかに変化する（図9.11の特性X線の放出確率参照）．
5）厚さの分析が可能であり，めっきなどの多層膜の構成層の厚みと組成の同時分析が可能である．

8.3.2　装置構成

蛍光X線分析装置は，X線発生部（X線管球，高圧電源および制御回路），分光・検出・計数部（検出器および計数回路，制御回路），制御部から構成される．分光の仕方により，**波長分散型**（wavelength dispersive spectrometer, **WDS**）と**エネルギー分散型**（energy dispersive spectrometer, **EDS**）の2種類がある．それぞれの装置概略を図8.10に示し，それぞれの特徴を表8.1に示す．

WDSは分光結晶を用いて空間的にX線を分光する．そのため波長（エネルギー）分解能が高くピークの重なりはほとんどなく，スペクトルの評価は非常に簡単である．短所は，全体としての検出効率がよくないことで，これは回折過程の効率が低いためである．

これに対して，EDSでは，X線検出器自身がエネルギー分解能をもつ**半導体検出器**[*1]を用いるので，試料からの蛍光X線は分光結晶を介さずに直接検出される．したがって装置の小型化が可能である．ただしエネルギー分解能がWDSに劣るので，スペクトルの重なりに注意が必要である．

[*1]　半導体検出器では，X線が入射すると電子・正孔対が生成される．検出器内で生じる電子・正孔対の数は入射X線のエネルギー（光子のエネルギー）に比例するため，半導体検出器は検出器自身がエネルギー分解能をもつ．

第8章 X線分析

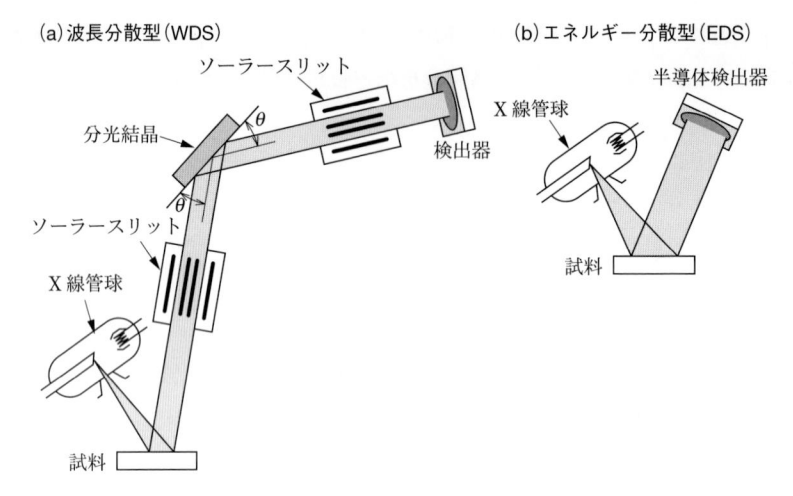

図8.10 波長分散型（WDS）とエネルギー分散型（EDS）XRF装置
［小熊幸一，上原伸夫，保倉明子，谷合哲行，林英男（編著），これからの環境分析化学入門，講談社(2013)，図11.11より］

表8.1 波長分散型XRFとエネルギー分散型XRFの比較

	波長分散型XRF	エネルギー分散型XRF
対象元素	Be～U	Na～U
検出限界	Be，その他◎	軽元素△，重元素◎
感度	軽元素○，重元素◎	軽元素△，重元素◎
エネルギー分解能	軽元素◎，重元素△	軽元素△，重元素◎
価格	比較的高価	比較的安価
出力	200～4000 W	5～1000 W
多元素測定	同時／逐次	同時
駆動系	分光結晶，ゴニオメーター	なし

（1）X線発生部

　X線を発生させるための高圧電源回路，X線管球などからなる．X線管球のターゲット（陽極）の材質として，Rh，Pd，W，Moなどが用いられる．目的元素の励起エネルギー（結合エネルギー）よりも高いエネルギーのX線を照射しないと目的元素の蛍光X線を得ることはできない．X線管球に高電圧を印加し，管球から発生した連続X線と材質に由来する特性X線が励起源となる（図8.4参照）．

(2) 分光・検出・計数部

WDS：

　結晶板を用いた波長分散型分光器と，高次線除去のための波高分析器を併用する．分光結晶による回折（8.1節参照）現象を利用し，試料から発生した蛍光X線のうち，特定の波長のX線のみを検出器で測定する．分光結晶の角度を走査することで，波長スキャンすることができる．また目的とする波長（エネルギー）に対応して，格子面間隔の異なる分光結晶を使い分ける．最もよく使われるのはフッ化リチウム(LiF)，ペンタエリトリトール（PET），リン酸二水素アンモニウム（ADP）などである．

　検出器として，低エネルギーX線用（Be〜Cu）のガスフロー・プロポーショナルカウンター（F-PC）と高エネルギーX線用（Cu〜U）のシンチレーションカウンター（SC）の2種類が標準装備されている．分光されたX線を検出するため，いずれもエネルギー分解能は低いが，高計数率の検出器である．

EDS：

　エネルギー分解能をもつ半導体検出器とマルチチャンネルアナライザー（MCA）を併用する．半導体検出器では，入射したX線のエネルギーに比例した電子正孔対が発生するので，電気信号に変換されてアンプで増幅されたパルスの高さ（波高）は光子エネルギーに比例する．MCAでは，これらの波高を多チャンネルでエネルギー弁別し，チャンネルごとに計数を行って，X線スペクトルを取得する．

　半導体検出器としては，高純度のSiにLiをドープした**リチウムドリフト型シリコン検出器**Si(Li)SSD (solid state detector, SSD) が一般的に用いられている．熱ノイズを取り除くため，液体窒素で冷却する必要がある．先に述べたように，欠点はSi(Li)検出器のエネルギー分解能が分光結晶と比べて劣ることである（5.9 keVにおいて約150 eV）．したがって，ピークの重なりがWDSよりもはるかに多く起こり，バックグラウンドの補正が複雑になり，スペクトルを分離するには高度な数学的処理が必要となることが多い．

　また，Si(Li)検出器に比べて高エネルギー分解能・高計数率のSDD (silicon drift detector)の普及が進んでいる．SDDでは検出器の漏れ電流が少なくペルチェ素子による電子冷却レベルで動作するため，液体窒素で冷却する必要がな

い．ただし素子厚が薄いため，高エネルギーのX線は素子を通過しやすく，高エネルギー側の検出効率はそれほど高くない．

(3) 制御部・その他

装置制御と補正計算，データ解析，装置状態の自己診断などは装置直結のコンピュータで行う．また，X線は大気によって吸収されるので，特に低エネルギーX線を検出するため，試料室や分光室を真空にする真空排気装置，またX線管球を冷却するために水を循環する冷却装置や空冷式の冷却装置などがある．

8.3.3 測定例

(1) 定性分析

蛍光X線スペクトルの各ピークの帰属を決めることにより，定性分析を行う．WDSであれば各分光結晶の2θ-元素の対応表，EDSであればエネルギー-元素の対応表を参照して帰属していく．定性の順序は，得られたスペクトルのうち最も強いピークを同定し，次にそれに付随するピークを決定する．以下，残りのピークについて強いものから順に同じ操作を繰り返していけばよい．EDSのエネルギー分解能はWDSより悪く，ピークが重なる場合がある．またエスケープピーク[*2]やサムピーク[*3]など，特殊なピークが発生することもあるので，注意が必要である．

プラスチック中の有害元素を測定するためにつくられた，ポリエチレンを基材とするプラスチック認証標準物質BCR-680の測定例を**図8.11**に示す．プラスチック中のAs, Br, Cd, Hg, Pbの含まれていることが確認できる．

[*2] 入射したX線のエネルギーが，検出器内の半導体材料（SiやGe）を励起するのに使われてSi KαやGe Kαが放出されると，元の入射X線は，その分エネルギーを失ったことになり，見かけ上そのエネルギーを失った値にピークが生じる．これをエスケープピークという．Siの場合には1.739 keV，Geの場合には9.874 keV分低い値にピークが生じる．

[*3] 半導体検出器では，あるエネルギーの光子を検出した場合には，1つの対称なピークが現れる．しかし，入射するX線強度が著しく高い（光子数が多い）場合には，2つの光子がほぼ同時に検出器に入る確率が上がる．この場合，2つの光子のエネルギーを合計したエネルギー値に相当するピークの生じることがある．これをサムピークという．

8.3 蛍光X線分析法

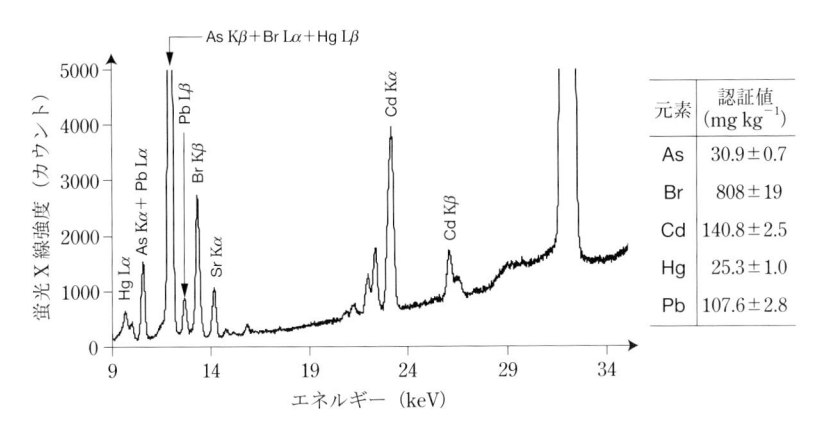

図8.11 プラスチック認証標準物質BCR-680の蛍光X線スペクトル

(2) 定量分析

　蛍光X線強度は測定元素の含有量の関数になっており，強度を測定すれば含有量を知ることができる．測定元素の蛍光X線強度を含有量に変換する方法として，検量線法とFP（ファンダメンタル・パラメーター, fundamental parameter）法がある．

　高濃度試料や合金などの場合には，目的元素から発生した蛍光X線が共存する元素によって吸収される効果や，共存元素からでた蛍光X線がさらに試料内の別の目的元素を励起して，本来よりも高い濃度の分析値を与える現象（それぞれ吸収効果と強調効果，両方を合わせてマトリックス効果とよぶ）が無視できなくなる．FeMn合金の場合，Fe濃度と蛍光X線強度とは比例関係になるが，FeCr合金の場合にはCrによる吸収効果が顕著となり，Niなどが共存すると強調効果が顕著になる（図8.12）．水溶液のように軽元素の中に重金属が溶けている場合には，マトリックス効果はほとんど無視できるほど小さい．

　検量線法では，分析対象試料とほとんど同じマトリックスの標準物質を用いるので，測定強度は含有量に比例するはずであるが，実際には，このマトリックス効果によって検量線からのばらつきが大きくなる場合がある．このばらつきは，共存元素の含有量と補正係数を用いて補正することができる．

　FP法は，基礎物理定数を用いて定量分析する方法で，分析の前に検量線を作成しておく必要はない．通常はマトリックスが同じ標準物質を測定して経験

115

第8章 X線分析

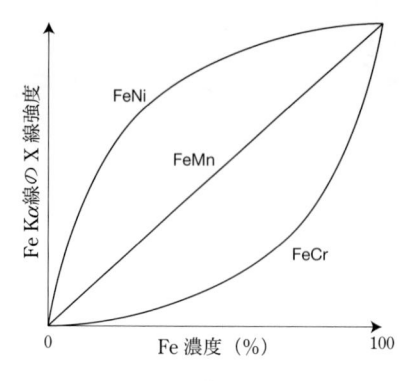

元素	K吸収 Kab (keV)	蛍光X線 Kα (keV)
Cr	5.9890	5.41
Mn	6.5377	5.89
Fe	7.1107	6.40
Ni	8.3315	7.47

図8.12　共存元素による濃度と蛍光X線強度の関係の模式図
［日本分析化学会(編)，河合潤(著)，蛍光X線分析，共立出版(2012)，図3.3を一部改変］

的なパラメーターを使ってFP法で計算させる．計算によって得られた蛍光X線スペクトルと，実測した蛍光X線スペクトルを比較すると，実際の試料では濃度がはっきりわかっているわけではないので，ずれが生じ，そのずれを補正するように何度も計算を繰り返して，最終的に実測スペクトルと理論スペクトルが一致するようになったとき，元素濃度を求めることができる．

☕ Coffee Break

X線結晶構造解析が拓くサイエンス

1895年，物理学者レントゲン（W. C. Röntgen）は真空放電管から発生した未知の光「X線」を発見した．それ以来，X線は多くの研究に用いられてきた．ラウエは結晶によるX線の回折現象を発見し，ブラッグ親子はX線回折を利用して塩化ナトリウムなどさまざまな結晶の原子配列（結晶構造）を明らかにした．1953年に，分子生物学者ワトソン（J. D. Watson），分子生物学者クリック（F. H. C. Crick），生物物理学者ウィルキンス（M. H. F. Wilkins）らによりDNAの二重らせん構造が解明されると，生体分子の立体構造解明の重要性が強く認識され，新しいライフサイエンスが拓かれた．

一方で，実験室のX線発生装置を用いると，1つのタンパク質の立体構造を決定するのに何ヵ月もかかり，その適用例はヘモグロビンなど比較的単純

なタンパク質だけに限定されていた．この状況は，放射光の登場によって一変した．強力なX線を細く絞ることのできる高輝度な放射光により，より短時間で，より小さな結晶を使って，より大きなタンパク質の構造解析が可能になった．2009年には，生体分子リボソーム（RNAとタンパク質の複合体）の立体構造と機能に関する研究業績により，結晶学者ヨナット（A. Yonath）らがノーベル化学賞を受賞した．

兵庫県にある大型放射光施設SPring-8（Super Photon ring 8 GeV）（図）の放射光の明るさ（輝度）は，従来のX線発生装置から得られる光の明るさの1億倍である．SPring-8を利用することによって，より複雑で，生物学的に重要なタンパク質の立体構造とその働きが次々と明らかになっている．

光合成では，「PSⅡ」というタンパク質複合体が水の分解反応における触媒の役割をしている．SPring-8の放射光を利用することで，この巨大なタンパク質複合体の触媒中心の立体構造が解明された．従来よりも分解能が格段にあがり，原子の配列や原子間距離を詳細に決定できるようになったのである．この反応の中核となるタンパク質複合体の構造を模倣した物質を作り出せば，光エネルギーを電気エネルギーへ変換する人工光合成が実現するかもしれない．

2011年に発振に成功したX線自由電子レーザー施設SACLA（SPring-8 angstrom compact free electron laser）は，SPring-8の10億倍も明るく，10フェムト秒（1フェムト秒は10^{-15}秒）という超極短時間のX線照射で，構造

図 大型放射光施設SPring-8とX線自由電子レーザー施設SACLAの外観
後方の小山を取り囲む円形の建屋がSPring-8蓄積リング棟（1周約1.4 km），前方の直線建屋がレーザー施設SACLA（全長約700 m）．
［写真提供：理化学研究所 放射光科学総合研究センター］

解析に必要なX線回折像を撮影できる．2014年，フェムト秒X線レーザー結晶構造解析法により，巨大な膜タンパク質チトクロム酸化酵素の正確な3次元原子構造が報告された．将来は，この極短パルスX線レーザーを利用して，タンパク質の動きを一瞬一瞬，正確に描き出し，タンパク質が関与する化学反応の仕組みを知ることができるという．原子の動きをみる，新しいサイエンスの幕開けである．

参考文献

1) 東京工業大学工学部無機材料工学科（編），加藤誠軌（著），X線回折分析，内田老鶴圃（1990）
2) 日本化学会（編），第5版　実験化学講座11　物質の構造III　回折，丸善（2006）
3) 中井泉，泉富士夫（編），粉末X線解析の実際　第2版，朝倉書店（2009）
4) 田口武慶，ミニファイル　光検出器，ぶんせき，**2008**, 176（2008）
5) 日本分析化学会（編），河合潤（著），蛍光X線分析，共立出版（2012）
6) 中井泉（編），蛍光X線分析の実際，朝倉書店（2005）
7) 澤田清（編），若手研究者のための機器分析ラボガイド，講談社（2006）
8) C. Vandecasteele, C. B. Block（著），原口紘炁，寺前紀夫，古田直記，猿渡英之（訳），微量元素分析の実際，第10章X線分析，丸善（1995）
9) 日本分析化学会（編），改訂六版　分析化学便覧，丸善出版（2011），p.736.

❖演習問題

8.1 最近では，粉末X線回折法により精密な構造解析や電子密度解析が行われる例も多くなってきたが，それでもなお粉末X線回折法の使用目的として最も頻度が高いのは，同定および定性分析である．粉末X線回折法の特徴と関連させて，その理由を説明せよ．

8.2 波長0.154 nmのX線をダイヤモンドに照射したところ，30°に強い回折線がみられた．この反射が$n=1$に相当するならば，面間隔はいくらか．

8.3 蛍光X線分析の定性分析および定量分析における注意点を簡潔に述べよ．

第9章　表面分析

　固体試料の分析には，固体内部あるいは全体の平均組成を測定する「バルク分析」が古くから用いられてきた．一方，固体表面の組成や化学構造に着目した分析は**表面分析**（surface analysis）と呼ばれ，近年，急速に分析法の開発が進んでいる．固体の表面は，気体や液体との相互作用によりバルクと異なる組成を有する場合が多く，それが物性に与える影響も少なくない．また，材料の電気的特性や強度を向上させることを目的に，材料表面に不純物をドーピングしたり，薄膜を形成させたりするなどして表面組成を意図的に変化させた，さまざまな機能性材料が開発されている．このような材料の開発過程では，その物性の把握とともに表面組成を評価するための分析が必要不可欠である．

9.1　表面分析の特徴

　一般的に表面分析では，何らかのプローブ（励起源）を試料に照射し，それに応じて試料表面から放出される信号を検出する．ここで，プローブとしては，X線，電子線，イオンビームなどがある．一方，検出する信号も同様に，X線，電子，イオンなどである．これらの信号は表面からせいぜい数μm程度の深さからしか放出されないため，得られる情報は表面近傍のみのものとなる．主な表面分析法について，プローブと検出する信号によってまとめたものを**表9.1**に示す．本章では，これらのうち，二次イオン質量分析，X線光電子分光，電子プローブマイクロアナリシス，オージェ電子分光について，その原理と特徴を述べる．

9.2　二次イオン質量分析

9.2.1　原理

　質量分析法の1つである**二次イオン質量分析**（secondary ion mass spectrom-

第9章 表面分析

表9.1 主な表面分析法

分析法	プローブ	信号	得られる情報	情報深さ
二次イオン質量分析	イオン	イオン	元素濃度 同位体比	～nm
X線光電子分光	X線	電子	元素濃度 化学結合状態	～nm
蛍光X線分析	X線	X線	元素濃度	～μm
電子プローブマイクロアナリシス	電子	X線 (電子)	元素濃度 (形状)	～μm (～nm)
オージェ電子分光	電子 (X線)	電子	元素濃度 化学結合状態	～nm
電子顕微鏡	電子	電子 (X線)	形状 (元素濃度)	～nm (～μm)

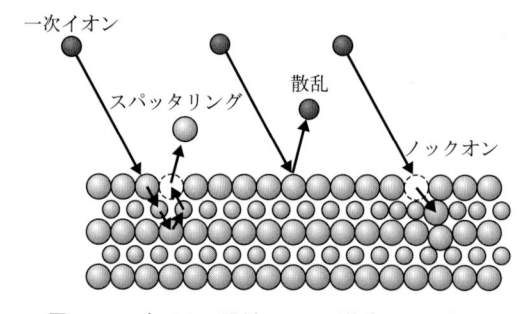

図9.1 一次イオン照射による固体表面での作用

etry,SIMS)は,固体試料の表面近傍に存在する元素濃度の分析に広く用いられている.その原理は,イオン源において発生させたイオン(一次イオン)を数百eV～数十keVで加速し,集束させて固体表面に照射する.試料に照射された一次イオンは,**図9.1**に示すように,試料表面で散乱したり,試料中の原子との衝突でエネルギーを付与したりする.試料中の原子は,閾値以上のエネルギーを得ると格子点からはじき出される(**ノックオン**).この原子は周囲の原子と段階的に衝突を繰り返し,十分な運動エネルギーを得た場合に試料表面から放出される.このような現象を**スパッタリング**(sputtering)という.固体表面では,スパッタリングにより,表面から試料に由来する中性粒子やイオン(**二次イオン**という)などが放出される.スパッタリングにより放出され

るもののうち，約99％は電荷をもたない中性粒子で分析には関与しないが，（＋）あるいは（－）の電荷を有する二次イオンは質量分析計および検出器へと導かれる．質量分析計では，二次イオンが質量電荷比から求められるm/z値によって分離される．このm/z値の違いから元素の定性が，その信号強度から元素の定量が可能となる．

9.2.2 装置構成

図9.2に，例として**電場磁場二重収束型質量分析計**（sector field-mass spectrometer, **SF-MS**）を有するSIMS装置の構成図を示す．装置構成としては，一次イオン源，一次イオンカラム，試料ステージ，二次イオンカラム，検出器などに分けられる．

一次イオン源としては，Ar^+，O_2^+，O^-，Cs^+，Ga^+などが用いられる．二次イオンの放出効率は一次イオンの種類によって異なるため，感度よく測定するためには，それぞれの試料に対して最適な一次イオンを選択する必要がある．一次イオンカラムでは，一次イオンを数百eV～数十keVで加速しつつ静電レンズにより集束する．その後，試料に一次イオンビームとして照射し，スパッタリングにより二次イオンが放出される．試料から放出された二次イオンは，二次イオンカラムにおいて集束などを繰り返し，検出器へと導かれる．二次イオンカラムは電場と磁場により構成され，電場には二次イオンの運動エネル

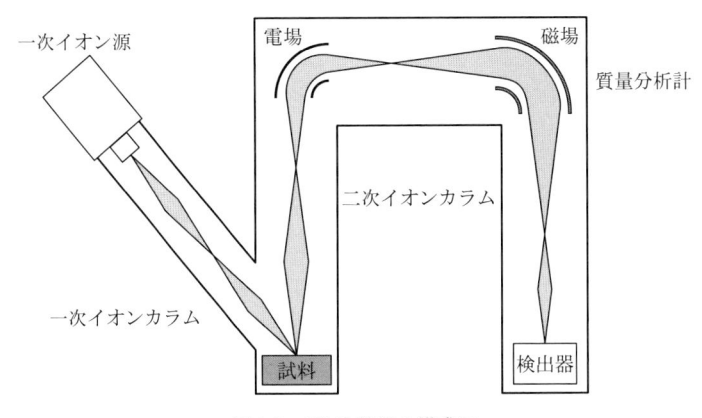

図9.2　SIMS装置の構成図

ギーの広がりを小さくする役割がある．これにより，磁場においてより高分解能な質量分離が可能となる．磁場では，磁場強度B中で二次イオンが軌道を曲げられる場合，イオン軌道の曲率半径をr，二次イオンの加速電圧をV，電気素量をeとすると，次式が成り立つ．

$$\frac{m}{z} = \frac{er^2B^2}{2V} \qquad (9.1)$$

したがって，磁場強度Bを変化させることによって，m/z値を走査させることができ，質量分離が可能となる．最終的なイオンの検出には，毎秒10^6カウント程度までは二次電子増倍管が用いられ，それよりも大きな場合にはファラデーカップが用いられる．

そのほかにSIMSにおける質量分析計としては，**四重極型質量分析計**（quadrupole mass spectrometer, **QMS**）や**飛行時間型質量分析計**（time-of-flight mass spectrometer, **TOFMS**）などが用いられる（16章参照）．

9.2.3 測定例

SIMSの大きな特長の1つとして，固体表面の**深さ方向分析**（depth analysis）ができるという点が挙げられる．SIMSではスパッタリングにより，時間とともに表面から試料成分が除去されていく．例えば，横軸に時間をとり縦軸に信号強度をとってプロットすると，目的元素の表面からの深さ方向の分布を知ることができる．測定時間は，スパッタ率の値を用いて表面からの距離（深さ）に換算することができる．深さ方向分析は，固体表面からどの深さに注目する元素が分布しているかを知るうえで極めて重要であり，SIMSが材料の分析に幅広く利用されている理由の1つである．SIMSによる深さ方向分析の例として，**図**9.3に，可視光応答型光触媒の開発を目的として，酸化チタンTiO_2[110]単結晶中に窒素^{14}Nをドーピングした試料についての分析結果を示す．ここでは，$^{16}O^{14}N$イオンの信号を利用して窒素の深さ方向分析を行っている．図9.3のスペクトルは，TiO_2をNH_3中で80分間加熱し，その後，空気中で120分間および1400分間，加熱処理した際の^{14}Nの分布状態の測定結果であり，加熱処理によって窒素の分布が深い方向に移動していることがわかる．

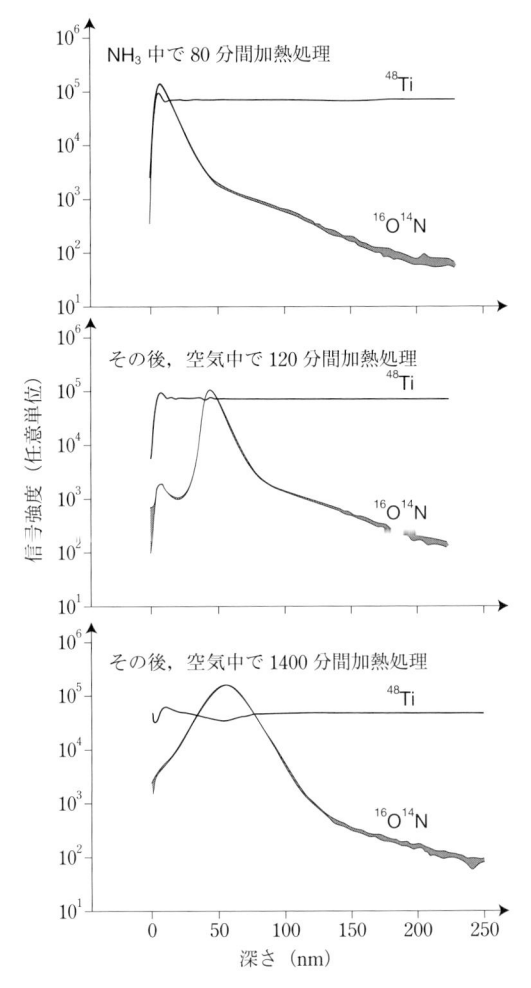

図9.3 SIMSによるTiO$_2$[110]中の^{16}O^{14}Nの深さ方向分析
[R. G. Palgrave, D. J. Payne, and R. G. Egdell, *J. Mater. Chem.*, **19**, 8418 (2009), Fig.7 より]

9.3 X線光電子分光

9.3.1 原理

X線光電子分光（X-ray photoelectron spectroscopy, XPS）は，**図9.4**に示すようにX線を試料表面に照射し，光電効果によって試料中の元素の軌道から

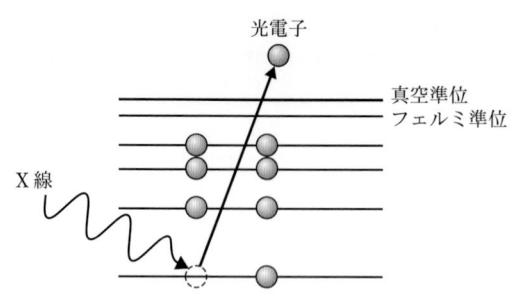

図9.4　X線光電子分光の原理図

放出される電子（光電子）を検出することにより，そのエネルギーから元素の同定，その信号強度から元素の定量を行う分析法である．また，エネルギー値のわずかなずれ（化学シフトという）を調べることにより，化学状態の違いを明らかにすることもできる．

光電子の運動エネルギー E_k は，X線のエネルギー $h\nu$ および電子の結合エネルギー E_b との間に次の関係がある．

$$E_k = h\nu - E_b - \varphi \tag{9.2}$$

ここで，φ は仕事関数である．結合エネルギーは各元素の各軌道電子に固有であるため[*1]，その値から元素の定性ができる．

XPSでの光電子の検出深さは，電子の非弾性散乱間の平均距離である**非弾性平均自由行程**（inelastic mean free path，**IMFP**）によって決まる．物質中で発生した光電子は，弾性散乱や非弾性散乱を起こして移動する．ここで，もし光電子の移動中に非弾性散乱が起きれば，その光電子は一部のエネルギーを失い，光電子ピークに寄与しなくなる．このため，非弾性散乱が起こるまでに表面から放出された光電子のみが光電子ピークに寄与することになる．

9.3.2　装置構成

XPSは，図9.5に示すように，X線源，試料ステージ，電子エネルギー分析器，検出器などにより構成される．X線源では，アルミニウムやマグネシウムなど

[*1] 例えば，酸素の1s軌道電子の結合エネルギーは約530 eV．

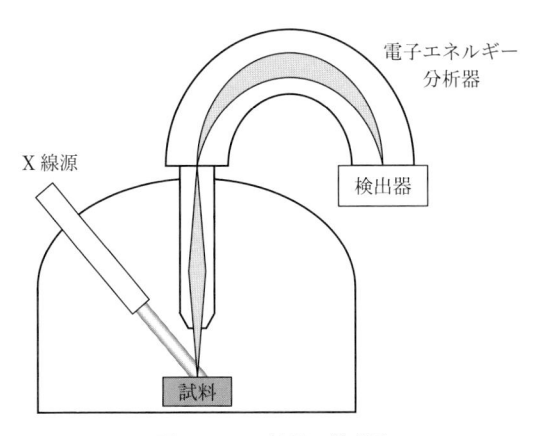

図9.5 XPS装置の構成図

のターゲットに、フィラメントで生成させた熱電子を衝突させX線を発生させる（8章参照）．一般的な実験室装置では，Al Kα（1486.6 eV）やMg Kα（1253.6 eV）などの特性X線が用いられる．一方，連続光であるシンクロトロン放射光（第8章Coffee Break参照）をX線源として用いる場合には，任意のエネルギーのX線を分光して利用することができる．電子エネルギー分析器としては，エネルギー分解能の高い**同心半球型分光器**（concentric hemispherical analyzer, CHA）が多く利用されている．ここで，光電子を電子エネルギー分析器に引き込み，それぞれの光電子をエネルギーによって分離する．分析器を透過した光電子は，チャンネルトロンなどにより検出される．

　XPSは，基本的には非破壊分析である．XPSにより深さ方向の分析をしたい場合には，表面スパッタリング用のイオン銃を併用する方法が用いられる．この方法では，イオン銃によるスパッタリングにより表面から試料を徐々に削っていき，そのつど，XPSスペクトルを取得することにより深さ方向分析を行う．しかし，この場合，スパッタリングによって試料の表面状態に変化を引き起こす可能性があり，注意が必要である．

9.3.3　測定例

　XPS分析では，各元素の各軌道電子の結合エネルギーが固有であるため，そのピーク位置から定性を行うことができる．また，化学シフトの値から化学結

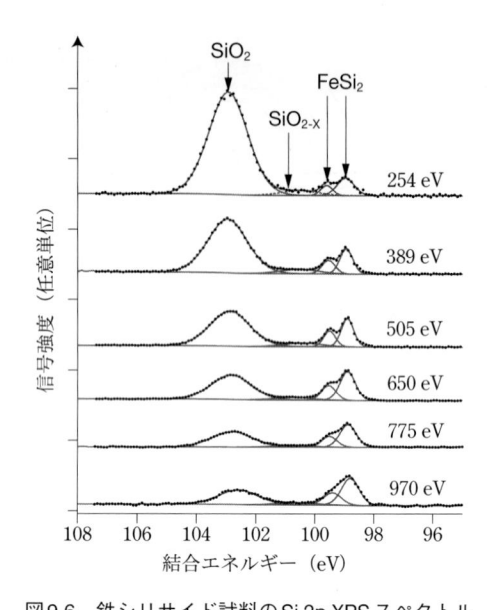

図9.6　鉄シリサイド試料のSi 2p XPSスペクトル
［F. Esaka, H. Yamamoto, H. Udono, N. Matsubayashi, K. Yamaguchi, S. Shamoto, M. Magara, and T. Kimura, *Appl. Surf. Sci.*, **257**, 2950（2011）, Fig.1を加工して作成］

合状態を調べることが可能である．図9.6は，近年，熱電変換デバイスとして注目されている鉄シリサイド試料を放射光からの種々のエネルギー（254〜970 eV）のX線を用いて測定したSi 2p XPSスペクトルである．99 eV前後にFeSi$_2$に起因する2本のピークが得られており，加えて化学シフトにより101 eVおよび103 eV付近にもピークが観測される．これらのピークはSiの酸化物によるものであり，特に，103 eV付近のピークはSi^{4+}に起因し，Siが酸化されてSiO$_2$の酸化層が形成されていることを示している．ここで，励起X線のエネルギーの減少とともに，SiO$_2$起因のピークの割合が大きくなっている．励起X線のエネルギーを小さくすると光電子の運動エネルギーも小さくなるため，IMFPが小さくなる．すなわち，より表面の情報が得られるようになる．したがって，図9.6の結果は，SiO$_2$構造がFeSi$_2$構造よりも表面に形成されていることを意味している．このように，イオン銃によるスパッタリングを用いなくても，励起X線のエネルギーを変化させて測定することにより，非破壊で深さ方向分析を行うことが可能である．

これまで，X線は，電子やイオンと異なりビームを集束させることが難しく，微小領域の分析には不向きとされてきた．しかし，最近では，X線光学素子の発展により，ビーム径を10 μm以下にまで集束させた装置も市販されている．空間分解能の点では，電子線やイオンビームにはまだまだ及ばないものの，X線による微小領域の分析も可能になってきている．

9.4　電子プローブマイクロアナリシス

9.4.1　原理

　電子プローブマイクロアナリシス（electron probe microanalysis，**EPMA**）では，**図9.7**に示すように電子線を試料に照射し，試料表面から放出される**特性X線**を検出することにより元素分析を行う．入射電子のエネルギーが試料中元素の軌道電子の結合エネルギー以上である場合，軌道電子ははじき飛ばされ，空孔ができる．その後，外殻の軌道から電子が遷移し空孔を埋める．その際に，それぞれの軌道のエネルギー準位の差に相当するエネルギーの電磁波（X線）が放出される．これが特性X線である．このエネルギー準位の差は，各元素の各軌道に固有であるため，そのエネルギー値から元素の定性ができ，その強度から元素の定量ができる．X線は電子に比べ脱出深さが比較的深いため，必ずしも表面敏感な分析法ではないが，それでもμm程度までの表面の分析が可能である．

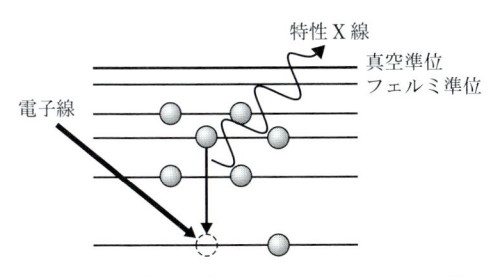

図9.7　電子プローブマイクロアナリシスの原理図

9.4.2　装置構成

　EPMA装置は，電子線を発生させる電子銃，電子線を集束させるための電子

第9章 表面分析

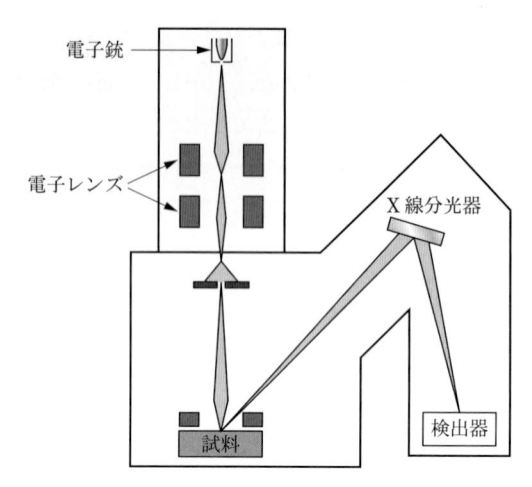

図9.8 EPMA装置の構成図

レンズ，試料ステージ，X線分光器，検出器などにより構成される（**図9.8**）.

電子銃では，フィラメントを加熱することにより電子を放出させ，陽極に向けて加速させる．電子源としては，タングステンフィラメントや六ホウ化ランタン（LaB_6）カソードを用いる．近年では，高空間分解能測定のために電界放出型の電子銃も開発され広く用いられるようになってきている．

試料表面から放出される特性X線の検出には波長分散型(WDS)検出器とエネルギー分散型(EDS)検出器が用いられる（8章参照）．EDS検出器ではX線の検出感度が高いことからプローブの電子線の電流が低くても測定が可能であるが，スペクトルの分解能はWDS検出器に比べて悪い．このため，EDS検出器は，元素分析を目的としたEPMAよりも，高空間分解能での電子像観察に主眼をおく電子顕微鏡において広く用いられている（10章参照）．

9.4.3 測定例

EPMAにおいて定量を行う場合には，本来はあらかじめ元素濃度の異なる標準試料をいくつか測定して検量線を作成しておき，測定試料の特性X線の強度から検量線を用いて定量を行う．しかし，この方法では，測定試料とほぼ同様の組成で複数の標準試料を準備する必要があり，現実的には困難である．このため，現在では，各測定対象元素に1つずつの標準試料を測定し，標準試料に

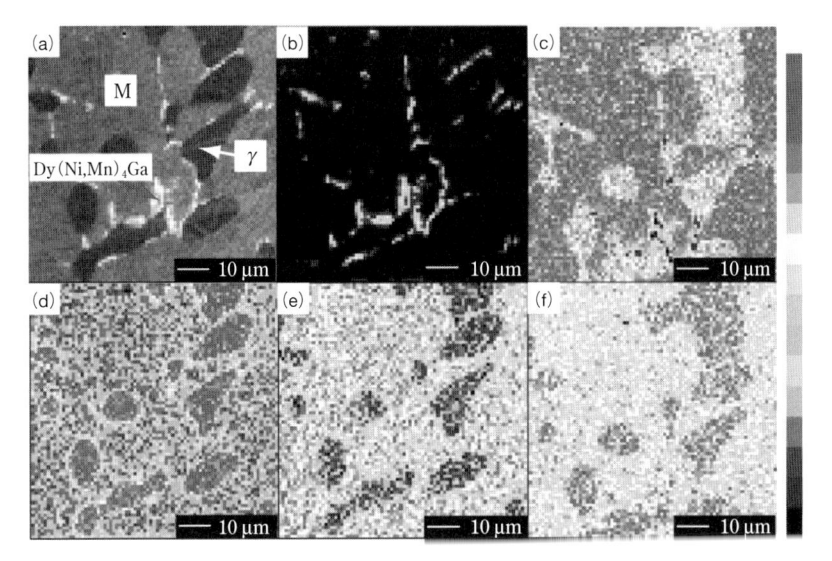

図9.9 EPMAによる $(Ni_{53}Mn_{22}Co_6Ga_{19})_{99.7}Dy_{0.3}$ 合金の元素マッピング結果
(a)反射電子像，(b)Dy，(c)Mn，(d)Co，(e)Ga，(f)Ni
[S.Y. Yang, C.P. Wang, and X. J. Liu, *Smart Mater. Struct.*, **22**, 035008（2013），Fig.3より］

対する相対強度比のずれを補正する定量法が広く用いられている．このずれは，入射する電子線や発生した特性X線が試料中でさまざまな効果を受け，その度合により信号量が変化することに起因する．例えば，入射電子が後方に散乱されてしまい特性X線の発生に寄与しなくなる（原子番号に依存する），試料から発生した特性X線の一部が試料により吸収されてしまう，目的元素以外の元素から放出された特性X線によって目的元素が励起されてX線が放出される，などである．したがって，定量する場合には，これらの**原子番号効果**（atomic number effect）*Z*，**吸収効果**（absorption effect）*A*および**蛍光励起効果**（fluorescence excitation effect）*F*を考慮して補正する必要がある．この補正方法は**ZAF補正**と呼ばれ，ほとんどの市販装置のソフトウェアに組み込まれており，利用可能である．

　EPMAは，電子線をプローブとして用いているため，ビームの集束が容易であり，X線などをプローブとして用いた場合に比べ，高空間分解能での測定が可能である．**図9.9**は，形状記憶合金として開発が進められている $(Ni_{53}Mn_{22}Co_6Ga_{19})_{99.7}Dy_{0.3}$ 合金中の各元素の2次元方向の元素マッピング結果

である．電子線を走査させるとともに，各位置において放出される各元素の特性X線の強度を測定することにより，それぞれの元素の2次元方向の分布状態の違いを明らかにできる．

9.5 オージェ電子分光

9.5.1 原理

電子線を試料に照射した際，入射電子のエネルギーが試料中元素の軌道電子の結合エネルギー以上である場合には，軌道電子ははじき飛ばされ，空孔ができる．その後，外側の軌道から電子が遷移し空孔を埋める．その際に，それぞれの軌道のエネルギー準位の差に相当するエネルギーの電磁波（X線）が放出され，これを検出するのがEPMAである．一方，**図9.10**に示すように電磁波を放出せずに，軌道間の遷移によって生じたエネルギーを他の電子が受けて表面から放出されることも起こる．この電子を**オージェ電子**（Auger electron）と呼び，この現象を利用した分析法が**オージェ電子分光**（Auger electron spectroscopy，**AES**）である．例えば図9.10の場合，電子線照射により生じたK準位の空孔に$L_{2,3}$準位の電子が遷移し，$L_{2,3}$準位の電子がエネルギーを与えられてオージェ電子として放出される．そのオージェ電子のエネルギーEは，次式で求められる．

$$E = E_K - E_{L2,3} - E_{L2,3} - \varphi \tag{9.3}$$

ここで，E_KはK準位の結合エネルギー，$E_{L2,3}$は$L_{2,3}$準位の結合エネルギー，φ

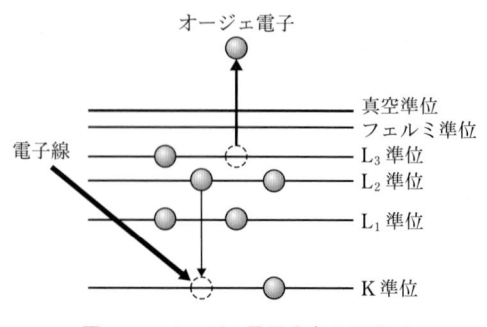

図9.10 オージェ電子分光の原理図

は仕事関数である．

　X線を照射した際に，特性X線とオージェ電子の発生のどちらが優勢かは，原子番号に依存する．ある内殻準位に空孔が生じたときに，オージェ電子の放出が起こる確率ω_Aは次のように表される．

$$\omega_A = \frac{aZ^{-4}}{1 + aZ^{-4}} \tag{9.4}$$

ここで，aはそれぞれの内殻（K，Lなど）に特有の定数，Zは原子番号である．図9.11は，K殻およびL殻におけるオージェ電子と特性X線の**放出確率**（emission probability）を表したものである．このように，K殻に関して原子番号32以下では，オージェ電子の放出確率が特性X線を上回ることがわかる．これが，AESではEPMAよりも軽元素の感度が高い理由である．一方，AESの場合，原子番号の増加とともに放出確率は下がるものの，より外殻の励起によるオージェ電子を利用することにより，感度の低下を防ぐことができる．

　ほとんどの元素は，2 keV以下の固有のオージェ電子エネルギーを有しているため，通常，その程度までのエネルギーのスペクトルが測定される．

　EPMAとの大きな違いはその分析深さである．EPMAでは，特性X線を検出するため，分析深さは数μmに達する．一方，AESでは，オージェ電子を検出するため，電子のIMFPに大きく依存するが，その値はせいぜい数nm程度である．したがって，AESは，光電子を検出に用いるXPSと同様に非常に表面敏

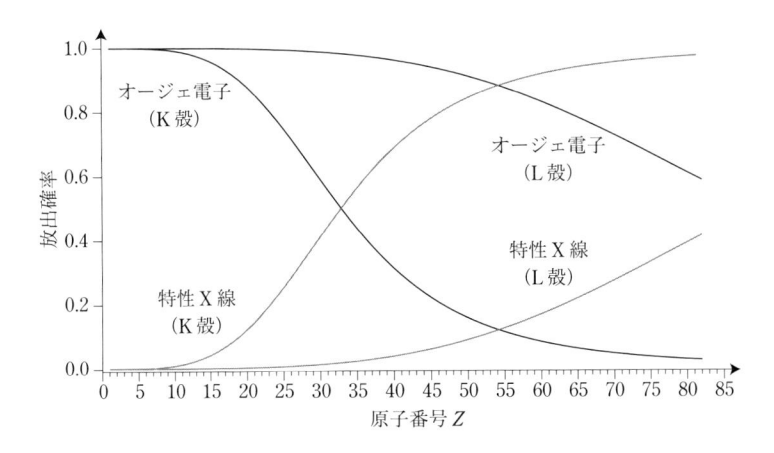

図9.11　オージェ電子および特性X線の放出確率

感な分析法である.

9.5.2 装置構成

　装置は,電子銃,電子レンズ,試料ステージ,電子エネルギー分析器,検出器などにより構成される.電子銃は,EPMAと同様にタングステンフィラメントやLaB$_6$カソードを用いた熱電子放出型のものや,最近では,電界放出型の電子銃が用いられている.電子エネルギー分析器としては,XPSと同様に**CHA**や**円筒鏡型分光器**(cylindrical mirror analyzer, CMA)が用いられている.CHAはエネルギー分解能が高い,CMAは高感度であるという特徴を有しているため,それぞれ目的に応じて使い分けられる.最終的な電子の検出には,主

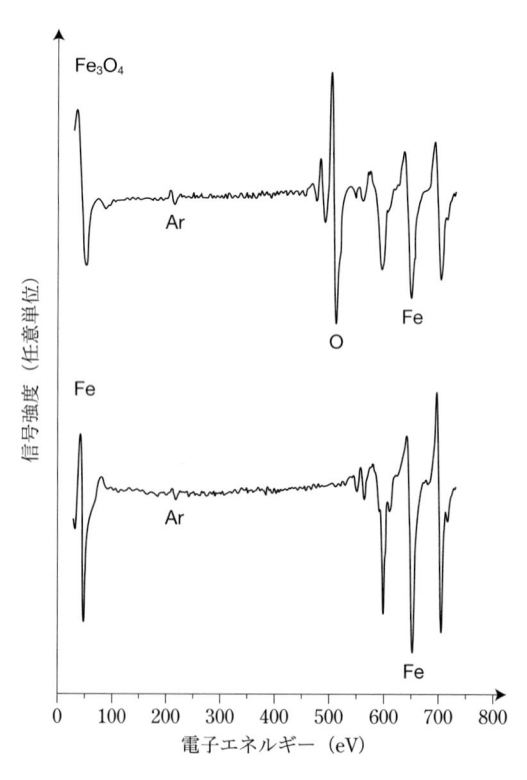

図9.12　Fe$_3$O$_4$およびFe試料のオージェスペクトル
[M. Bizjak, A. Zalar, P. Panjan, B. Zorko, and B. Praček, *Appl. Surf. Sci.*, **253**, 3977 (2007), Fig.2より]

としてチャンネルトロンが用いられる.

9.5.3 測定例

スペクトルを解析する際に注意すべき点は，スペクトルがオージェ電子に起因する信号以外に二次電子の信号を含んでいるということである．この信号は幅広いエネルギー範囲にわたり，スペクトル中でバックグラウンドとして観測される．このバックグラウンドを除去するために，スペクトルを微分する方法が用いられる．オージェピークの存在する狭い範囲に限定すれば，バックグラウンドは均一であるとみなせるので，微分によって得られるピーク強度はオージェピークの面積強度に比例する．**図9.12**にFe_3O_4およびFe試料の微分後のオージェスペクトルを示す．Fe_3O_4のスペクトルでは，FeのL殻励起に起因するいくつかのオージェピークに加え，約510 eVに酸素のK殻励起に起因するオージェピークが観測されている．このFeとOのピーク強度から定量が可能である．近年では，電子線の2次元走査により元素マッピングを行う**走査型オージェ電子顕微鏡**（scanning Auger microscope，SAM）も広く用いられるようになってきており，元素の化学状態に対応した2次元方向のマッピング像も取得することができる．

☕ **Coffee Break**

SIMSによる同位体比分析

図には，ある原子力関連施設で採取された環境粉塵中の個々のウラン微粒子（粒径約1 μm）を，一次イオンとしてO_2^+を用いてSIMSにより測定した同位体比の結果を示す．同位体比分析（isotope ratio analysis）では，それぞれの同位体イオンの信号強度を測定し，それらの比と補正係数から同位体比を求める．ここで，天然鉱石中に存在するウランの$^{235}U/^{238}U$同位体比は，約0.0072である．一方，発電用原子炉などで燃料として用いられるウランの$^{235}U/^{238}U$同位体比は，おおよそ0.02〜0.05である．これは，核分裂性の同位体である^{235}Uの存在割合を人為的に高めることにより，原子炉内での核分裂反応を起こしやすくさせるためである．さらに，ウラン型の核兵器では，^{235}Uによる核分裂反応を爆発的に起こさせるために，$^{235}U/^{238}U$同位体比を

13以上にまで高めている．図に示した^{235}U/^{238}U同位体比は，それぞれの微粒子の間で違いがみられるものの，0.02～0.05の範囲に収まっている．したがって，これらの微粒子中のウランは，発電用原子炉などで燃料として用いられるものであることがわかる．もし，ここで^{235}U/^{238}U同位体比が13以上の微粒子が検出されれば，その環境粉塵を採取した施設では，核兵器用の燃料を製造していることを意味する．このような分析は，現在，世界における秘密裡での核兵器製造の検知および核の拡散防止に大きく貢献している．

SIMSによる同位体比分析での大きな問題の1つとして，他元素に由来する分子イオンによるピークの重なりがある．SIMSでは，m/z値の違いを調べているだけなので，例えば，単原子イオンである^{235}U$^+$と分子イオンである^{208}Pb^{27}Al$^+$はほぼ同じ位置（m/z 235）にピークを与える．そのため，^{208}Pb^{27}Al$^+$の信号を^{235}U$^+$の信号とみなしてしまう恐れがある．しかし，厳密には，^{208}Pb^{27}Alの質量は234.958，^{235}Uの質量は235.044なので，高質量分解能の質量分析計を用いれば，これらのピークを分離することが可能である．

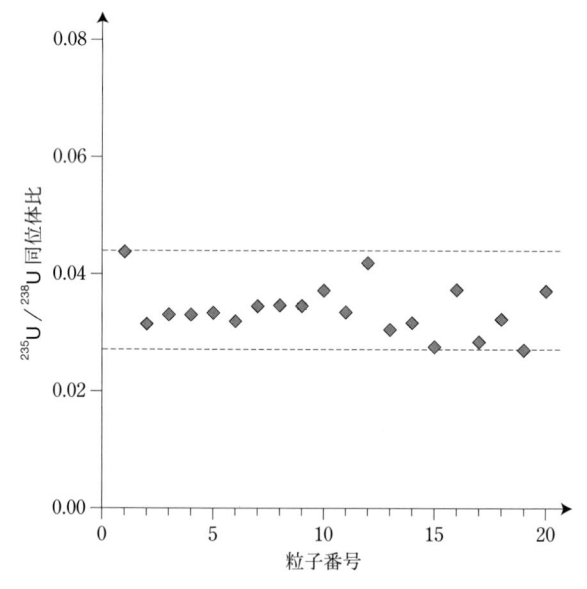

図　SIMSによる個々のウラン含有粒子の同位体比測定結果
〔F. Esaka, C.G. Lee, M. Magara, and T. Kimura, *Anal. Chim. Acta*, **721**, 122（2012），Fig.8を加工して作成〕

参考文献

1) 日本表面科学会(編),二次イオン質量分析,丸善(1999)
2) 日本分析化学会(編),石田英之,吉川正信,中川善嗣,宮田洋明,加連明也,萬尚樹(著),表面分析,共立出版(2011)
3) 日本表面科学会(編),X線光電子分光法,丸善(1998)
4) 副島啓義,電子線マイクロアナリシス,日刊工業新聞社(1987)
5) 日本学術振興会マイクロビームアナリシス141委員会(編),マイクロビームアナリシス,朝倉書店(1985)
6) 日本表面科学会(編),オージェ電子分光法,丸善(2001)

❖演習問題

9.1 次のうち,電子線を照射し,試料から放出されるX線を検出する分析法はどれか?
1. 二次イオン質量分析(SIMS)
2. X線光電子分光(XPS)
3. 電子プローブマイクロアナリシス(EPMA)
4. オージェ電子分光(AES)

9.2 クロム(原子番号24)のK殻励起におけるオージェ電子の放出確率として,一番近い値はどれか? ただし,定数 a を 1.16×10^6 とする.
1. 0.94
2. 0.78
3. 0.53
4. 0.27

9.3 X線光電子分光において,Al Kα 線を用いて測定したときに,722.0 eVの運動エネルギーに光電子ピークが得られた.このとき,このピークを有する元素の軌道電子の結合エネルギー(eV)を求めよ.ただし,仕事関数は無視するものとする.

第10章　顕微鏡観察

　複数枚のレンズと光源を組み合わせて肉眼ではみえない細かな物体を鮮明にみえるように工夫したものが，**光学顕微鏡**（optical microscope）として幅広く使われてきた．レンズの拡大作用は紀元1～2世紀には知られていたようで，中世にはいわゆる「虫眼鏡」が発明され，16世紀にはレンズを組み合わせて遠くをみる「遠眼鏡」（望遠鏡）が考案されていた．微生物学者レーウェンフック（A. Leeuwenhoek）が単レンズ顕微鏡で微生物を観察したのは17世紀で，顕微鏡はその後の生物学・医学の発展の支えとなった．当時の顕微鏡の分解能はおよそ1 μmであったとされる．

　光学顕微鏡はどれくらい細かな物体を見分けることができるだろうか．レンズを組み合わせてより大きな倍率で物体を観察することは可能である．しかし，いくら倍率を大きくしても対象の微細構造はぼやけてしまい，ある限界以下の大きさの物体や構造を明瞭に観察することはできない．その理由は光（波）の干渉の性質による．拡大観察で識別可能な2点の最小距離（空間分解能）d_minは，使用する光の波長をλとして

$$d_\mathrm{min} = \frac{0.61\,\lambda}{NA} \tag{10.1}$$

と表される．ここで，NAは開口数で，大気中では1より小さい．光学顕微鏡は主に波長が380～780 nm (0.38～0.78 μm)の可視光を利用するため，d_minは最もよい場合でも0.2 μm程度となる．

　20世紀前半の量子力学の発展により，電子は粒子性と同時に波動性ももつことが明らかになった．電子波の波長は加速電圧100 Vでも0.123 nmと可視光の1/1000以下なので，光学顕微鏡に比べ空間分解能がはるかに高い顕微鏡を製作することができる．これが**電子顕微鏡**（electron microscope）で，1 μm以下の微細構造観察に不可欠な装置である．

10.1 電子顕微鏡の分類

電子顕微鏡は電子線を像形成に用いる顕微鏡の総称で，大きく分けて**透過型電子顕微鏡**（transmission electron microscope，TEM）と**走査型電子顕微鏡**（scanning electron microscope，SEM）がある．一般に，透過型電子顕微鏡は観察領域に均一な電子線を照射し，物体を透過した電子線をレンズで投影して内部構造を観察する装置を指す．走査型電子顕微鏡は，細く集束した電子線で観察領域を走査し，反射電子や二次電子の強度を走査に同期させた像で外形や表面形態，組成分布を観察する装置を指す．また，分類上は電子顕微鏡ではないが，探針で物体の表面を走査して像を得る**走査型プローブ顕微鏡**（scanning probe microscope，SPM）も，近年広く利用されている．

10.2 電子線と物質の相互作用

電子線が物体に入射すると，**図10.1**に示すように物質との相互作用でさまざまな信号が発生する．電子線のエネルギーが大きく，物体がごく薄い場合にはほとんどの電子はそのまま透過するが，一部の電子は弾性散乱または非弾性散乱を受けて散乱波として物体を透過する．透過型電子顕微鏡はこの透過波と散乱波を用いて結像する．また，非弾性散乱では原子内の電子の叩き出しによ

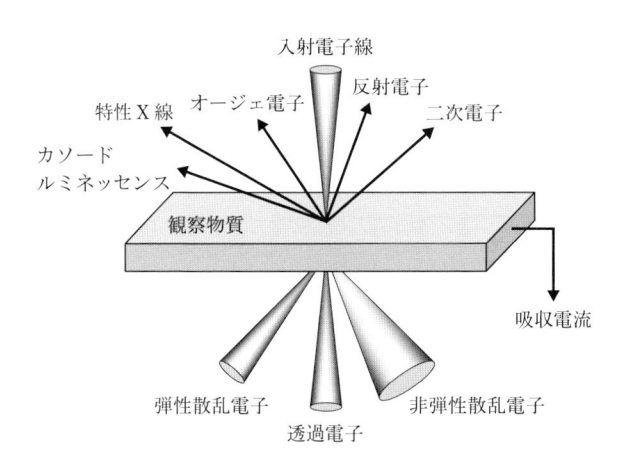

図10.1　物質への電子線照射で得られる信号

る二次電子や励起原子の緩和による電磁波（X線や可視光），オージェ電子といった二次放射が発生する（9章参照）．物体が厚い場合は，電子線は散乱を繰り返してより多くの二次放射を発生するとともに，反射電子（後方散乱電子）としてもと来た方向へ離脱したり，エネルギーを失って吸収電流となったりする．走査型電子顕微鏡は主に二次電子，反射電子を信号として結像する．

10.3 透過型電子顕微鏡

10.3.1 概要

図10.2に**透過型電子顕微鏡(TEM)**の光線図を示す．通常のTEMでは高い透過能を得るために100〜1000 keV程度の高速電子線が用いられる．電子源（陰極）と加速管で構成される電子銃を上部にもち，その下に，電子銃からの電子線を観察物体に照射する電子レンズ群が設置されている．電子レンズには磁界レンズや静電レンズが用いられる．照射系レンズでは複数のレンズと絞りを連動させて，電子線の平行性（照射角），照射領域，明るさを制御する．観察試料は強励磁された対物レンズ内におかれ，透過電子は対物レンズとその下部の中間レンズ，投影レンズで拡大される．また，中間レンズの焦点距離調整（励磁電流調整）によって，対物レンズの後焦点面，ガウス像面のいずれを拡大するか選択することができる．後述のように，前者が電子線回折像，後者が電子顕微鏡像である．拡大された像は蛍光板やフィルム，イメージセンサーに投影され，像の観察・記録が行われる．

10.3.2 電子線回折像

回折波は対物レンズの後焦点面上に透過波を中心として回折角，回折方向に応じて別々に収束され，試料構造と観察方位に対応する強度分布パターンを形成する．これを**電子線回折像**（electron diffraction pattern）と呼ぶ．回折像形成に寄与する領域を試料通過後に制限視野絞りで選択して，試料の特定箇所の電子線回折像を得ることができる．この手法を**制限視野電子線回折法**（selected area electron diffraction, SAED）と呼ぶ．

ある1つの結晶格子面による回折波はスポット状の回折点を形成する．透過波のスポットから回折点までの距離rは，回折角をθとして$r = L \tan 2\theta$である．

10.3 透過型電子顕微鏡

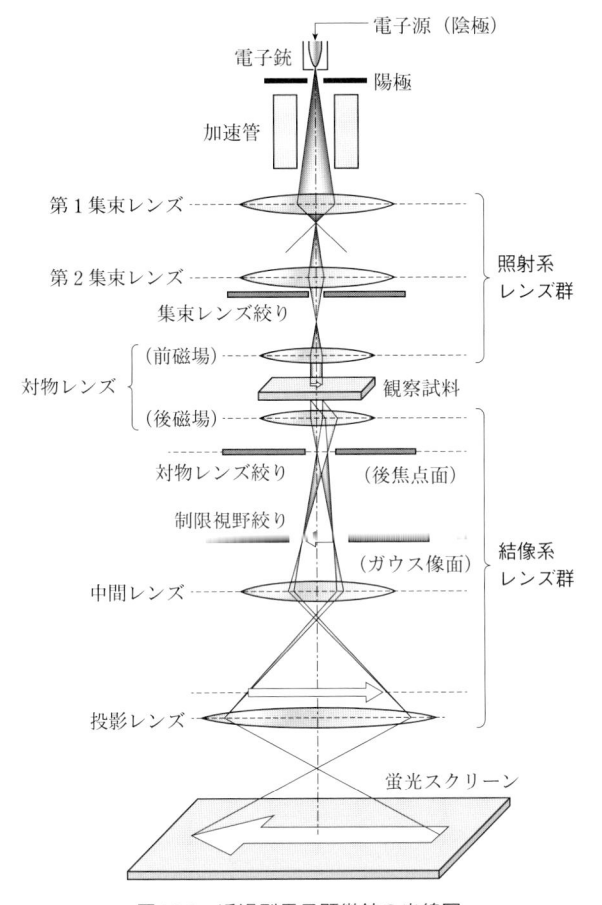

図10.2 透過型電子顕微鏡の光線図

ここでLは試料から回折像までの距離で**カメラ長**と呼ばれる．カメラ長はレンズ強度の調整により可変で，電子線回折像の拡大倍率と理解すればよい．TEMは電子線波長が短いため回折角θが小さくなり，rは格子面間隔dと反比例の関係になる．観察領域が無配向の多数の結晶体を含む場合には，このスポットが透過波を中心とした同心円状の回折図形（**デバイシェラー環**，Debye-Scherer ring）となり，その半径rが格子面間隔dに反比例することになる．物質はそれぞれ固有の結晶構造，格子定数をもつので回折像を解析することによって物質同定や結晶構造の決定を行うことができる．粉末X線回折法の回折

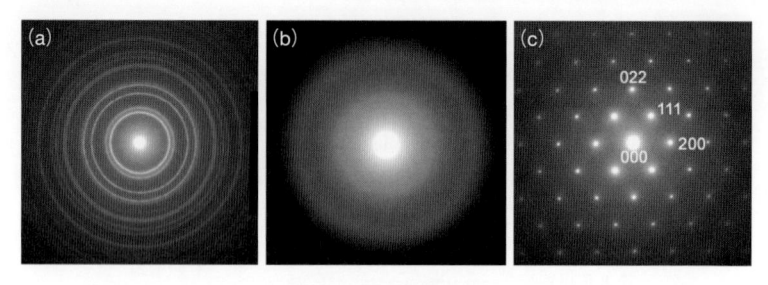

図10.3 電子線回折像
(a)金多結晶膜のデバイシェラー環，(b)非晶質カーボン薄膜のハロー環，(c)ケイ素単結晶（[110]晶帯軸入射）の回折点が確認できる．

角2θや格子面間隔dの解析と同様に考えればよい（8章参照）．非晶質物質からの回折像は**ハロー環**（halo ring）と呼ばれるぼんやりとした環状の回折図形を与える．**図10.3**に金（Au）多結晶膜，非晶質カーボン（C）薄膜，ケイ素（Si）単結晶の電子線回折像を示す．

10.3.3　回折コントラスト法

　試料の1点からの電子線は，透過波と回折波に分かれて回折像を与えるが，それがそのまま伝搬すると像面で再び1点に集まる．TEMの観察で使用されるような薄い試料の場合，電子線の吸収はほとんどなく，試料を透過して再び集まった電子線の強度は試料透過前の電子線の強度とほぼ同じになる．このままでは試料像がみえないので，後焦点面に絞りを挿入して透過波または回折波の一部を阻止して試料のコントラストを得るようにする．その光線図を**図10.4**に示す．透過波だけを通す位置に絞りをおけば，試料のない部分が明るく，試料の回折を起こしている領域が暗く観察される．反対に，ある回折波に絞り孔を合わせると，その回折波を出す領域が明るく浮かび上がるようになる．この方法で得られる像コントラストが**回折コントラスト**（diffraction contrast）であり，透過波を使った結像法を**明視野**（bright field，BF）**法**，回折波を使った結像法を**暗視野**（dark field，DF）**法**と呼ぶ．**図10.5**にシリコン結晶片の明視野法と暗視野法での観察例を示す．

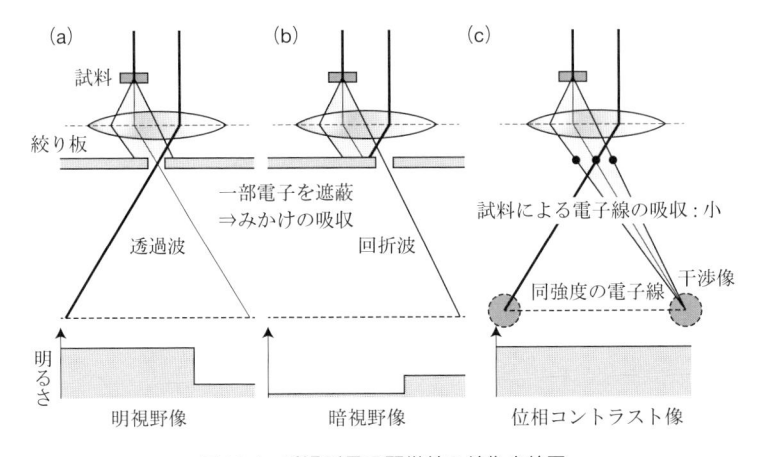

図10.4 透過型電子顕微鏡の結像光線図
(a)明視野法,(b)暗視野法,(c)位相コントラスト法.

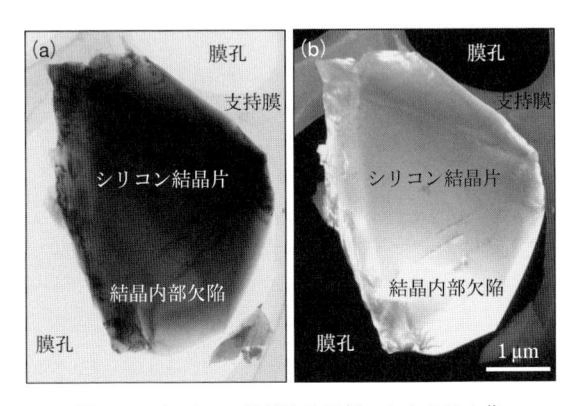

図10.5 シリコン結晶片の回折コントラスト像
(a)明視野像,(b)暗視野像.

10.3.4 位相コントラスト法

電子線の干渉性が高くレンズ収差が小さければ,透過波,回折波の干渉でも像コントラストが形成される.この干渉像を**位相コントラスト**(phase contrast)と呼び,結晶の原子配列に相当する像(**結晶格子像**)が得られる(図10.4(c)).対称性の高い結晶方位から電子線を入射させた場合,同時に多数の回折波が励起され,それらの干渉の結果,結晶の投影ポテンシャルに対応する

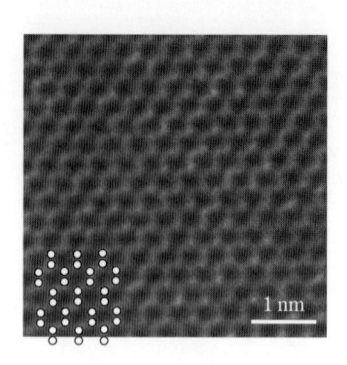

図10.6 シリコン薄膜の結晶格子像（位相コントラスト）
左下の挿入図は原子の[110]投影図.

電子線の強度分布が得られる．しかし，試料の厚さや結像レンズの収差，焦点はずれ量，さらには電子線の干渉性や照射角（平行性）の影響を受けて各回折波同士の位相関係が複雑に変化するため，結晶中の原子列の投影が常に得られるわけではないことに注意が必要である．**図10.6**はシリコン薄膜の観察で得られた結晶格子像で，原子配列に対応した像が確認できる．

10.4 走査型電子顕微鏡

10.4.1 概要

電子線を細く絞って試料を走査し，照射点から発するさまざまな信号，例えば二次電子，反射電子，特性X線，蛍光を走査に同期させて画像化するのが**走査型電子顕微鏡（SEM）**である．**図10.7**に光線図を示す．二次電子と反射電子の成因とそれらに含まれる情報は異なっているが，高機能のSEMには複数の検出器が備えられており，観察目的に応じて検出器を使い分けたり，両者を混合したりして像を得ることができる．観察に用いる電子線の加速電圧は0.1〜30 kV程度で，加速電圧に応じて電子線の侵入深さが変化し観察画像も変化する．加速電圧が高いほど細い電子線が得られるため空間分解能は高くなるが，試料内部での散乱領域が大きくなり，検出信号の発生領域が広がって像をぼかしてしまう効果も現れる．

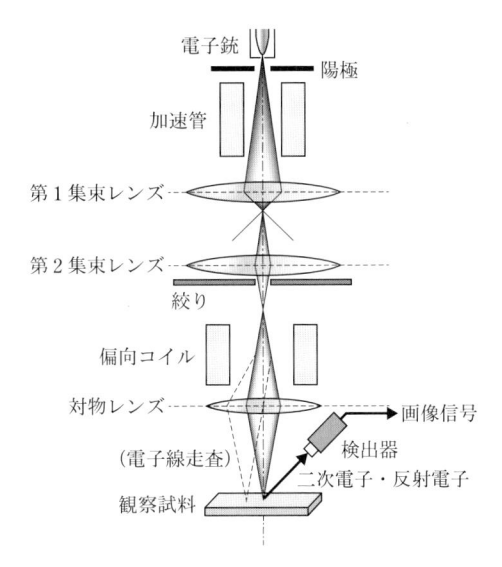

図10.7　走査型電子顕微鏡の光線図

10.4.2　二次電子像と反射電子像

二次電子（secondary electron, SE）は入射電子のエネルギーによって試料内の原子から放出された価電子である．そのエネルギーは数10 eV以下と低いため，試料深部からは脱出できず，試料のごく表面で発生したものに限られる．二次電子の放出量は物質の組成によっても変化するが，とりわけ物質の表面形状に敏感で，入射電子線に対して傾斜した面からの放出が大きくなる．また物体の突起部や角，稜からはより多くの二次電子が発生し，これはエッジ効果と呼ばれる．このことから二次電子像の明暗は試料の凹凸に対応し，μm以下の粒子形状や表面構造などの観察に適している．二次電子は低エネルギーであることから表面電位に影響されやすく，試料帯電の影響によって異常な像コントラストが現れることがある．また，このことを逆に利用して電位を反映した像を得ることもできる．

反射電子（reflection electron）は，試料内に侵入した入射電子線が何度も散乱されて入射方向に再放出されたもので**後方散乱電子**（back scattered electron, BSE）とも呼ばれる．比較的高いエネルギーをもつため，二次電子に比べ試料深部からの情報を含んでいる．反射電子の量は，試料が散乱能の大きな

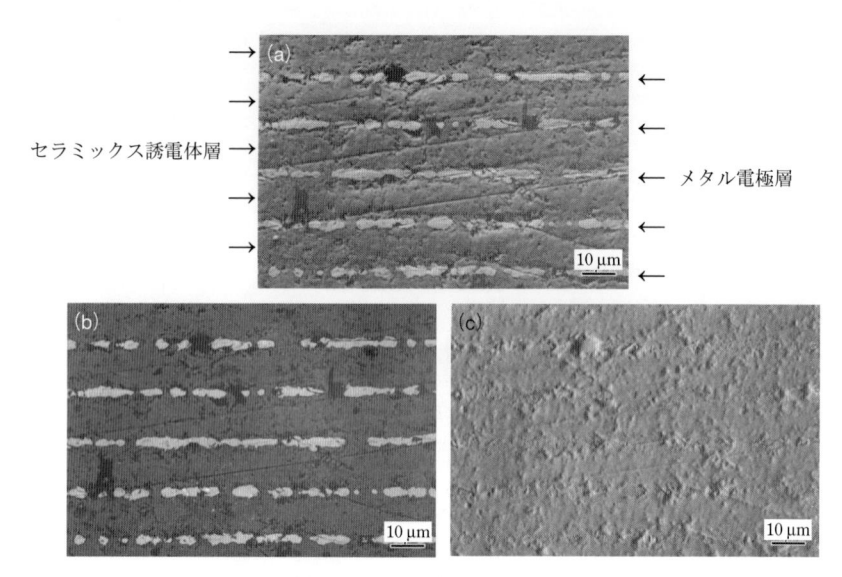

図10.8 積層セラミックコンデンサーの切断面
(a)二次電子像，(b)反射電子組成像，(c)反射電子凹凸像．

原子，すなわち原子番号の大きな原子で構成されるほど多くなるため，試料の組成を反映した画像が得られる．反射電子の量は表面形状には左右されないが，放出方向に角度分布があり，入射電子線に対して鏡面反射の方向により多く放出される．このことを利用して表面凹凸の観察も可能である．試料の直上に円形検出器を半円に2分割した反射電子検出器をおき，それぞれの信号を加算すると組成像が，減算すると凹凸像が得られる．**図10.8**は積層セラミックコンデンサーの切断面を二次電子と反射電子で観察した像で，反射電子像では凹凸と組成に分けた観察が可能であることがわかる．また，結晶性の試料の場合，入射電子線のチャネリング現象が起こり，結晶方位に依存して反射電子の放出量が変化する．これを**電子線チャネリングコントラスト**（electron channeling contrast, ECC）と呼ぶ．多結晶試料を観察すると粒子ごとに濃淡が現れ，粒子形状や方位分布を知ることができる．

10.4.3 帯電現象と前処理

試料に照射された電子は，試料内部で非弾性散乱を受けてエネルギーを失い，

最終的には試料に吸収され顕微鏡本体へ流れていく．試料が絶縁体の場合，照射された電子は照射部位に留まり試料を帯電させてしまう．この結果，電子線プローブが不安定に偏向したり，大量の二次電子が不規則に放出されたりして像観察を妨げる．この効果を**チャージング**とも呼ぶ．これを防ぐには，真空蒸着などで試料に金やカーボンなど導電性コーティングを薄く施すのが効果的である．最近では導電性をもつイオン液体をスプレーする手法も用いられている．前節で述べたように二次電子に比べ反射電子はチャージングの影響を受けにくく，検出信号を選択することで導電化処理を施さずに観察できる場合もある．

10.5　走査型プローブ顕微鏡

　鋭い探針で試料表面から 1 nm 以下の近接領域を 2 次元走査して局所的な表面状態を可視化する顕微鏡を総称して**走査型プローブ顕微鏡**（**SPM**）と呼ぶ．空間分解能が原子レベルに達するものもあり，電子顕微鏡と同様に微細形態観察を行うこともできるが，その原理は大きく異なっている．電子線を用いないため試料を真空中に保持する必要がなく，大気や各種ガス雰囲気，さらに液体中でも観察可能である．また水平方向だけでなく垂直方向の分解能も高く，試料表面の凹凸の詳細観察が可能である．試料-金属探針間に流れるトンネル電流の大きさを画像化する**走査型トンネル顕微鏡**（scanning tunnel microscopy，**STM**），原子間・分子間に働くファンデルワールス力による片持ち梁型探針（**カンチレバー**，cantilever）のたわみを画像化する**原子間力顕微鏡**（atomic force microscope，**AFM**）が代表的である．

　STM は導電性試料に対して用いられ，一定の高さで走査してトンネル電流の強弱を直接画像化する方式や，トンネル電流を一定に保つよう探針高さ制御用ピエゾ素子に印加した電圧を画像化する方式がある．また，探針の印加電圧変化に応じた電流変化を計測することで試料の電子状態を計測することもできる（**走査トンネルスペクトロスコピー**，scanning tunnel spectroscopy，STS）．一方，AFM は高分子やセラミックスといった非導電性の試料でも観察可能で，SPM の中で現在最もよく用いられている．カンチレバーの微小なたわみの検出には，いわゆる光挺子法として，探針に照射したレーザー光の反射方向の変化を利用する．

図10.9にAFMの観察原理を模式的に示す．一般に探針と試料表面を0.3〜0.4 nm以下に近接させて走査し，斥力によるたわみを計測する接触モードが感度・分解能とも最もよいとされる．しかし，柔らかい試料など探針の走査により表面の変形・損傷を避けたい場合には，数 nm 程度の間隔で働く引力を利用する非接触モードを用いる．このとき分解能の低下を抑えるために探針を固有

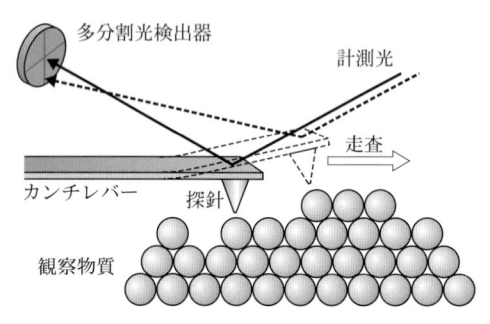

図10.9　走査型プローブ顕微鏡（原子間力顕微鏡）の観察原理

表10.1　代表的な走査型プローブ顕微鏡（SPM）とその特徴

名　称	略号	利用する信号	水平分解能(nm)
走査型トンネル顕微鏡 (scanning tunneling microscope)	STM	トンネル電流	0.2
原子間力顕微鏡 (atomic force microscope)	AFM	分子間力	0.2
摩擦力顕微鏡 (friction force microscope)	FFM	摩擦力	0.2
磁気力顕微鏡 (magnetic force microscope)	MFM	磁気力	10
走査型電位顕微鏡 (scanning potential microscope)	SPoM	電位	10
走査型キャパシタンス顕微鏡 (scanning capacitance microscope)	SCaM	キャパシタンス	2
走査型近接場光顕微鏡 (sanning near-field optical microscope)	SNOM (NSOM)	エバネッセント光	10
走査型感熱顕微鏡 (scanning thermal microscope)	SThM	熱	10
走査型イオン伝導顕微鏡 (scanning ion-conductance microscope)	SICM	イオン伝導	50
走査型マイクロ波顕微鏡 (scanning microwave microscope)	SMM	インピーダンス	2

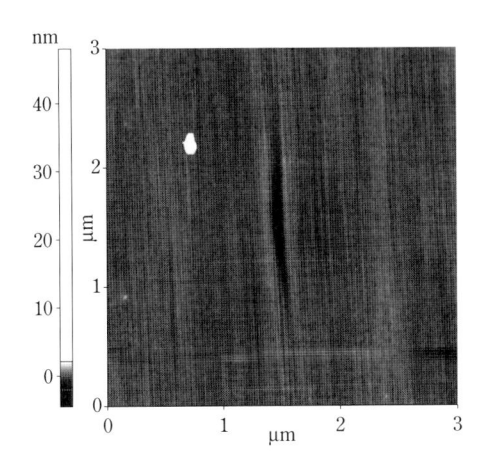

図10.10　原子間力顕微鏡（AFM）によるSiC半導体基板表面のごく浅溝観察
［提供：パーク・システムズ・ジャパン株式会社］

振動数で共振させておき，応力による振幅変化を検出するAC方式が用いられる．また周期的に試料に接触させて計測する**タッピングモード**も利用される．このほかにも検出する信号によって，さまざまなSPMが開発されており，**表10.1**に各種SPMの特徴を示す．なお，SPMでは試料表面と最近接する探針先端部の形状が極めて重要となり，特に原子レベルの分解能が必要な観察では十分に尖った単一の先端をもつ探針の使用が不可欠である．SPMの観察事例として，AFMを用いた半導体基板の表面欠陥像を**図10.10**に示す．図中を縦に直線状に走る周期的なステップ構造が欠陥部位でたくしこまれているのが観察されている．周期ステップの高さは約1 nmで，欠陥部の深さは4 nm程度のごく浅い構造が明瞭に観察できる．

☕ Coffee Break

走査透過型電子顕微鏡

　近年急速に発展した走査透過型電子顕微鏡（scanning transmission electron microscope, STEM）では，SEMのように電子線で観察領域を走査し，各点の透過波や回折波を用いてTEMと同じく試料内部の構造を観察する．明視野像，暗視野像および結晶格子像も観察できるが，この顕微鏡特有の，

大角度に散乱した熱散漫散乱（thermal diffuse scattering, TDS）電子を円環状の検出器で集めて結像する高散乱角環状暗視野（high-angle annular dark field, HAADF）法の利用価値が高い．熱散漫散乱強度は原子の質量に依存するため原子番号に対応した像が得られること，熱散漫散乱波同士は非干渉であるため回折条件に依存しない直感的な像解釈が可能であることが長所である（図）．さらに結像に利用する散乱電子の角度を高度に選択する環状明視野（annular bright field, ABF）法を用いて，最も軽い元素である水素を水素化バナジウム結晶中で可視化した例も報告されている．

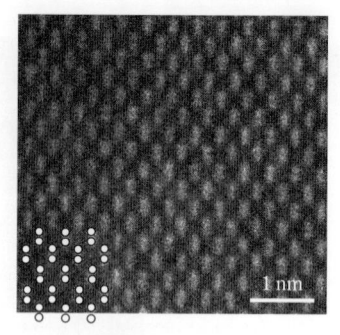

図　シリコン単結晶のHAADF法による観察像
左下の挿入図は原子の[110]投影図．

参考文献

1) 今野豊彦，物質からの回折と結像，共立出版(2003)
2) 上田良二(編)，電子顕微鏡，共立出版(1982)
3) 堀内繁雄，高分解能電子顕微鏡，共立出版(1988)
4) 日本表面科学会(編),ナノテクノロジーのための走査電子顕微鏡, 丸善出版(2004)
5) 日本顕微鏡学会関東支部(編)，新・走査電子顕微鏡，共立出版(2011)
6) 森田清三(編著)，走査型プローブ顕微鏡，丸善(2005)
7) 橋本初次郎，小川知朗(編)，電子顕微鏡学事典，朝倉書店(1986)

❖演習問題

10.1 TEMのコントラスト形成について説明せよ．
10.2 SEMの二次電子像と反射電子像の違いを説明せよ．
10.3 SPMの観察原理を種類ごとに整理せよ．

第11章 クロマトグラフィーの基礎

　20世紀初頭，植物学者ツヴェット（M. Tswett）は，ガラス管内に充填した炭酸カルシウムの上端に植物色素を添加し，そこへ石油エーテルなどの有機溶媒を流したところ，色素成分が色の帯をかたち作るようにして分離されることを観察した．この発見が**クロマトグラフィー**（chromatography）[*1]の始まりとされており，この観察結果を反映して，クロマトグラフィーという用語は色（color）とそれを記録する（writing）という意味をもつギリシャ語を語源としている．今日，このクロマトグラフィーは試料成分の相互分離や分取のために欠かせない手法として化学で一大分野を築くに至っている．

11.1 クロマトグラフィーの原理と分類

　クロマトグラフィーでは，**移動相**（mobile phase）と**固定相**（stationary phase）に対する各試料成分の物理的または化学的な相互作用の程度の差に基づいて，成分相互の分離が行われる[*2]．**図11.1**に，この分離の原理を表した模式図を示す．各所に岩が点在している川の上流のある地点から，試料成分を模した動物たちを一斉に流したとする．すると，水流に乗って動物たちは下流へと運ばれていくが，流され続けることに本能的に危険を感じて，力の差こそあるものの，点在している岩にしがみつく傾向にあるとしよう．その結果，各動物がどれだけ岩に対して長い間しがみつくことができるかによって，下流に設置したゴール地点に動物たちが到達する時間は大きく異なってくる．すなわち，この例では，岩にしがみつく力という，一種の「相互作用」の程度の差に

[*1] 用語については次のように使い分ける．手法＝クロマトグラフィー（chromatógraphy），装置＝クロマトグラフ（chromátograph），データ＝クロマトグラム（chromátogram）．

[*2] 上述したツヴェットの実験では，石油エーテルが移動相に，炭酸カルシウムが固定相に相当する．

第11章　クロマトグラフィーの基礎

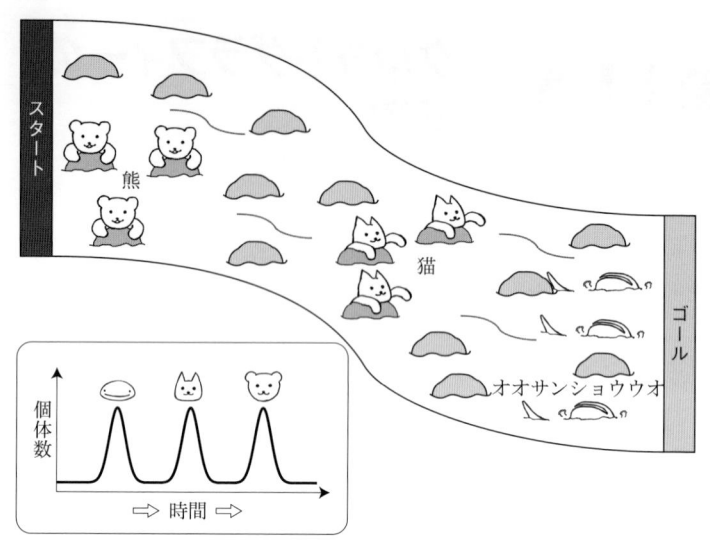

図11.1　クロマトグラフィーにおける分離の模式図

基づいて，動物たちは種類ごとに分離されたことになる．ここで，図中の川はクロマトグラフィーの心臓部ともいえる**分離カラム**（separation column）に相当し，試料成分を下流まで運ぶ水流は移動相に，また，相互作用にあずかる岩はカラム中の固定相に対応している．また，スタートとゴール地点はそれぞれ試料を導入する試料導入部と分離した成分を検出する検出器を模しており，一般に市販のクロマトグラフではそれらの要素が一体化された形で構成されている．さらに，動物たちを放流してからの時間に対して，ゴール地点で計測した動物の個体数を連続的にプロットすれば，この図中に示すようなグラフが得られる．実際のクロマトグラフィー測定では，試料導入からの時間に対して検出器の応答信号強度がプロットされるが，このグラフは**クロマトグラム**（chromatogram）と呼ばれ，このクロマトグラムをもとにして試料成分の定性および定量が行われる．

　クロマトグラフィーは，移動相の種類によって**ガスクロマトグラフィー**（gas chromatography，GC），**液体クロマトグラフィー**（liquid chromatography，LC）および**超臨界流体クロマトグラフィー**（supercritical fluid chromatography，SFC）の3種類に大別される．**表11.1**にそれらの方法論の分類と主な分

150

表11.1 移動相の種類に基づくクロマトグラフィーの分類

名称	移動相の種類	固定相の種類	分析対象
ガスクロマトグラフィー，GC	気体（ヘリウムや窒素などの不活性ガス）	固体（気-固クロマトグラフィー，GSC）	室温での気体成分から，分離カラムの最高温度で少なくとも数百Pa程度の蒸気圧を有する比較的揮発性に富んだ試料系を対象とする．
		液体（気-液クロマトグラフィー，GLC）	
液体クロマトグラフィー，LC	液体(水,メタノールやアセトニトリルなどの高極性溶媒，ヘキサンなどの低極性溶媒)	固体（液-固クロマトグラフィー，LSC）	原理的に，移動相として用いられる溶媒に可溶な成分系は分離対象になり得る．難揮発性の化合物やイオン種，さらには高分子量化合物を含む．
		液体（液-液クロマトグラフィー，LLC）	
超臨界流体クロマトグラフィー，SFC	超臨界流体（二酸化炭素）	固体（流-固クロマトグラフィー）	オリゴマーのように，分子量や揮発性などの点でGCとLCの適用範囲の境界領域の成分からなる試料系を主な対象とする．
		液体（流-液クロマトグラフィー）	

析対象について簡単にまとめて示す．

11.2 分配クロマトグラフィーにおける分離の原理

11.2.1 分配係数

クロマトグラフィーにおける相互作用として，吸着，分配や静電的引力などの作用が利用されているが，本章ではGCとLCの双方に広く使われている分配モードを中心に原理を説明する．**分配クロマトグラフィー**（partition chromatography）用の分離カラムに導入された試料成分は，移動相と固定相間において，**図11.2**に示すように，ある一定の割合で分配し，平衡状態に達する．この分配における平衡定数は**分配係数**（distribution coefficient）Kと呼ばれ，理想的にはこの平衡状態を維持しながら各試料成分は移動相の流れに乗ってカラム下流へと運ばれ，その過程で分離される．この分配係数Kは次式のように定義され，一定の外部条件において移動相および固定相の種類が決まれば，その成分に固有の値となる．

$$K = \frac{C_S}{C_M} = \frac{\text{固定相中の試料成分の濃度}}{\text{移動相中の試料成分の濃度}} \tag{11.1}$$

式(11.1)からわかるように，分配係数が大きい試料成分ほど，固定相に対す

第11章 クロマトグラフィーの基礎

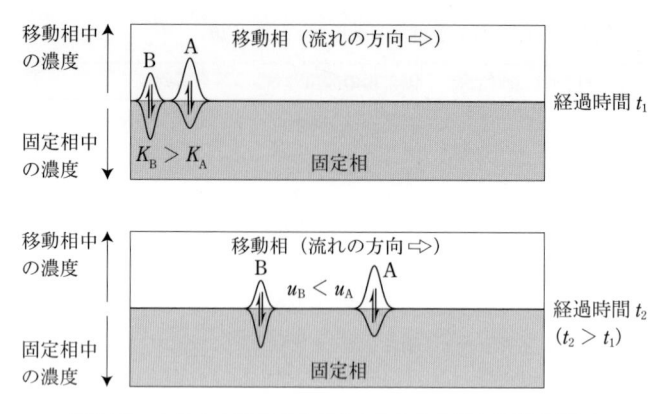

図11.2 カラム内における成分AとBの分配と移動の様子

る親和性が高く，固定相により強く保持されることになる．例えば，図11.2に示した2成分AおよびB（$K_B > K_A$）を比較すると，分配係数を反映して成分Aは移動相側に，また成分Bは固定相側にそれぞれ分布が相対的に偏って分配している．そのため，それらの成分のカラム内での平均線速度uは$u_A > u_B$となる．したがって，この固定相をもつ分離カラム入口にそれらを同時に導入した場合，分配が繰り返されるにつれて，次第に成分Aが先行する形で2成分は分離されることになる．

分配クロマトグラフィーを想定して成分AとBを気-液分離して，**図11.3**に示すクロマトグラムが得られたとしよう．まず，時間t_Mに現れる小さなピークは試料と一緒に導入された空気やメタンであり，それらは一般的な気-液分離用カラムの固定相液体とはまったく相互作用せずに，移動相と同じ速度でカラム出口に到達する．したがって，t_Mは移動相がカラムを通過するのに必要とする時間に相当する．このt_Mに移動相の流量Fを乗じることによって，移動相が通過できる空隙の体積（移動相の体積に相当する），すなわち**死容積**（dead volume）V_Mを知ることができる．次に，時間$t_{R,A}$と$t_{R,B}$をそれぞれ成分AとBの**保持時間**（retention time）t_Rという．それらの値に移動相の流量Fを乗じると，保持時間の間に流れた移動相の体積である**保持容量**（retention volume）V_Rが得られる．

さらに，保持時間と時間t_Mの差分$t_R - t_M$は**調整保持時間**（adjusted retention time）t_R'または空間補正保持時間と呼ばれ，その成分が固定相と相互作用した

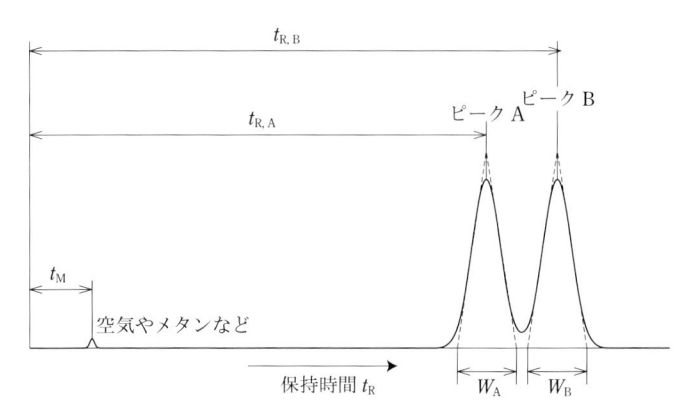

11.2 分配クロマトグラフィーにおける分離の原理

図11.3 成分AとBのクロマトグラムと保持値

真の保持時間を表す．同様に，保持容量と死容積の差力 $V_R - V_M$ は**調整保持容量**（adjusted retention volume）V_R' または空間補正保持容量であり，その試料成分の真の保持容量を表す．

11.2.2 分配係数と保持値との関係

分配係数と保持値がどのような関係にあるかについて考えよう．まず，ある溶質が平均線速度 u でカラム内を移動しているとする．この平均線速度 u は，移動相の平均線速度 u_M と，その溶質の全物質量に対する移動相中の物質量の分率との積に相当し，次式のように表される．

$$u = u_M \times \frac{\text{移動相中の溶質の物質量}}{\text{溶質の全物質量}} = u_M \times \frac{C_M V_M}{C_M V_M + C_S V_S} \quad (11.2)$$

ここで，V_M および V_S はそれぞれ移動相および固定相の体積である[*3]．さらに，式(11.2)の右辺の分子と分母をそれぞれ $C_M V_M$ で割り，次に式(11.1)を代入して K を導入すると，次式が得られる．

$$u = u_M \times \frac{1}{1 + \dfrac{C_S V_S}{C_M V_M}} = u_M \times \frac{1}{1 + K\dfrac{V_S}{V_M}} \quad (11.3)$$

[*3] 移動相の体積は死容積と等しく，ここでは双方を同じ記号（V_M）を使って表記している．

第11章 クロマトグラフィーの基礎

　一方，分配平衡を記述する重要なパラメーターの1つに**保持係数**（retention factor）k がある．この k は溶質の固定相中の物質量と移動相中の物質量の比であり，以下のように定義される．

$$k = \frac{C_S V_S}{C_M V_M} = K \frac{V_S}{V_M} \tag{11.4}$$

式(11.4)からわかるように，同じ分離カラムを使った場合には（すなわち，V_S/V_M が一定であれば），k は分配係数 K に比例し，また，移動相と固定相の体積が等しければ（$V_S = V_M$），K と同じ値になる．この k を使うと式(11.3)は以下のように表される．

$$u = u_M \times \frac{1}{1+k} \tag{11.5}$$

この平均線速度 u でカラム長さ L を除し，次に時間 t_M を導入すれば，この溶質の保持時間 t_R は次のように表される．

$$t_R = \frac{L}{u} = \frac{L}{u_M}(1+k) = t_M(1+k) \tag{11.6}$$

さらに，この保持時間 t_R に移動相の流量 F を乗じた後，移動相体積 V_M を導入すれば，この溶質の保持容量 V は次のように表される．

$$V = t_R F = F \times t_M(1+k) = V_M(1+k) \tag{11.7}$$

式(11.7)に式(11.4)を代入して整理すると，最終的に次式が得られる．

$$V = V_M\left(1 + K\frac{V_S}{V_M}\right) = V_M + KV_S$$
$$V - V_M = V' = KV_S \tag{11.8}$$

式(11.8)は，固定相の体積が一定であれば，真の保持値（調整保持時間と調整保持容量）は分配係数と比例関係にあることを示している．したがって，同じ装置構成を使用し，同一の実験条件下でクロマトグラフィー測定を行えば，分析物の保持値はその成分に固有の値を示すことになる．そのため，クロマトグラフィー分析では一般に保持値に基づいて試料成分の定性がなされる．

　なお，式(11.6)を整理すると，保持係数 k は次式のように表される．

$$k = \frac{t_R - t_M}{t_M} \tag{11.9}$$

したがって，kの値はクロマトグラムデータから実験的に求められ，試料成分を定性したり，その分配平衡を記述したりする際に活用することができる．

11.3 理論段数・理論段高さ

カラムの分離効率（ピークの鋭さ）を評価する指標として**理論段数**（theoretical plate number）Nが広く用いられている．この名称は，「互いに等しい距離の微小な領域（段）の繋がりによって分離カラムが構成されており，それぞれの微小領域で順次試料成分の分配が起こっている」と仮定する段理論の考え方に由来している．この微小領域1個が有する分離能力が1理論段に相当し，大きい理論段数をもつ分離カラムほど，その分離効率は高くなる．この理論段数は実験的に求めることができ，例えば図11.3に示したクロマトグラム上の成分Aのピークについては，その保持時間$t_{R,A}$とベースラインにおけるピーク幅[*4]W_Aから次式のように理論段数Nを計算できる．

$$N = 16\left(\frac{t_{R,A}}{W_A}\right)^2 \tag{11.10}$$

また，Nの値は半値幅（1/2のピーク高さにおけるピーク幅）$W_{\frac{1}{2}}$を用いて次式からも求めることができる．

$$N = 5.545\left(\frac{t_R}{W_{\frac{1}{2}}}\right)^2 \tag{11.11}$$

一方で，カラム長さLが異なる分離カラムの性能を比較するときには，次式に示す**理論段高さ**（height equivalent to a theoretical plate，HETP）が指標として一般に用いられる．

$$\text{HETP} = \frac{L}{N} \tag{11.12}$$

式(11.12)に示すようにHETPは1理論段あたりに必要なカラム長さに相当し，この値が小さいほどカラム効率は増大する．

[*4] ピーク両側の変曲点で引いた接線がベースラインから切り取る線分の長さ．

11.4　van Deemter式

試料成分がカラム内を移動する際に，種々の要因からその成分の拡散が起こり，この現象はクロマトグラム上においてピーク幅の拡がりとして現れる．この拡がりの要因に関して多くの理論的研究が行われてきた中で，van Deemterらは速度論的な考察をもとにして，理論段高さHETPに関与する因子を示す以下の式を導出した．

$$\text{HETP} = A + \frac{B}{u_M} + C u_M \tag{11.13}$$

式(11.13)は**van Deemter式**と呼ばれ，u_Mは移動相の線速度を，また，A，BおよびCはそれぞれピーク拡がりの因子に由来する定数項を表す．式(11.13)からわかるように，第1項のAはu_Mに依存しないのに対して，第2項のBはu_Mと反比例，また第3項のCはu_Mと比例の関係にある．

図11.4に，これらのピーク拡がりの因子を模式的に表す．まず，A項は**多流路拡散**（渦拡散とも呼ばれる）の寄与に関する項である．これは充填カラムに特有の因子であり，カラム内に詰められた充填剤の空隙を試料成分が移動する

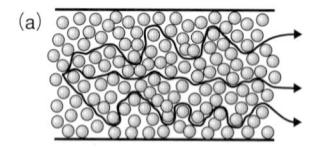

(a) 充填剤の空隙を試料成分が移動する際に，流路長が異なるためにピーク拡がりが生じる．

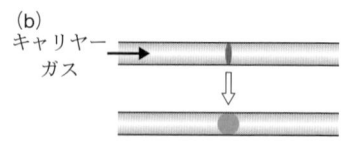

(b) 試料成分が長さ方向（流路方向）の前後に分子拡散することによってピーク拡がりが生じる．

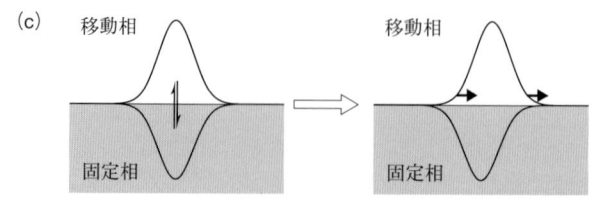

(c) 分配平衡が成立する前に移動相中の成分が移動することによって，ピーク拡がりが生じる．

図11.4　ピーク拡がりの因子の模式図
(a)多流路拡散，(b)分子拡散，(c)物質移動に対する抵抗．

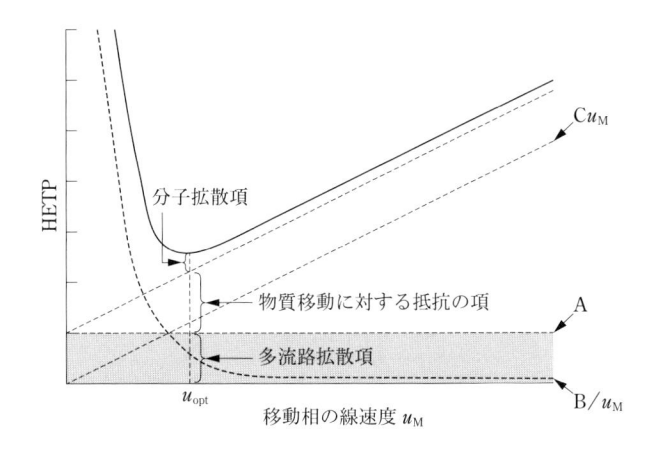

図11.5　移動相の線速度u_MとHETPとの関係
［赤岩英夫，柘植新，角田欣一，原口紘炁，分析化学，丸善(1991)，図8.65を参考に作成］

際に，同じ成分であっても流路長が異なるために生じる拡がりである．次に，B項は**分子拡散**の寄与に関するものであり，カラム内の移動相中において試料成分が長さ方向（流路方向）の前後に分子拡散することに起因して生じるものである．最後に，C項は移動相および固定相での**物質移動に対する抵抗**に関する項であり，分配平衡が瞬時に達成されないことから，試料成分の移動に乱れが生じることに起因してこの拡がりは生じる．

　線速度u_MとHETPの関係は**図11.5**のように表され，このグラフはvan Deemterプロットとも呼ばれる．式(11.13)を線流速u_Mについて微分すれば，最少のHETPを与えるu_{opt}は$(B/C)^{1/2}$であることが予想される．一方で，さまざまな線速度u_Mのもとで任意の試料を測定してHETPの値を実測し，この結果からvan Deemterプロットを作成することによっても，その実験系に最適なu_Mを決定することが可能である．

11.5　分離度

　隣り合うピーク同士がどの程度相互分離されているかを評価する目安として，**分離係数**（separation factor）αが使われる．このαは隣接するピークの保持係数kの比であり，図11.3に示したAとBの2本のピークを例にとれば，そ

れらの保持時間の値からαは以下のように表される.

$$\alpha = \frac{k_B}{k_A} = \frac{t_{R,B} - t_M}{t_{R,A} - t_M} \tag{11.14}$$

一方, ピーク幅Wも加味しながら分離の程度を評価する際には, 次式に示す**分離度**（resolution）Rがその指標として使われる.

$$R = \frac{2(t_{R,B} - t_{R,A})}{W_A + W_B} \tag{11.15}$$

式(11.15)に示すように, 両ピークの保持時間の差が同じである場合, ピーク幅が小さくなるほど分離度は大きくなる. さらに, 成分AとBのピーク幅が等しく（$W_A = W_B$）, かつ両成分の理論段数Nが同一であるとすると, 式(11.15)はN, 分離係数αと遅れて溶出する成分の保持係数k_Bを使って次のように表される.

$$R = \frac{N^{\frac{1}{2}}}{4} \cdot \frac{\alpha - 1}{\alpha} \cdot \frac{k_B}{1 + k_B} \tag{11.16}$$

したがって, 分離度を大きくするには, 理論段数N, 分離係数αと保持係数kを大きくすればよい. ガウス分布のピークを想定した場合, このRの値が1.5以上になれば2本のピークをほぼ完全分離することができる.

参考文献

1) R. J. Gritter, A. E. Schwarting, J. M. Bobbitt（著）, 原昭二（訳）, 入門クロマトグラフィー 第2版, 東京化学同人(1988)
2) 高木誠(編著), ベーシック分析化学, 化学同人(2006), pp.98-115.
3) G. D. Christian（著）, 原口紘炁（監訳）, 原書6版 クリスチャン分析化学Ⅱ 機器分析編, 丸善(2005), pp.219-333.
4) 蟻川芳子, 小熊幸一, 角田欣一（編）, ベーシックマスター分析化学, オーム社(2013), pp.260-273.
5) 小熊幸一, 酒井忠雄（編著）, 基礎分析化学, 朝倉書店(2015), pp.84-118.

第12章　ガスクロマトグラフィー

　1950年代に登場した**ガスクロマトグラフィー**（gas chromatography, **GC**）は，その後，分離カラムや検出器などの構成要素や各種周辺機器の進歩に伴って著しい高性能化が進められ，今日に至るまで，**液体クロマトグラフィー**（liquid chromatography, **LC**）と双璧をなすクロマトグラフィー手法として諸化学の分野において広く利用されてきた．GCは固定相として固体あるいは液体のいずれを使用するかによって，それぞれ**気–固クロマトグラフィー**（gas-solid chromatography, **GSC**）および**気–液クロマトグラフィー**（gas-liquid chromatography, **GLC**）に大別される．本章では，一般に利用頻度の高いGLCを中心に，その特徴，装置構成，および実際の操作を説明する．

12.1　ガスクロマトグラフィーの特徴

　GCは，LCなどの他の流体を移動相とする方法と比べて以下の特長をもつ．
1) **高分解能**：極めて高いカラム効率が比較的容易に得られ，高分解能測定が可能である．
2) **高感度，高選択性**：試料と検出器の組み合わせによっては，フェムトグラム（10^{-15} g）単位のごく微量の成分を高感度に検出できる．さらに，特定の物質群に対して高い選択性をもつ多様な検出器を使用できる．
3) **迅速性**：移動相と固定相間の分配平衡が迅速に達成されることから，比較的短時間で測定が行える．

　一方で，GCにおける大きな制約として，その試料対象が気体そのもの，あるいはカラムの使用温度下で少なくとも数百Pa以上の蒸気圧をもつ化合物に限定されることが挙げられる．しかし，上述した利点も相まって，GCはLCと分析対象の点で相補的な位置づけを維持しつつ，主に無機ガスや揮発性有機化合物の複雑な混合系の迅速な分離分析に威力を発揮する手法として広く活用されてきた．

第12章 ガスクロマトグラフィー

　GCの移動相としては通常，ヘリウムや窒素などの不活性気体が使われる．一般に，GCでは試料成分と移動相間の相互作用がない場合が多く，それゆえ，移動相は単に**キャリヤーガス**（carrier gas）としばしば称される．一方，固定相に注目すると，GSCでは珪藻土（けいそうど）などの固体，またGLCではシリコーン系ポリマーなどの液体が使用される．試料−固定相間の相互作用として，前者のGSCでは試料成分の吸着平衡，また後者のGLCでは気−液分配平衡に基づいて分離が達成される．

12.2　ガスクロマトグラフィーの装置構成

12.2.1　ガスクロマトグラフシステムの構成

　図12.1にガスクロマトグラフシステムの構成を示す．まず，高圧ガスボンベから減圧弁を介して通気されるヘリウムや窒素などの不活性気体の移動相（キャリヤーガス）が装置本体内で流量制御された後，試料注入部を経て，恒温槽に搭載された分離カラム内へと流される．一般に，試料は**マイクロシリンジ**を用いて，**セプタム**（隔膜）と呼ばれるシリコーンゴムを通して試料気化室に導入され，液体試料の場合はそこでただちに溶質や溶媒の気化が起きる．次に，試料成分はキャリヤーガスの流れに乗って分離カラムへと送られ，そこを

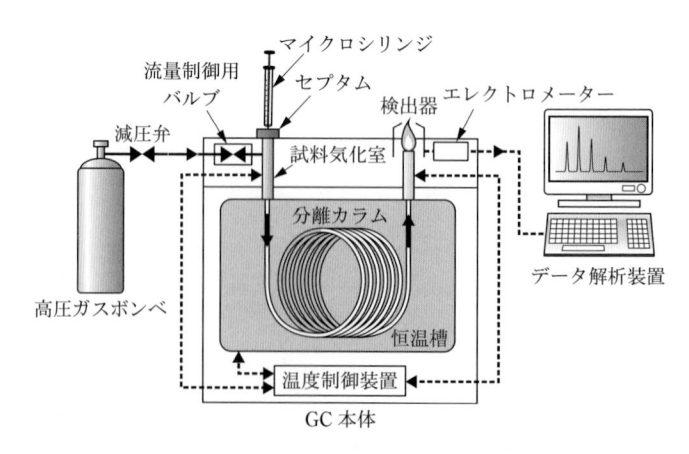

図12.1　ガスクロマトグラフシステムの構成
実線は物質の流れ，点線は情報の流れ．

12.2 ガスクロマトグラフィーの装置構成

移動する際に相互分離された後，カラム出口に設置された検出器にてその物質量や濃度に応じた電気信号に変換される．この電気信号がエレクトロメーターにより増幅された後，データ解析用コンピュータにおいて最終的に**ガスクロマトグラム**として記録される．なお，試料注入部，恒温槽および検出器については，それぞれ試料の気化，カラム温度の精密調整および分離した成分の凝縮の回避などを達成するために，温度制御を独立して行うことができる．これらの装置構成の中から，12.1節で述べたGCの特長のうち，1)高分解能と2)高感度，高選択性にそれぞれ密接に関連する分離カラムおよび検出器について以下に説明する．

12.2.2 分離カラム

GCの心臓部ともいえる分離カラムは，その形状により**充填カラム**（packed column）と**中空キャピラリーカラム**（open tubular capillary column）の2種に分類される．**図12.2**にそれらの断面図を示す．前者の充填カラムでは一般に，内径が3〜4 mmのステンレス鋼やガラスの中空管に，シリコーン系ポリマーやスクワランなどの固定相液体を含浸または塗布した担体を充填したものが使用される．一方で，中空カラムでは，内径0.1〜1 mmの中空キャピラリーの内壁に，固定相液体を化学結合により固定化させたものが主に用いられる．**表

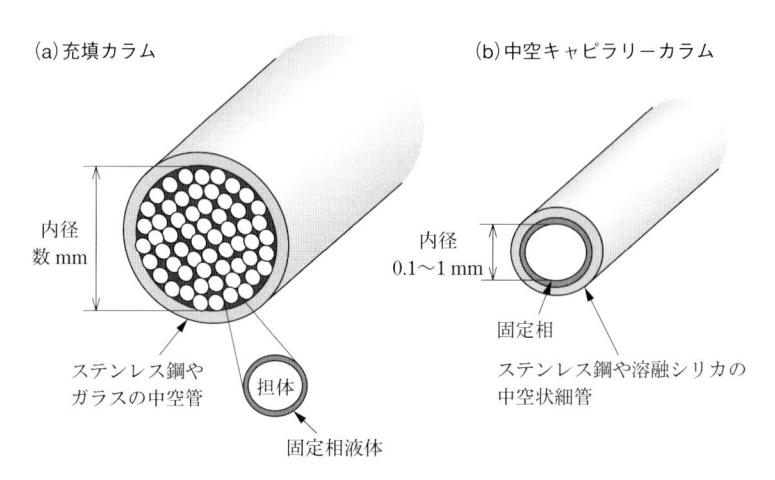

図12.2 充填カラムと中空キャピラリーカラムの断面図

第12章 ガスクロマトグラフィー

表12.1 充填カラムと中空キャピラリーカラムの一般的なサイズと諸特性

カラムの種類	内径 (mm)	長さ (m)	固定相の膜厚 (μm)	カラム流量 (mL min^{-1})	試料負荷量 (ng)	理論段数
充填カラム	3～4	2～3	—	20～50	約5,000	数千
中空キャピラリーカラム*	0.1～0.3 (0.5～1.0)	10～60	0.1～1.2 (0.5～5.0)	1～2 (5～10)	10～500 (500～3,000)	数万～数十万 (1万～数万)

* 括弧内には内径が0.5 mmを超える大口径（ワイドボア）カラムのサイズを記した．このカラムでは，中空キャピラリーカラムにおける内壁の不活性さと充填カラムの大容量の双方を活かした分離が行える．

12.1にそれらの分離カラムのサイズや特性を比較して示す．

中空キャピラリーカラムでは，以下のような理由から，充填カラムと比較して分解能が飛躍的に高められている．

1) 流路が単一であるため，van Deemter式における多流路拡散項（A項）を無視することができ，その分，理論段高さを小さくできる．

2) その優れた通気性を活かして，カラムをより長くできることから，試料成分の分配が行われる仮想的な回数，すなわち理論段数 N を増やすことができる．

3) van Deemter式における物質移動に対する抵抗の項（C項）は，カラム内径および固定相液体の膜厚の2乗に比例する[*1]．そのため，内径や固定相膜厚を小さく設計できる中空キャピラリーカラムでは，それらの項の値を低減し，ひいては理論段高さを小さくすることができる[*2]．

こうして達成される優れた分解能のため，有機化合物の混合試料のGC測定では，中空キャピラリーカラムが標準的に使用されている．

中空キャピラリーカラム用の管の材質としては，現在，

1) 機械的強度や加水分解耐性を増強するためにポリイミド樹脂で外側を被覆した**溶融シリカ**（fused silica）

[*1] 気相および液相での物質移動の項（C_G および C_L）は次式のように表される．

$$C_G = \frac{1 + 6k + 11k^2}{24(1+k)^2} \cdot \frac{r^2}{D_G}, \quad C_L = \frac{2k}{3(1+k)^2} \cdot \frac{d_f^2}{D_L}$$

ここで，D_G および D_L はそれぞれ気相および液相中での溶質の拡散係数，k は保持係数，また，r および d_f はそれぞれカラムの内径および固定相液体の膜厚．

2) 内壁を高度に不活性処理したステンレス鋼

の2種が主流である．両者とも，内壁の吸着活性が極めて低いうえに扱いやすいという利点をもつが，後者のステンレス鋼製のものは，それらの特長に加えて400 °C超の温度下でも使用できる耐熱性と優れた機械的強度を併せ持つカラム素材として普及しつつある．また，キャピラリーカラム用の固定相液体として，その優れた熱安定を活かして**ポリジメチルシロキサン**やそのメチル基の一部をフェニル基に置換したシリコーン系ポリマーが最もよく使われている．特に，上述したように内壁が化学的に著しく不活性なキャピラリーカラム素材では，これらの固定相液体を用いて，アミン類などの強極性化合物も含め，広範な試料系の分析が可能である．しかし，より強極性の物質群の保持を強め，それらの分離を向上したい場合には，主鎖中にシアノプロピル基を導入したシリコーン系ポリマーや，ポリエチレングリコールなどのより極性を強めた固定相の利用かしばしば有効である．

12.2.3 検出器

GCの特徴として，高感度であるだけでなく，広範囲にわたる試料成分の検出に適した汎用性と，特定の物質群に対する高い選択性といった一見矛盾した特性を満たした，多彩な検出器を使用できることが挙げられる．まず，汎用的な検出器としては，今日，**水素炎イオン化検出器**（flame ionization detector, **FID**）と**熱伝導度検出器**（thermal conductivity detector, **TCD**）の2種が双璧をなすかたちで最もよく用いられている．FIDは，ほとんどすべての炭化水素化合物に対して高い感度を示すことから，別名，炭素検出器とも呼ばれる．**図12.3**にFIDの構成を示す．この検出器では，まず，分離カラムの出口から流出するキャリヤーガスに水素と空気をある一定割合で混合して，ジェットノズル先端に水素炎を形成させる．この水素炎にカラムからの溶出物が到達すると，

[*2] 内径および固定相膜厚の小さい中空キャピラリーカラムの使用により分解能は向上するが，その一方でカラム内に導入できる試料量（試料負荷量）は少なくなる．そのため，実際のGC測定では，所望する検出感度や分解能を考慮して，その目的に適した分解能をもつカラムの選択がなされる．

[*3] イオン種として，まず試料由来のCHO$^+$が生成し，ついで，それが水と反応してH$_3$O$^+$が形成される．

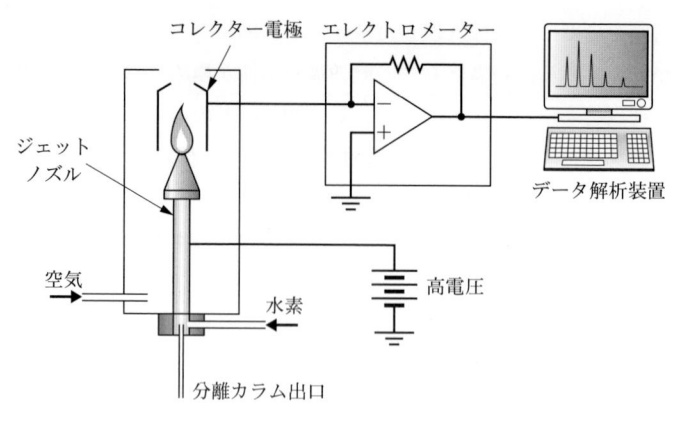

第12章 ガスクロマトグラフィー

図12.3 水素炎イオン化検出器の構成

　試料成分はそこで燃焼し，ごく微量のイオン[*3]が生じる．このイオンをコレクター電極で捕獲して生じる電流をエレクトロメーターで増幅し，最終的にクロマトグラムとして記録する．この検出器は，試料成分に含まれる炭素原子の数にほぼ比例した応答を示す特徴をもち，利点としてppbレベルの低濃度の有機物試料を高感度に検出できることや，検量線のダイナミックレンジが10^7と比較的広いことが挙げられる．

　その一方で，カルボニル炭素しか含まないギ酸やホルムアルデヒドに対して，FIDは極めて低い感度しか示さず，さらに，水や無機ガスについてはまったく応答しない．こうした試料をGC測定する際には，TCDが相補的に用いられている．この検出器では，高い熱伝導度をもつヘリウムや水素がキャリヤーガスとして用いられ，それらのガスと試料間の熱伝導度の違いに基づいて試料成分の検出がなされる．この検出器の感度やダイナミックレンジの広さはFIDと比べてかなり劣るものの，原理上，キャリヤーガスと熱伝導度の異なるすべての気体試料に応答を示すことから，特に無機ガス分析用の検出器として利用されている．

　上述した汎用型の検出器に加えて，特定の化合物群に対して特異的な応答を示す，さまざまな選択的検出器も用いられている．それらの主要な検出器の対象物質と原理を**表12.2**に簡単にまとめて示す．さらに，質量分析法（mass spectrometry, MS）などの各種の分光学的手法との連結技法（**ハイフネーテッ**

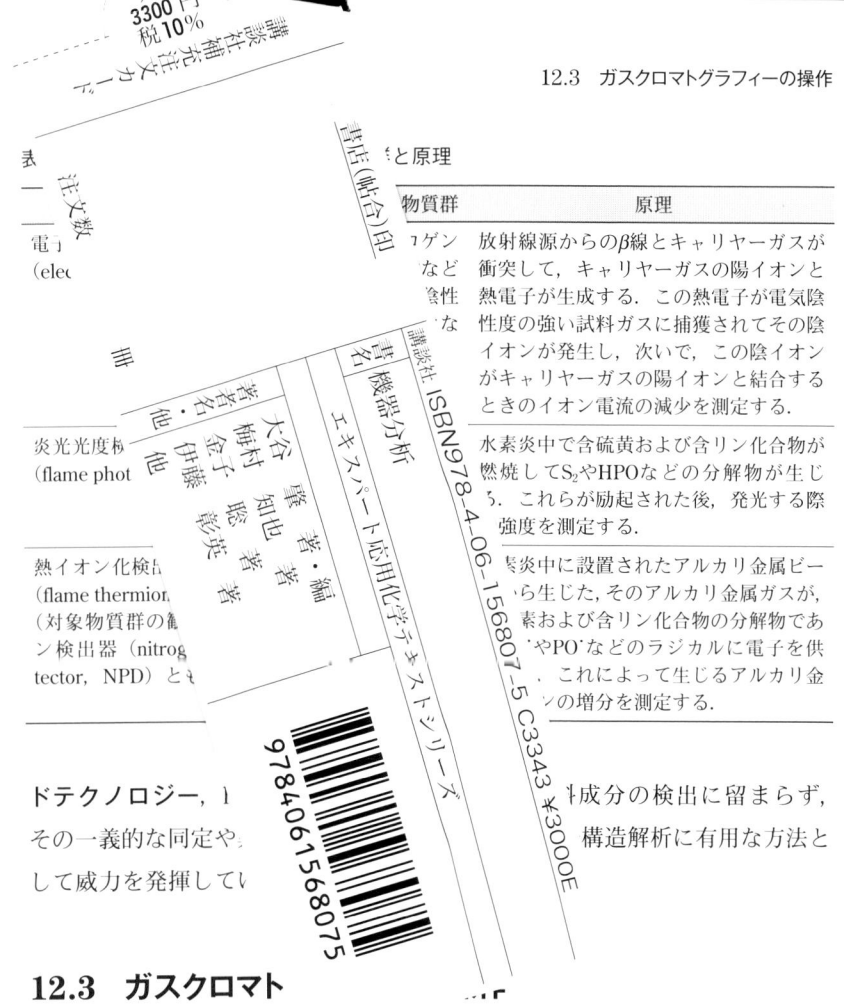

12.3 ガスクロマトグラフィーの操作

12.3.1 昇温測定

　カラム温度は分離物の蒸気圧を左右し，ひいては，その物質の分配係数に影響するため，その温度設定によってピークの保持値は大きく変化する．そこで，広い沸点範囲をもつ混合系を測定する場合，分離に伴いカラム温度を徐々に上昇させる**昇温操作**（temperature programming）を行う．これによって，各成分の分配係数を刻々と変化させることができ，その結果，比較的短い測定時間で高効率な分離を達成できる．例として，**図12.4**にアルカンの混合試料を恒温測定および昇温測定して得られたクロマトグラムを示す．より低温（100 ℃）での恒温測定では，高沸点成分の分配係数が比較的大きくなるため，それらの溶出時間は指数関数的な間隔で遅くなり，形状も幅広となっている．また，よ

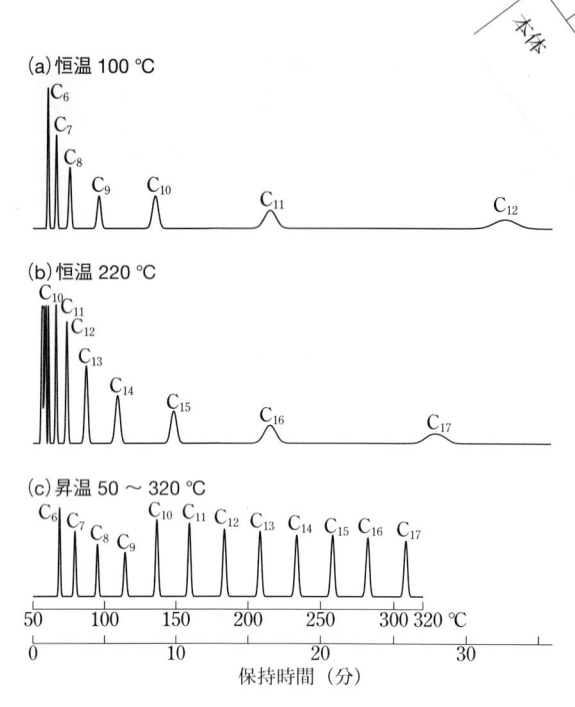

第12章　ガスクロマトグラフィー

(a) 恒温 100 ℃

(b) 恒温 220 ℃

(c) 昇温 50〜320 ℃

保持時間（分）

図12.4　恒温および昇温ガスクロマトグラフィーの比較
試料：直鎖アルカン同族体（C_n：nは炭素数）．
[小島次雄，大井尚文，森下富士夫，ガスクロマトグラフ法，共立出版(1985)，図3.12より]

り高温（220 ℃）での恒温測定では，低沸点成分の分配係数が相対的に小さくなるので，それらはかなり早い時間に重なり合って溶出している．これに対して，昇温測定（50〜320 ℃）では，一連の鋭いピークがほぼ等間隔で観測されるクロマトグラムが比較的短時間で得られている．

12.3.2　定性分析

11.2.2項で説明したように，同じ装置構成を使用し，同一の実験条件においてGC測定を行えば，分析物の保持値はその物質に固有の値を示す．そのため，GC分析では一般に保持値に基づいて化合物の定性がなされる．例えば，ある試料成分の保持値が，同一のGC条件下で既知化合物を測定して得られた値と一致すれば，両成分は同じ物質である可能性が高い．もちろん，他の化合物が偶然同じ保持値に溶出する可能性も十分あるが，その場合には，固定相の種類

が異なるカラムを用いて同様の検討を行うことにより，より確実な定性を行える．

また，同族列[*4]における保持値と炭素数間の規則性を利用して，予想される物質の標準試料がない場合でも定性を行うことができる．恒温条件下で同族列をGC測定し，得られた保持値の対数を，対応する炭素数に対してプロットすると良好な直線関係が得られることが多い．さらに，その直線の傾きも同族列の種類に依存して変化するため，こうした規則性を定性に応用できる．一例として，**図12.5**にアルカン類の標準物質と炭素数が未知であるその同族体Uからなる混合試料を恒温測定して得られたクロマトグラムと，標準物質における調整保持時間の対数値を炭素数に対してプロットしたグラフを示す．このグラフ中に未知のアルカンUの保持値をあてはめることにより，その成分に含まれる炭素数は7個であると推定できる．

上述した方法において，定性の元となる保持値として，調整保持時間に加えて，2つの物質の調整保持時間の比である保持比などが使用されているが，前者については，実験条件によって値が変動してしまうこと，また後者では1種類の標準物質に基づく値であるため，必ずしもその精度が高くはないことが問題点として挙げられる．これに対して，コヴァッツの**保持指標**（retention in-

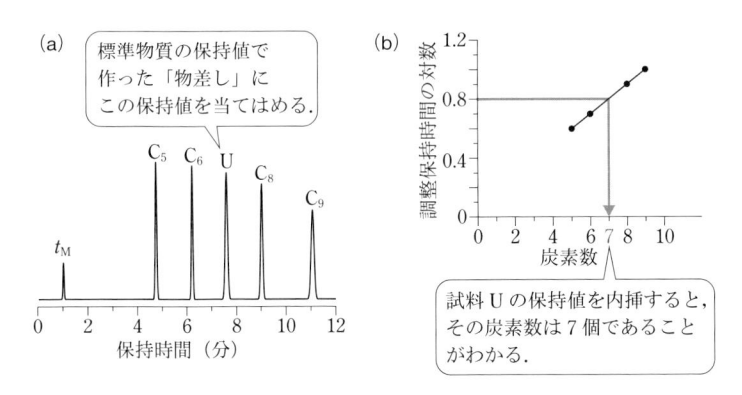

図12.5　同族列における保持値と炭素数間の規則性を利用した定性分析の例
(a)アルカン標準物質と未知のアルカン（U）の混合試料のクロマトグラム，(b)アルカンの炭素数と調整保持時間の対数との関係．

[*4] 分子式におけるCH_2の数だけが違う一群の有機化合物の系列のこと．

dex）の概念を導入すれば，それらの問題を回避して，より一層高い信頼性で定性を行うことができる．この保持指標とは，恒温測定における直鎖アルカン類の保持値を物差しとして使用し，同じ実験条件下で得られた試料成分の保持値を相対化して表す考え方である．具体的には，この保持指標Iは次式のように定義される．

$$I = 100 \cdot \frac{\log t'_{R,X} - \log t'_{R,N}}{\log t'_{R,N+1} - \log t'_{R,N}} + 100\,N \tag{12.1}$$

ここで，$t'_{R,X}$は保持指標を求めたい対象物質の調整保持時間，また$t'_{R,N}$および$t'_{R,N+1}$はそれぞれ炭素数Nおよび$N+1$の直鎖アルカンの調整保持時間である（ただし，$t'_{R,N} < t'_{R,X} < t'_{R,N+1}$）．この指標を利用することにより，GC条件にあまり影響を受けることなく，高い精度で保持値を算出し，定性に使用することができる．一方で，昇温測定を行った場合には，同族列はほぼ等間隔で溶出するため（図12.4），次式を使って保持指標Iが求められる．

$$I = 100 \cdot \frac{t'_{R,X} - t'_{R,N}}{t'_{R,N+1} - t'_{R,N}} + 100\,N \tag{12.2}$$

12.3.3　定量分析

　GCでは，一般に，積分計などのデータ処理装置を使って算出した，ピーク面積をもとにして定量分析が行われる．具体的な定量法としては，検量線法，内標準法や標準添加法などの，化学分析において汎用される解析方法が用いられている（5章参照）．

　また，試料を構成する全成分がクロマトグラム上のピークとして定量的に観測される場合，それらの面積比から各成分の絶対量や濃度の百分率を求めることができる．この場合，検出器に対する相対感度を成分ごとに実験的に算出し，得られた値によって面積データを補正する必要がある．一方で，検出器にFIDを使用する際には，さまざまな化合物の相対モル感度を簡単な計算によって算出する経験則が知られており[*5]，これによりピーク面積のデータから試料の構成成分の組成を容易に求めることが可能である．

[*5] **有効炭素数**（effective carbon number）の概念として知られている．

Coffee Break

難揮発性化合物や高分子化合物のGC測定

本章で述べたように，GCでは，その試料対象が気体そのもの，あるいはカラムの使用温度下で少なくとも数百Pa以上の蒸気圧をもつ化合物に限定されるといった制限がある．そのため，極性の大きな難揮発性化合物，あるいは高分子化合物などは，そのままではGCの分析対象とすることができない．しかし，この限界は，誘導体化や熱分解などの試料前処理法を併用することによって拡張され得る．例えば，極性の大きな化合物については，GC測定に先だって，試料成分のメチル化やトリメチルシリル化処理を行い，その極性を弱める方策がよく用いられる．その結果，測定対象の揮発性が高まることから，試料によってはGCによる分析が可能になる．

また，高分子化合物については，600℃前後の高温下で高分子試料を瞬間的に熱分解する「熱分解装置」と，GC本体をオンラインで直結した「熱分解ガスクロマトグラフィー（熱分解GC）」の手法がその精密分析法として広く利用されている．この方法では，不溶性試料を含むあらゆる形態の試料を，通常，何の前処理操作も必要とせずに0.001～0.01 mgというごく微量用いるだけで，その同定，組成分析や分子構造解析を行うことができる．そのため，熱分解GCは，高分子および天然有機物の実用分析法として，それらの試料の構造キャラクタリゼーションの分野で近年かなり大きな比重を占めるようになってきている．

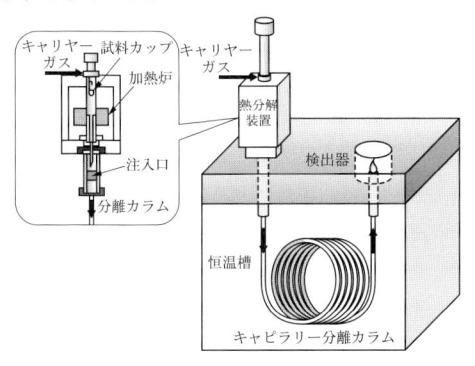

図　一般的な熱分解GCの装置図

参考文献

1) 日本分析化学会ガスクロマトグラフィー研究懇談会(編),キャピラリーガスクロマトグラフィー,朝倉書店(1997)
2) 保母敏行,古野正浩(監修),日本分析化学会ガスクロマトグラフィー研究懇談会(編),ガスクロ自由自在 Q&A 準備・試料導入編,丸善(2007)
3) 保母敏行,古野正浩(監修),日本分析化学会ガスクロマトグラフィー研究懇談会(編),ガスクロ自由自在 Q&A 分離・検出編,丸善(2009)
4) 代島茂樹,保母敏行,前田恒昭(監修),日本分析化学会ガスクロマトグラフィー研究懇談会(編),役にたつガスクロ分析,医学評論社(2010)
5) 日本分析化学会(編),内山一美,小森亨一(著),ガスクロマトグラフィー,共立出版(2012)

❖演習問題

12.1 158ページの式(11.15)から式(11.16)を導出せよ.

12.2 中空キャピラリーカラムが充填カラムに比べて,分解能が桁違いによい理由を説明せよ.

12.3 長さが30.0 mの中空キャピラリーカラムを用いて,ステアリン酸メチルを測定したところ,観測されたピークの保持時間は26.50分,またピーク幅は0.300分であった.以下の1.~4.を計算により求めよ.ただし,このカラムに保持されない化学種の溶出時間(t_M)は1.20分とする.

 1. ステアリン酸メチルの調整保持時間 t_R'
 2. ステアリン酸メチルの保持係数 k
 3. このカラムの理論段数 N
 4. このカラムの理論段高さ HETP

12.4 ある条件下で,炭素数が10,11,12である脂肪酸メチル標準物質を恒温GC測定したところ,それらの調整保持時間はそれぞれ12.5分,14.6分,17.6分であった.炭素数13の同族体における調整保持時間を予測せよ.

第13章　液体クロマトグラフィー

クロマトグラフィーの理論が体系化されつつあった1960年代の中頃，化学者ギディングス（J. C. Giddings）は「ガスクロマトグラフィー（GC）と液体クロマトグラフィー（LC）の分離能に関する理論的限界の比較」と題する論文の中で，LCの可能性について言及した．その当時までの一般的なLCでは，大きな粒子をカラムに詰め，自然落下により移動相を流していたが，ギディングスは，小さな粒子を使用し，圧力をかけて移動相を流すことができれば，LCの性能を飛躍的に改善できると予測した．そして化学者ホーヴァス（C. Hurvath）らによって最初の高圧液体クロマトグラフが構築されると，その優れた性能が実験的にも証明されることとなった．当初のポンプの能力は数MPa程度であったが，1970年代に入ると10 MPaを超える圧力で送液可能な高性能ポンプが完成した．また，時を同じくして化学者カークランド（J. J. Kirkland）によって表面多孔性の充填剤や化学結合型固定相が開発され，LCはGCと肩を並べる高性能な分離分析法へと進化した．なお，移動相をポンプなどで加圧してカラムに送液することにより，短時間で高性能な分離を行えるようにしたLCを**高速液体クロマトグラフィー**（high performance liquid chromatography, **HPLC**）という．LCといえば通常はこのHPLCのことを指す場合が多い．

　LCは，GCでは測定が困難な不揮発性の化合物や熱的に不安定な化合物の測定にも適用できる．また，使用する固定相と移動相の組み合わせによって，実に多彩な分離選択性を創出でき，本質的に溶液にできる試料のすべてが分析対象となる．そのため，分析対象となる物質は多岐にわたっており，無機イオンの分離や高分子化合物の分離，また天然物の分離など，実にさまざまな分野で利用されている．

13.1　液体クロマトグラフィーの分類

　液体クロマトグラフィーはさまざまな基準に基づいて分類される．**表13.1**

第13章 液体クロマトグラフィー

表13.1 液体クロマトグラフィーの分類

分類基準	クロマトグラフィー
固定相支持体の形状	カラムクロマトグラフィー（column chromatography） 平面クロマトグラフィー（planer chromatography） 　薄層クロマトグラフィー（thin-layer chromatography, TLC） 　ペーパークロマトグラフィー（paper chromatography）
分離機構	分配クロマトグラフィー（partition chromatography） 吸着クロマトグラフィー（adsorption chromatography） イオン交換クロマトグラフィー（ion-exchange chromatography） サイズ排除クロマトグラフィー（size exclusion chromatography）

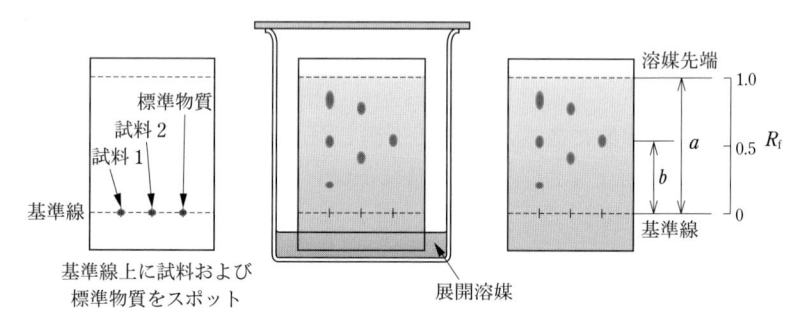

図13.1 平面クロマトグラフィーの概念図

に代表的な分類を示す.

　LCでは，固定相支持体の形状によってカラムクロマトグラフィーと平面クロマトグラフィーに分類される．充填剤を詰めた円筒状の管や管壁に固定相を担持させたキャピラリー管をカラムという．このカラム内で分離を行うクロマトグラフィーが**カラムクロマトグラフィー**である．GCはすべてカラムクロマトグラフィーといえる．一方，LCでは，ガラスなどの平板上に微粒子を薄く塗布した薄層状のプレート（薄層板）を用いて分離を行うことがある．これを**薄層クロマトグラフィー**という．また，薄層板の代わりにろ紙を用いるクロマトグラフィーを**ペーパークロマトグラフィー**という．これらは分離場の形状がシート状であることから**平面クロマトグラフィー**と呼ばれている．

　図13.1に平面クロマトグラフィーの概念図を示す．プレートの下端から一定の距離のところに試料溶液を小さなスポットとして付け，このプレートの下端を展開槽中の溶媒に浸すと，溶媒は毛細管現象を利用して上昇しはじめ分離

がなされる．平面クロマトグラフィーでは，次式のように移動距離の比によって成分の違いを判定する．

$$R_\mathrm{f} = \frac{\text{基準線から移動したスポットの中心までの距離}}{\text{基準線から溶媒先端までの距離}} = \frac{b}{a} \qquad (13.1)$$

平面クロマトグラフィーの魅力は，薄層プレート1枚で同時に複数の試料の分析ができることである．また，1種類の展開条件では分離が不十分な場合，異なった溶媒を用いて直角方向に展開操作を行う2次元展開を簡便に行えることも利点として挙げられる．2次元展開では，四角い薄層プレートのコーナーの1点に試料をスポットし，第1の展開溶媒で展開，乾燥後，第2の展開溶媒で直角方向に展開する．

クロマトグラフィーによる分離では，さまざまな化学的あるいは物理的な相互作用が利用されており，分離機構に基づく分類も系統立てて行われている．LCにおける分離機構は，**分配**，**吸着**，**イオン交換**，**サイズ排除**（細孔への浸透）の4つに大別される．なお，実際の分離ではこれらが複合的に作用していることが多く，また，これら以外の特異的な相互作用を利用することもある．分離機構のさらに細かい分類と名称に関しては，次節の分離モードで詳しく取り上げる．

13.2 高速液体クロマトグラフィー（HPLC）の分離モード

HPLCは，本質的に溶液化できる試料のすべてが分析対象となる．多様な分析ニーズに応えるために，これまでにさまざまな分離モードが考案され実用されてきた．ただし，種々の分離モードを利用できるのは利点であるが，分析対象や分析目的に応じて適切な分離モードを選択しなくてはならないともいえる．**表13.2**に主な分離モードとその特徴をまとめる．

ツヴェットが行った植物色素の分離は**順相クロマトグラフィー**（NPLC）に分類される．**逆相クロマトグラフィー**（RPLC）は順相に対する逆という意味であるが，現在，最も汎用されている分離モードである．逆相と順相は，固定相と移動相の極性の違いで定義されており，固定相の方が移動相よりも相対的に極性が高い分離系を**順相**（normal phase）と呼び，固定相の方が相対的に極性が低い分離系を**逆相**（reversed phase）と呼ぶ．一般的に逆相モードの分離は疎水性相互作用に基づく分離と考えてよい．

表13.2 HPLCで用いられる分離モード

種類	特徴
順相クロマトグラフィー (normal phase liquid chromatography, NPLC)	シリカゲルやアルミナなどの高極性固定相とヘキサンなどの低極性有機溶媒を移動相として使用する．極性の高い成分ほど固定相への保持が強く，逆相では分離が困難な糖類の分析に適する．また，一般に水を含まない移動相を用いるため，水に難溶の脂溶性ビタミンの分離や加水分解されやすい酸無水物の分離に用いられる．
逆相クロマトグラフィー (reversed phase liquid chromatography, RPLC)	長鎖のアルキル基など低極性の分子をシリカゲルに化学的に結合させたものを固定相として用い，水，メタノール，アセトニトリルなどの極性の高い親水性溶媒を移動相として使用する．疎水性の大きな成分ほど固定相への保持が強い．
親水性相互作用クロマトグラフィー (hydrophilic interaction chromatography, HILIC)	NPLCの一種である．HILICモードは水系溶媒（アセトニトリルなどの親水性有機溶媒と水との混合溶液）を移動相に用いて高極性化合物を保持・分離する．固定相にはジオール基やアミド基，双性イオンのような極性の高い官能基が修飾されたものを用いる．
疎水性相互作用クロマトグラフィー (hydrophobic interaction chromatography, HIC)	HICでは，高濃度の塩を含む水系の移動相が用いられ，主にタンパク質の分離に利用される．吸着は高い塩濃度で起こり，塩濃度を徐々に減少させることで溶出させる．
イオン交換クロマトグラフィー (ion-exchange chromatography, IEC)	無機イオンや高極性分子をイオン性官能基との静電的相互作用を利用して分離する．
サイズ排除クロマトグラフィー (size exclusion chromatography, SEC)	充填剤表面の細孔への分子の浸透度合いの差により分離を行う．主に分子量2000以上の高分子の分離に利用される．有機溶媒系の移動相を用いるものをゲル浸透クロマトグラフィー，水系の移動相を用いるものをゲルろ過クロマトグラフィーとさらに細分される．
アフィニティークロマトグラフィー (affinity chromatography)	抗原と抗体のような特定の分子間で働く生物学的親和性・分子認識能を利用して分離する．

一方，**親水性相互作用クロマトグラフィー**（HILIC）と呼ばれる分離モードが近年注目を集めている．HILICモードは，NPLCの一種であるが，生体試料中の高極性化合物の分離に有効であることが示されてから，独立した分離モードとしての地位が確立された．古典的なNPLCでは，非水系の有機溶媒を移動相として用いることが多く，この溶媒系に溶解しない親水性化合物の多くがNPLCで分析できないという問題があった．しかし，HILICモードでは極性の

高い官能基を修飾した固定相と水系溶媒（親水性有機溶媒と水との混合溶液）の移動相を用いることにより，逆相モードで保持されにくい親水性の高い化合物の保持を可能とした．HILICモードは逆相モードと相補的な関係にある分離モードであり，生命科学分野の研究においてその利用が拡大している．

イオン交換クロマトグラフィー(IEC)は，ポリスチレン-ジビニルベンゼンなどの有機基材やシリカゲルなどの無機基材に，スルホ基やアンモニウム基などのイオン性官能基を化学的に結合させたイオン交換樹脂を用いる．無機イオンからタンパク質のような電荷を有する生体高分子の分離にまで幅広く利用されている．なかでも，低交換容量のイオン交換カラムと電気伝導度検出器を用い，イオン交換カラムの後段に，溶離液由来の電気伝導率を引き下げるバックグラウンド減少装置（**サプレッサー**）を配備した分析システムは，**イオンクロマトグラフ**と呼ばれる．これは，無機陰イオンやアルカリ金属イオン，アルカリ土類金属イオン，アンモニウムイオンの高感度分析に不可欠であり，環境分析などで汎用されている．なお，電気伝導度の低い溶離液を用いることでバックグラウンドシグナルを低減し，サプレッサーを使用することなくイオン性成分を定量することもできる．半導体関連の超純水分析などppbオーダーの測定が必要な場合はサプレッサー方式が適している．

サイズ排除クロマトグラフィー(SEC)は，3次元の網目構造を有するゲル粒子を固定相として用い，**分子ふるい効果**を利用して溶質分子を大きさ（分子量）の違いで分離する方法である．小さい分子はゲル細孔内（固定相表層の空隙）の奥深くまで浸透していけるのに対して，大きな分子はゲル細孔内に浸透できず，粒子間の間隙を通り抜け**排除限界**付近に溶出する．この分離モードはタンパク質やペプチドなどの生体高分子の分離に利用されるほかに，合成高分子の分子量の推定に用いられる．なお，分子量の推定には，分子量が既知の標準ポリマーを用いて，**図13.2**に示すような保持容量（溶出時間）と分子量との**較正曲線**を作成する必要がある．

表13.2には7つの分離モードを示したが，このほかにも光学分割モードや配位子交換モードなど実にさまざまな分離モードがあり，それぞれの分離モードに適したカラムが市販されている．カラムの選択だけでなく移動相の組み合わせまで含めると，分離のバリエーションはさらに広がる．例えば，分析対象とするイオン性成分に対して，それと反対符号の電荷をもつ界面活性剤を移動相

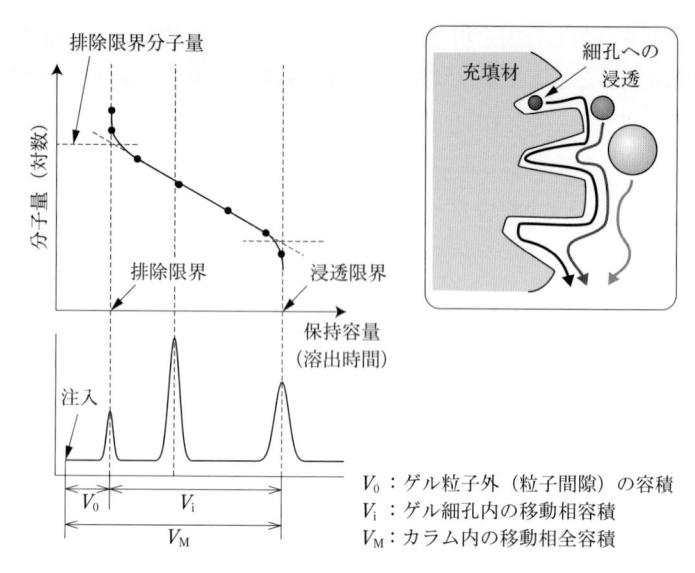

図13.2 保持容量と分子量の関係（較正曲線）

V_0：ゲル粒子外（粒子間隙）の容積
V_i：ゲル細孔内の移動相容積
V_M：カラム内の移動相全容積

に添加すると，試料イオンと界面活性剤との間にイオン対が形成され，イオン性成分を逆相カラムにより疎水性相互作用に基づいて分離することができる．このような分離法は**イオン対クロマトグラフィー**と呼ばれる．

13.3　HPLCの装置構成

高速液体クロマトグラフの基本構成を**図13.3**に示す．装置は大きく分けて，移動相送液部，試料導入部，分離部，検出部および記録・データ処理部からなる．分析対象物質が，そのままでは検出器に応答しない場合には，誘導体化などの化学反応をオンラインで行うこともある．HPLC装置は目的に応じて最適なモジュールを選択し，組み立てて利用する．

13.3.1　移動相送液部

送液ポンプは装置の中枢をなし，移動相を一定の流量で試料導入部，分離カラムへと導く．脈流を低減できる**ダブルプランジャー**方式のポンプが主流であり，一般的なポンプの送液流量範囲は0.001〜10 mL min^{-1}で40 MPa程度の吐

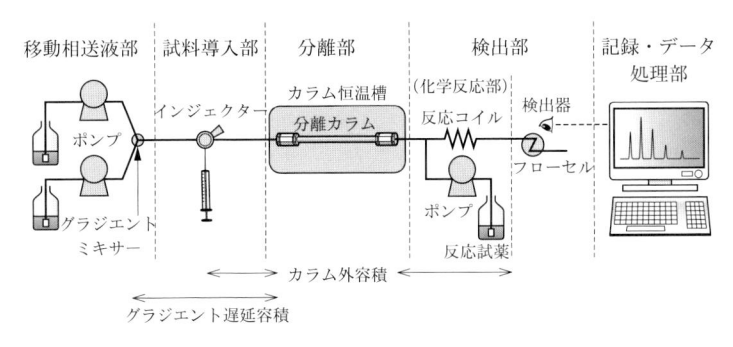

図13.3　HPLCの装置構成

出圧力が要求される．

　移動相中に気泡が生じると，ポンプでの送液に支障をきたし，分離，検出に悪影響を及ぼす．そのため，通常は，移動相を使用する直前に，減圧したりヘリウムを通気したりするなどして脱気する．なお，最近のHPLC装置では，送液ポンプの前段に**脱気装置（デガッサー）**を設置することにより，溶離液がポンプに送られる途中で自動的に溶存気体を取り除くことができる．

　HPLCで用いる移動相は**溶離液**（eluent）と呼ばれる．この言葉からわかるように，移動相は試料成分をただ運ぶだけでなく分離にも寄与している．すなわち，HPLCでは固定相の種類だけでなく，移動相として使用する溶媒や添加する試薬の種類を変更することによっても，分離選択性や溶出時間を変えることができる．

　アミノ酸分析のように試料に性質の異なるたくさんの成分が含まれる場合，単一組成の溶離液ですべての成分を効率よく分離することは困難である．このような場合は，溶離液の組成を途中で変化させながら分離することがよく行われる．直線的に濃度勾配をかける方式を**グラジエント溶離**（gradient elution）といい，ある時間で階段状に溶媒を切り替える方式は**ステップワイズ溶離**（stepwise elution）と呼ぶ．図13.3には，複数のポンプを使用する**高圧グラジエント**方式（ポンプから吐出した後に混合）を示したが，1台の送液ポンプでその前段に電磁弁を設けて溶離液を切り替えながら混合する**低圧グラジエント**方式もある．

　なお，単一組成の溶離液を用いる場合は**イソクラティック溶離**（isocratic

elution）と呼ぶ．グラジエント溶離法では，イソクラティック溶離法と比較して，分析時間を短縮でき，鋭いピークが得られる．ただし，カラム内をはじめの状態に戻すのに時間を要したり，保持時間の再現性，定量性が悪くなったりするなどの欠点もある．

13.3.2 試料導入部

　定量分析を目的とするHPLCでは，一定体積の試料を再現性よく正確に注入する必要があり，**インジェクター**は重要な装置部品の1つである．マイクロシリンジ（HPLCでは先の尖っていない注射器）を用いて手動で注入するマニュアルインジェクターと，多数の検体を順次自動で導入するオートサンプラーがある．どちらも常に圧力がかかっている流路に試料を注入するため，六方バルブが利用されている．マニュアルインジェクターを**図13.4**に示す．インジェクターにはカラムサイズに適した内容積の**サンプルループ**を取り付ける．カラム体積の1/100程度が目安であり，内径4.6 mmのカラムであれば，内容積5〜20 μLが一般的である．試料注入の際はノブを「load」の位置にする．このときサンプルループ部分は流路から切り離されており，マイクロシリンジを用いてニードルポートから試料を注入すると，ループの中に一定量の試料が溜め

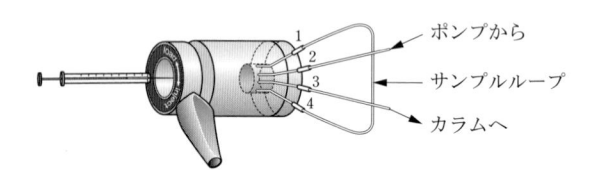

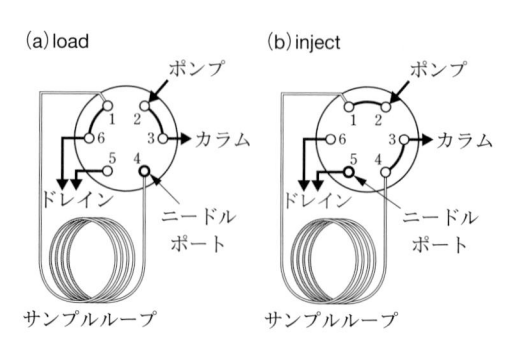

図13.4　レオダイン社製のマニュアルインジェクター

込まれる．この後ノブを「inject」に切り替えると，ポンプからサンプルループを通って溶離液が流れるようになり，試料がカラムへと送り出される．

13.3.3 分離部

カラムは分析目的に応じて適切なものを選択する必要がある．分析対象物質の物性から分離モードを選択するための目安を**表13.3**に示す．カラム（固定相）の種類だけでなく，カラム管のサイズや**カラム充填剤**の粒子径，さらに充填剤の材質も分析目的によって選択する必要がある．カラム充填剤の材質としては，シリカゲルやアルミナなどの無機化合物のほかにポリスチレンやアガロースなどの有機ポリマーゲルがある．一般的には，シリカ系の充填剤の方が分離能が優れていることが多いが，pH耐久性の面では有機ポリマーゲルの方が有効な場合がある．

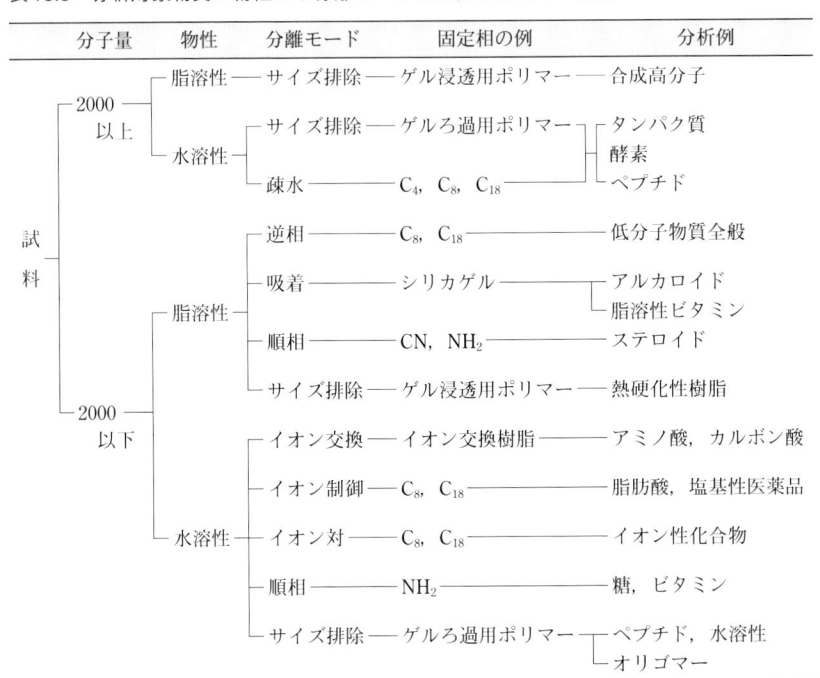

表13.3 分析対象物質の物性から分離モードを選択するための目安

分子量	物性	分離モード	固定相の例	分析例
2000以上	脂溶性	サイズ排除	ゲル浸透用ポリマー	合成高分子
	水溶性	サイズ排除	ゲルろ過用ポリマー	タンパク質
		疎水	C_4, C_8, C_{18}	酵素／ペプチド
2000以下	脂溶性	逆相	C_8, C_{18}	低分子物質全般
		吸着	シリカゲル	アルカロイド／脂溶性ビタミン
		順相	CN, NH_2	ステロイド
		サイズ排除	ゲル浸透用ポリマー	熱硬化性樹脂
	水溶性	イオン交換	イオン交換樹脂	アミノ酸，カルボン酸
		イオン制御	C_8, C_{18}	脂肪酸，塩基性医薬品
		イオン対	C_8, C_{18}	イオン性化合物
		順相	NH_2	糖，ビタミン
		サイズ排除	ゲルろ過用ポリマー	ペプチド，水溶性オリゴマー

［澤田清（編），大和進（著），若手研究者のための機器分析ラボガイド，講談社（2006），表9.2より］

温度変化は保持時間に影響を及ぼすため，カラムは温度制御が可能なカラム恒温槽内に設置して使用するのが望ましい．ただし，室温で十分な分離を行える場合も多く，必要とする分析の精度によっては，カラム恒温槽は必ずしも必要ではない．

HPLCで用いられるカラム充填剤の粒子径は，通常数 μm のものが用いられる．これまで 5 μm の充填剤を内径 4.6 mm，長さ 15〜25 cm のステンレス鋼管に充填した**パックドカラム**（packed column）が常用されてきたが，最近は，充填剤粒子径およびカラム内径の微小化が進んでおり，粒子径 3 μm の充填剤や内径 2.0 mm のセミミクロカラムが一般に使われるようになってきた．さらに，生体試料の分析では内径 1 mm 未満のマイクロカラムやキャピラリーカラムが汎用される時代となっている．

13.3.4 検出部

カラムからの溶出液はフローセルに導かれ，分析対象成分の光学的，電気的，あるいは化学的な特性を利用して測定される．HPLC で使用される代表的な検出器は**紫外・可視吸光検出器**である．そのほかに**蛍光検出器**や**示差屈折率検出器**，また，質量分析計が検出器として用いられることも最近は多くなっている．**表 13.4** に主な検出器とその特徴を示す．

検出器は，分析対象成分の濃度レベルや共存成分の影響も考慮して選択する必要があり，場合によっては目的成分の濃縮や妨害成分の除去が必要となる．また，分析成分を直接検出できない場合や感度が足りない場合には，検出器に応答可能な物質に変換する**誘導体化**が必要となる．

13.3.5 データ処理部

検出器で得られた各成分の応答は，電気信号に変換されてデータ処理機（インテグレーター）に送られ，時間軸に対して検出器の応答を記録したクロマトグラムが得られる．データ処理機は，このクロマトグラムをもとに種々のパラメーターを計算し，定性，定量を行う．なお，現在はコンピュータを利用したインテグレーターが主流であり，HPLC 装置の制御とデータ解析までを一括して行える．

分離された各成分の定性は，同一条件下で得られた標準液のクロマトグラム

13.3 HPLCの装置構成

表13.4 HPLCで用いられる代表的な検出器とその特徴

検出器	原理および特徴
紫外・可視吸光検出器 (ultra violet-visible detector, UV-VIS)	最も汎用されている検出器で、紫外・可視領域に吸収をもつ成分が測定対象となる。紫外領域の測定には重水素放電管（D2ランプ）が光源として用いられる。可視領域の測定では、タングステンランプ（Wランプ）が用いられる。
フォトダイオードアレイ検出器 (photodiode array detector, PDA)	UV-VISと基本的に同じであるが、UV-VISではサンプル側の受光部が1つしかないのに対し、PDAでは多数のフォトダイオードを並べて、多波長同時でモニターすることにより、各成分のスペクトルを取得できる。
蛍光検出器 (fluorescence detector, FLD)	紫外・可視領域の光（励起光）を照射したときに発生する蛍光を検出する。励起波長と検出波長の2つを選択でき、一般的にUV-VISと比較して3桁ほど高感度である。
示差屈折率検出器 (refractive Index detector, RID)	試料成分を溶解した溶液の屈折率が変化する現象を利用する検出法である。ほとんどの化合物が溶媒とは異なる屈折率をもつため、あらゆる成分が検出可能である。ただし、温度変化や溶媒組成の変化によっても屈折率は変化するため、定温、定組成で分析する必要があり、グラジエント溶離法は適用できない。
電気伝導度検出器 (conductivity detector, CDD)	溶液中に含まれるイオン性成分の濃度によって電気伝導度が変化することを利用する。イオンクロマトグラフィーにおいて多用される。
電気化学検出器 (electrochemical detector, ECD)	酸化・還元反応が起こる成分が測定対象で、反応の際に流れる電気量を検出する。どのくらいの電圧をかければ酸化・還元反応が起こるかは成分により異なるため選択性が高く、感度の高い検出法である。
蒸発光散乱検出器 (evaporative light scattering detector, ELSD)	カラムからの溶出液を噴霧・蒸発させ、微粒子化した成分に光を照射することによって生じる散乱光の強度を測定する。原理的には、不揮発性成分であれば何でも検出可能であるが、低分子成分は粒子が小さいため若干感度が下がる。RIDより約10倍感度が高く、主に紫外線吸収のない成分の検出に用いられる。溶離液に不揮発性塩類は使用できない。
旋光度検出器 (optical rotation detector, ORD)	光学活性な物質に偏向面を一定にした直線偏光を当てると、その偏光面が回転する現象を利用して光学異性体を検出する。
円二色性検出器 (circular dichroism detector, CDD)	光学活性な化合物が円偏光を吸収する際に、左右の円偏光に対して吸光度に差が生じる現象を利用して光学異性体を検出する。
質量分析計 (mass spectrometer, MS)	質量分析計を検出器として用いる。カラムから溶出してきた成分をイオン化し、質量分離部においてm/zに応じて分離した後に検出する（16章参照）。

における保持値（保持時間など）との比較によって行う．定量はピーク面積あるいはピーク高さを求め，標準液を用いて作成した検量線に当てはめることによって求める．

13.4 測定例

　アミノ酸の分析は食品の分析や医薬品の試験のほかに，近年では健康診断などの医療応用でも注目を集めている．アミノ酸はカルボキシ基を有するため，200〜210 nmの紫外領域の光を吸収するが，その吸収は弱いため，UV-VISによりそのままの形で高感度に分析することは困難である．そのためアミノ基やカルボキシ基と選択的に反応する試薬で発色させる方法が開発されてきた．アミノ酸分析では，カラムで分離する前に誘導体化を行うプレカラム誘導体化法と分離の後に誘導体化を行う**ポストカラム誘導体化法**のどちらも利用されている．最も一般的な方法は，陽イオン交換カラムを用いてアミノ酸を分離した後，溶出したアミノ酸をニンヒドリンにより発色（一級アミノ酸：570 nm，二級アミノ酸：440 nm）させるポストカラム誘導体化法である．この方法は定量性があり，夾雑物の影響を受けにくいため，多検体の連続分析に適した方法であり，自動アミノ酸分析計も市販されている（**図13.5**）．ニンヒドリンの代わりにo-フタルアルデヒド（OPA，励起波長：340〜345 nm，蛍光波長：455 nm）

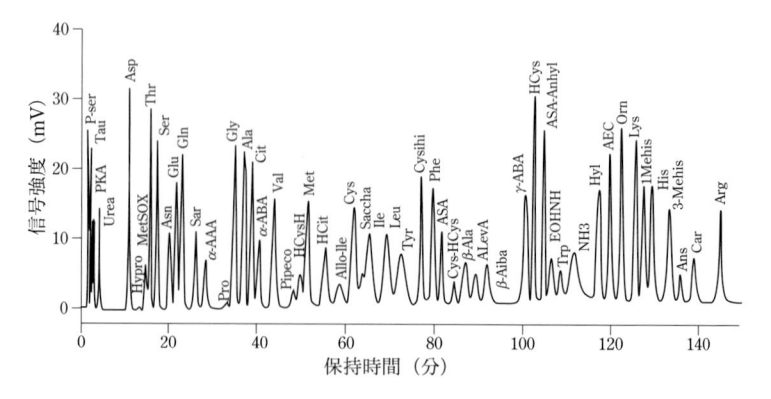

図13.5　ポストカラム誘導体化法によるアミノ酸混合物標準試料の分析例
［日本分析化学会（編），改訂5版 分析化学便覧，丸善(2001)，図4.5より］

を用いて蛍光検出すると，1桁感度が向上する．ただし，二級アミンと反応できないため，プロリンなどは酸化剤で処理して一級アミンに変換する必要がある．一方，**プレカラム誘導体化法**は，自動化は困難であるが専用の装置が不要であり，また，高性能な逆相カラムを適用できることから高い分離能が得られ，高速分離も可能である．6-アミノキノリル-N-ヒドロキシスクシニルイミド（AQC，励起波長：245 nm，蛍光波長：395 nm）のような一級，二級アミンとただちに反応し，非常に安定な誘導体化物を形成する蛍光誘導体化試薬を用いて，pmol〜fmolレベルのアミノ酸を定量できるようになっている．

Coffee Break

超高速液体クロマトグラフィー（UHPLC）

HPLCには40年以上の歴史があるが，さらに高速化しようとする試みがある．分析時間を短縮する最も単純な方法は，カラムの長さを短くして，流速を上げることであるが，これらは分離能の低下を招く．一方，充填剤の粒子径を小さくすると分離能が向上することが昔から知られている．充填剤の粒子径をパラメーターとして含むvan Deemter式を次に示す．

$$H = A \cdot dp + \frac{B}{u} + C \cdot dp^2 \cdot u$$

dpが充填剤の粒子径である．$A = 2$，$B = 6$，$C = 0.05$としてvan Deemter式をプロットした結果を図に示す．粒子径の小さな充填剤を用いると，広い流速範囲にわたって理論段高さが低い値で維持されている．すなわち，流速を上げても分離の低下を抑制できる．

ただし，カラムにかかる負荷圧（カラムの入口と出口の差圧）は，粒子径の2乗に反比例して高くなる．そのため，通常の送液ポンプでは，流速を上げるとすぐに耐圧限界（40 MPa）に達することになる．この問題を解消するために，近年，高耐圧仕様の充填カラムやHPLC装置の開発が進み，一般のユーザーでも超高速かつ高性能な分離を行えるようになっている．このような微粒子充填カラムと高耐圧装置を利用するクロマトグラフィーは超高速液体クロマトグラフィー（ultra high performance liquid chromatography, UHPLC）と呼ばれる．

第13章　液体クロマトグラフィー

　一方，こうした高圧装置の使用は，カラムの負荷が大きく使い勝手の面で問題が多いことが指摘されるようになり，カラム充填剤の改良でも，ここ数年で大きな進歩がみられた．フューズドコアと呼ばれる二重構造のカラム充填剤や，流体透過性に優れたモノリス型カラムの開発によって，比較的低圧な条件で（通常のHPLC装置を使用して）従来よりも高速かつ高性能な分離を行えるようになってきている．

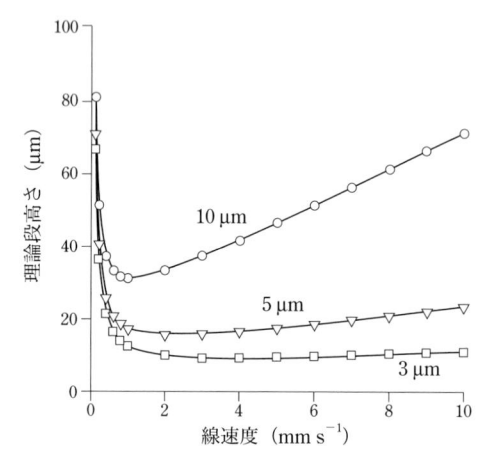

図　充填剤粒子径が理論段高さに与える効果
充填剤の粒子径：3 μm，5 μm，10 μm．

参考文献

1) L. R. Snyder, J. J. Kirklan（著），小島次雄，青木達郎ほか（訳），高速液体クロマトグラフィー，東京化学同人(1976)
2) 中村洋(監修)，日本分析化学会液体クロマトグラフィー研究懇談会(編)，液クロ実験How toマニュアル，医学評論社(2007)
3) 小熊幸一，酒井忠雄(編著)，基礎分析化学，朝倉書店(2015)，pp.84-93.

❖演習問題

13.1 HPLCで汎用される検出器を2つ挙げて原理を説明せよ．

13.2 逆相クロマトグラフィーの分離メカニズムを説明せよ．

13.3 イオンクロマトグラフィーにおけるサプレッサーの役割を説明せよ．

第14章 キャピラリー電気泳動分析

　電気泳動（electrophoresis）は，イオンやコロイドなどの帯電粒子が電場下において電極に向かって運動する現象であり，19世紀初頭に物理学者ロイス（F. F. Reuss）により発見されたとされている．この電気泳動という現象を利用した分離手法が，液体クロマトグラフィーとは異なった液相での分析手法として発展している．

　電気泳動分析は，平板型のゲルを用いる**スラブゲル電気泳動**（slab gel electrophoresis）と**キャピラリー電気泳動**（capillary electrophoresis，**CE**）に大別できる．スラブゲル電気泳動は，タンパク質や核酸などの生体高分子の分析に広く用いられている重要な手法である．しかし，スラブゲル電気泳動については，これまでに数多くの書籍が発行されているため，本章ではその詳細は述べない．興味のある方は参考文献1)を参照してほしい．本章ではより直接的に電気泳動現象を利用した分離手法であるCEに焦点を絞って解説する．

14.1　キャピラリー電気泳動の装置構成と特徴

　1970年代終わりに開発されたCEは，内径30〜100 µm程度の**キャピラリー**（毛細管）中で，試料の電気泳動を行い分離する手法である．CEに用いられる装置の基本構成と分離例を**図14.1**に示す．試料溶液はキャピラリーの入口側末端に狭いゾーン（プラグ）として注入される[*1]．キャピラリー両端間に高電圧を印加すると，試料成分（イオン）は，固有の速度で検出器の方向へと電気泳動を行う．このとき，試料成分の電気泳動する速度に違いがあれば，検出器への到達時間に差が生じるため，分離が達成される．13章で述べたように，HPLCでは，試料成分が固定相に保持される度合いの違いによりカラム内の移動速度に違いが生じ分離される．このとき，移動相（液相）中での試料成分の

[*1]　この点はクロマトグラフィーと同様である．

第14章 キャピラリー電気泳動分析

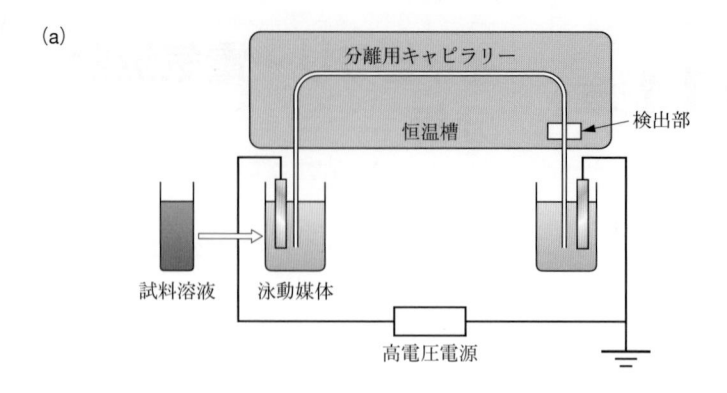

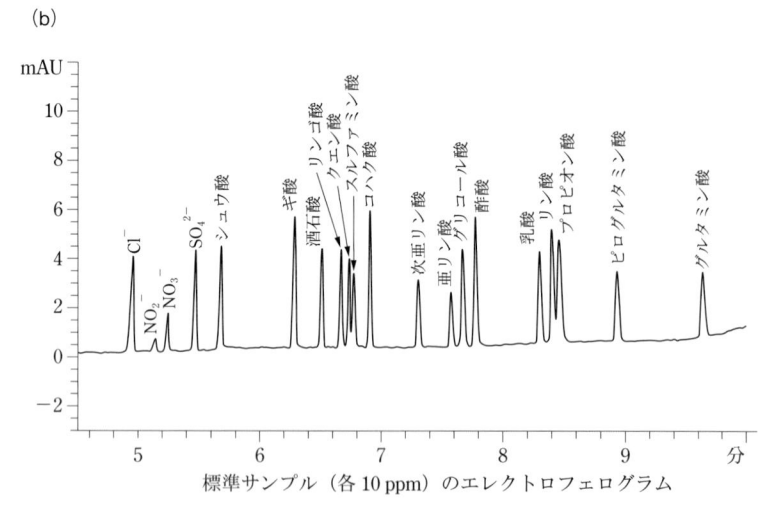

図14.1 CE装置の(a)基本構成，(b)分離例（有機酸類の分離）
(b)[大塚電子株式会社技術資料　キャピラリー電気泳動「QUICK & EASY」より]

移動速度は圧力差流速度と等しく一定であるが，CEでは液相中での電気泳動速度が異なることにより分離がなされる．

14.2　電気泳動速度・電気泳動移動度

電気泳動という現象は，溶液中で帯電粒子（イオン）が電場下において，泳動する現象である．電気泳動する速度（**電気泳動速度**, electrophoretic velocity）v_epは次で与えられる.

$$v_\mathrm{ep} = \mu_\mathrm{ep} E = \frac{ze}{6\pi\eta r} E \tag{14.1}$$

ここで，Eは電位勾配（電場強度）である．例えば，長さ50 cmのキャピラリーの両端間に30 kVの電位差がある場合，$E=30{,}000\ \mathrm{V}/50\ \mathrm{cm}=600\ \mathrm{V\ cm^{-1}}$となる．式(14.1)に示す通り，電気泳動速度は電位勾配に比例して大きくなる．またこのとき，比例定数となるμ_epは**電気泳動移動度**（electrophoretic mobility）と呼ばれる．電位勾配Eは試料成分の種類に依存せず共通であるので，電気泳動速度に違いがあるということは，電気泳動移動度に違いがあることを意味する．

　帯電粒子を剛体球とみなすことができる場合，μ_epはクーロン力zeEと粘性抵抗$6\pi\eta r v_\mathrm{ep}$のつり合いから，式(14.1)のように表すことができる．μ_epは荷電粒子の電荷量zeに比例し，その半径rに反比例することがわかる．すなわち，電荷量が大きく，サイズの小さなイオンほど大きな電気泳動移動度を有することになる．なお，ηは溶液の粘性率であり，粘性の高い溶液中では電気泳動速度（移動度）は減少する．

　試料成分の分離を達成するためには，電気泳動移動度を適切に制御する必要がある．μ_epの制御には溶液内での平衡を利用することが多い．例えば，金属イオンM^{2+}が錯形成剤L^-と$\mathrm{M}^{2+}+\mathrm{L}^- \rightleftharpoons \mathrm{ML}^+$の平衡状態（平衡定数を$K$とする）にある場合，正味の電気移動度（$\bar{\mu}_\mathrm{ep,M}$）は次式で与えられる．

$$\begin{aligned}\bar{\mu}_\mathrm{ep,M} &= \frac{[\mathrm{M}^{2+}]}{[\mathrm{M}^{2+}]+[\mathrm{ML}^+]}\mu_\mathrm{ep,M^{2+}} + \frac{[\mathrm{ML}^+]}{[\mathrm{M}^{2+}]+[\mathrm{ML}^+]}\mu_\mathrm{ep,ML^-} \\ &= \frac{1}{1+K[\mathrm{L}]}\mu_\mathrm{ep,M^{2+}} + \frac{K[\mathrm{L}]}{1+K[\mathrm{L}]}\mu_\mathrm{ep,ML^+}\end{aligned} \tag{14.2}$$

すなわち，泳動溶液中の錯形成剤濃度を調整することで，電気泳動移動度を制御することが可能である．CEにおいて分離を行う際には，酸解離平衡など種々の溶液内平衡を利用し，電気泳動移動度を制御する．

14.3　電気浸透流

　一般的にCEでは，分離場となるキャピラリーには**フューズドシリカキャピラリー**（fused silica capillary，**FSC**）（溶融石英キャピラリー）が用いられる．

なお，キャピラリーが分離場として用いられるのは，電圧印加に伴い溶液内で発生する**ジュール熱**を効率よくキャピラリー外へ放出し，分離場の温度上昇を抑制するためである．

FSCの内表面には，**シラノール基**（SiOH）が存在する．キャピラリー内に泳動溶液を満たすと，これらが解離し，内表面が負に帯電することがある．このとき電気的中性の原理から，キャピラリー内の泳動溶液中には内表面の負電荷量に等しい正電荷（陽イオン）が存在する．この陽イオンは内表面の負電荷に引き寄せられ，図14.2(a)に示すような**電気二重層**が形成される．この状態でキャピラリー両端間に電圧を印加すると，壁面近傍の過剰正電荷は陰極方向へ泳動を行い，これに伴いキャピラリー内の「溶液全体」が陰極方向へと移動する流れが生じる[*2]．この流れは，**電気浸透流**（electroosmotic flow，**EOF**）と呼ばれる．EOFは電気泳動と同様に電場下で発生する現象であり，その速度（**電気浸透流速度**, electroosmotic flow velocity）v_{EOF}は式(14.3)に示すように，電位勾配Eの増加に従って大きくなる．式(14.3)の比例定数であるμ_{EOF}は，**電気浸透移動度**（electroosmotic mobility）と呼ばれ，単純なモデルでは式(14.3)に示す通り，溶液の誘電率ε，粘性率ηと，キャピラリー内表面の**ゼータ電位**

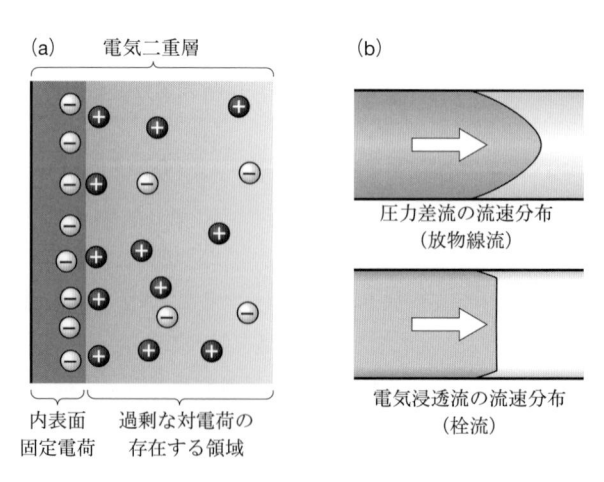

図14.2 (a)電気二重層の構造，(b)圧力差流および電気浸透流の流速分布

[*2] 溶液全体が正に帯電しているため陰極へと泳動すると考えるとわかりやすい．

$$v_{\text{EOF}} = \mu_{\text{EOF}} E = -\frac{\varepsilon \zeta}{\eta} E \tag{14.3}$$

　ゼータ電位はキャピラリー内表面の電荷密度に依存し，電荷密度が大きいとゼータ電位も大きくなる．すなわちμ_{EOF}も大きくなる．内表面が負に帯電（ゼータ電位が負）しているとEOFは陰極に向かい，正に帯電しているとEOFは陽極に向かって発生する[*3]．また，内表面電荷密度がゼロであれば，EOFは発生しない．このμ_{EOF}（ゼータ電位）は泳動溶液の組成に大きく影響される．ゼータ電位は表面電荷密度に依存するため，FSC内表面に存在するシラノール基の解離状態に影響を与えるpH[*4]や，表面電荷の遮蔽効果に関連するイオン強度[*5]などが，μ_{EOF}の制御において重要な要因となる．また，カチオン性界面活性剤などを内表面に吸着させることで，μ_{EOF}の抑制・反転も可能である．温度は溶液の粘性率，誘電率，遮蔽効果，吸着平衡，解離平衡などに影響を与えるが，通常，高温になるほどμ_{EOF}は増加する．これは，主として粘性率の低下によるものである．

　EOFの極めて重要な特徴の1つに，その**流速分布**がある．圧力差流（HPLCで用いられる流れ）は，図14.2(b)に示すように，管中央が最も速くなる放物線状の速度分布をとる．この速度の不均一性は，ピーク幅を増大させ，分離性能を低下させる．一方，EOFでは，**栓流**と呼ばれる，管径方向に依存しないほぼ均一な速度分布となる．この均一な速度分布は，CEでHPLCよりも高い分離性能が得られやすい理由の1つである．

14.4　CEの測定装置と基本的操作

　CEでは図14.1に示す構成の装置が一般的に用いられる．分離が行われるキャピラリーには，通常，内径30～100 μm，長さ30～100 cmのFSCが用いられる．FSCは通常ポリイミドで被覆され，保護されている．内径の大きなキャピラリー

[*3]　溶液内の過剰電荷の正負が反転する．
[*4]　酸性溶液を用いるとEOFは抑制される．
[*5]　塩濃度の高い泳動溶液や多価（陽）イオンを含む泳動溶液を利用すると，EOFが抑制される．

ほど，検出感度（濃度感度）が高くなるが，熱揮散性が低下するためジュール熱の影響を受けやすくなる．一般的に，キャピラリーの入口側（に設置された溶液溜に浸された電極）に高電圧（最大±30 kV）が印加され，出口側の電極はゼロ電位となるよう接地（アース）されている．なお，入口側および出口側の溶液溜およびキャピラリー内は泳動溶液で満たされている．

　試料溶液は，キャピラリーの入口側末端に直接導入される．通常，入口側の溶液溜には，泳動溶液が満たされているが，試料注入時には，試料溶液を満たした溶液溜と交換される．その後，一般的には**電気的注入法**または**落差法**で試料導入が行われる．電気的注入法では，1〜5 kV程度の電圧が印加され（数秒から数十秒間），試料は電気浸透流および電気泳動の双方によりキャピラリー内に導入される．注意する点として，電気的注入法では電気泳動の影響を受けるため，キャピラリー内に導入された試料の組成は試料溶液とは同一ではない．落差法では，入口側の試料溶液が満たされた溶液溜の液面を，出口側の溶液溜の液面よりも10〜20 mm程度高く持ち上げ（数秒間），サイフォンの原理により試料溶液を導入する．落差法では，電気的注入法とは異なり，試料溶液と同じ組成の溶液が導入される．いずれの方法を用いた場合でも，試料導入量は，一般的には数nLである．例えば，内径50 μmのキャピラリーに長さ3 mmのプラグとして試料溶液が導入された場合，その体積はおよそ6 nL（6×10^{-9} L）となる．そのため，試料注入量が6 nL，試料成分濃度1 μmol L^{-1}の場合，実際に分析に用いられる試料の絶対量は6 fmol（6×10^{-15} mol）となる．注入される試料体積が極めて少ないため，ごく微少量の試料成分が分析可能であることは，CEの特徴の1つである．

　CEにおいても，クロマトグラフィーと同様に検出器が不可欠である．キャピラリー入口側に導入された試料は，電気浸透流および電気泳動により出口側へ向かい，出口側に設けられた検出器で検出され，図14.1に示したような分離結果が得られる．得られる結果はクロマトグラフィーではクロマトグラムと呼ばれるが，CEの場合は**エレクトロフェログラム**と呼ばれる．

　CEで最もよく用いられる検出法は，HPLCと同様に紫外・可視吸光光度法である．検出を行う際には，キャピラリー外表面のポリイミド被覆の一部を削除し，その部分を光学セルとして用いる，**オンキャピラリー検出**が用いられる．しかし，内径の細いキャピラリーが試料セルとなるため，光路長が短く，濃度

感度は高いとはいえない（2章のランベルト–ベール則を参照）．紫外・可視吸光光度法では，この波長に吸収帯が存在する化合物しか測定を行うことができない．そのためNa^+やK^+のように紫外・可視吸収の低い物質の検出を行う際には，泳動溶液に吸光度を有する成分を加え，吸光度の低い物質が検出セルを通過する際に，吸光度が減少（透過光の量が増大）する現象を測定する，**間接吸光法**がよく用いられる（**図14.3**ではCu^{2+}が吸光剤として泳動溶液に添加されている）．

　高感度な検出方法が必要な場合は，（レーザー）**蛍光検出法**が比較的よく用いられる．蛍光検出法は，紫外・可視吸光光度法と比較して10倍以上の高感度が容易に得られるが，試料を事前に蛍光試薬で標識（蛍光ラベル化）する必要がある．また，近年はクロマトグラフィーと同様に，質量分析計（MS）を検出器として用いる**CE–MS**も普及している（Coffee Break 参照）．

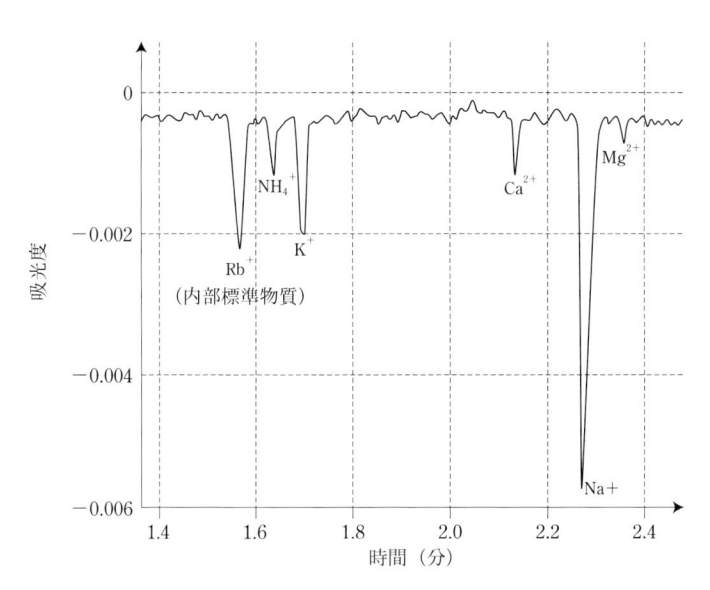

図14.3　間接吸光法によるヒト汗中の陽イオンの分析
［寺澤純子，三矢光太郎，石井晃，津田孝雄，分析化学，**50**，813（2001），Fig.3を改変］

14.5　CEで用いられる分離モード

14.5.1　キャピラリーゾーン電気泳動

キャピラリーゾーン電気泳動（capillary zone electrophoresis, **CZE**）は，CEで最も汎用されている方法である．そのため，CE分析と単純に述べられているときには，CZEを指していることが多い．CZEでは14.4節で述べた通り，泳動溶液が満たされたキャピラリーの両端間に電圧を印加し，電気泳動と電気浸透流が発生する条件で分離が行われる．したがって，キャピラリー内での，試料成分の実際（みかけ）の移動速度（v_{app}）は，次式で与えられる．

$$v_{app} = v_{ep} + v_{EOF} = (\mu_{ep} + \mu_{EOF})E \tag{14.4}$$

例えば，キャピラリー入口側を陽極として分析を行う際に，EOFが陽極から陰極へと流れるとすると，カチオン種が最も早く検出され，ついで電気泳動をしない中性物質がEOFにより輸送されて検出される[*6]．また，アニオン種は入口方向へと電気泳動するが，その速度がEOFよりも小さな場合，みかけの速度は正（陽極から陰極へ向かう）となるため，電気泳動が入口側に向かっているにもかかわらず，出口側に設置した検出器で検出可能となる．すなわち出口側へ向かうEOFが存在することで，アニオン種のCZE分析が可能となる．

14.5.2　ミセル動電クロマトグラフィー

CZEでは試料成分は電気泳動移動度の違いにより分離される．したがって，電気泳動移動度がゼロである中性物質をCZEで分離することは原理的に不可能である．これを解決するため，泳動溶液にイオン性界面活性剤を添加し，イオン性ミセル共存下で電気泳動を行う，**ミセル動電クロマトグラフィー**（micellar electrokinetic chromatography, **MEKC**）が開発された．**臨界ミセル濃度**（critical micelle concentration, **CMC**）以上の濃度で泳動溶液に界面活性剤が添加されたMEKCの分離機構を，**図14.4**に示す．なお，図14.4の例では，界面活性剤には陰イオン性界面活性剤である**ドデシル硫酸ナトリウム**（sodium dodecyl sulfate, **SDS**）を用い，キャピラリー入口側に正の高電圧を印加し，

[*6] 当然，中性物質同士は分離できない．

14.5 CEで用いられる分離モード

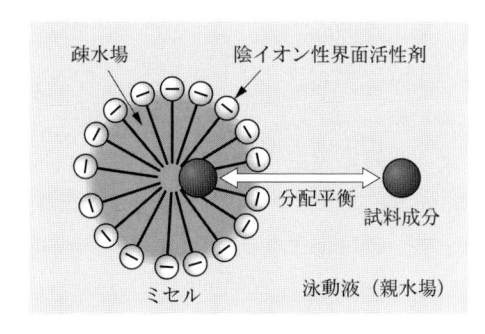

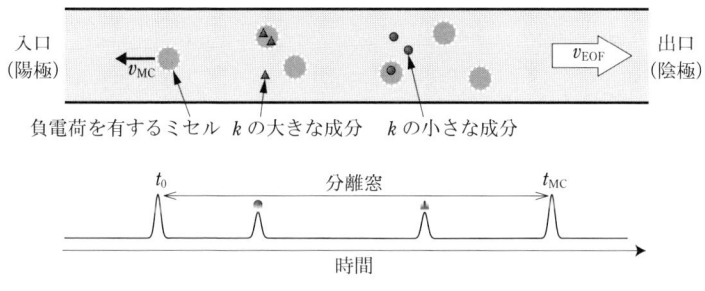

図14.4 MEKCの概念図

EOFは陰極へ向かって流れているとしている.

　SDSミセルの中心部には疎水場が存在し，また，表面の硫酸基により十分な負電荷をもつ．したがって，SDSミセルは電場下において陽極へ向かって電気泳動を行う．ここで，試料成分である中性分子は，ミセル中心の疎水場（油滴のようなもの）と泳動液の水相との間で分配平衡状態にあるとする．中性分子がミセルに対して一切分配されない場合，その成分はEOFにより検出部へと運ばれ検出される（t_0として表記）．負電荷を有するSDSミセルは，キャピラリー入口側へと電気泳動するため，ミセルに分配される試料は，t_0よりも遅れて検出される．ミセル相／水相間で分配する試料成分の保持係数をk，ミセルの実際の電気泳動速度をv_{MC}とすると，試料成分の泳動速度v_sは次で与えられる．

$$v_s = \frac{1}{1+k}v_{EOF} + \frac{k}{1+k}v_{MC} \qquad (14.5)$$

　式(14.5)に示すように，試料成分の泳動速度は，ミセルへの分配の大きさkにより異なることがわかる．試料成分のkが十分に大きいと，$v_s \approx v_{MC}$となる．したがって，中性の試料成分はその保持係数kに従って，図14.4中のt_0と

t_{MC}[*7]の間に検出される．このt_0からt_{MC}までの時間は**分離窓**（separation window）と呼ばれる．MEKCでは，クロマトグラフィーの固定相/移動相間での平衡と同様に，ミセル相/水相間での分配平衡が分離を支配しているため，MEKCにおいてミセルは**疑似固定相**（pseudostationary phase）と呼ばれる．分析対象のkがあまりにも小さいときや大きいときは，式(14.5)に示すように，その泳動速度はv_{EOF}もしくはv_{MC}となり，試料成分間の分離が達成できない．そのため，MEKCでは，界面活性剤の種類や濃度，泳動液のpHや有機溶媒の種類・濃度などを調整し，試料成分のミセルへの分配挙動を制御することが必要である．

図14.4の例では，陰イオン性ミセルを用いているが，**臭化セチルトリメチルアンモニウム**（cetyltrimethylammonium bromide, **CTAB**）のような陽イオン性界面活性剤を用いて，陽イオン性の疑似固定相を利用することも可能である．また，MEKCは当初中性分子分離を目的として提唱されたが，ミセルに分配する化合物であれば，イオン性・非イオン性を問わず適応可能である．そのため，電荷を有する試料と，電気泳動を行わない中性界面活性剤ミセルを組み合わせるMEKCも存在する．

14.5.3 そのほかのキャピラリー電気泳動

CEには，CZE，MEKCとは異なった原理に基づく分離手法も存在する．**キャピラリーゲル電気泳動**（capillary gel electrophoresis, CGE）は，スラブゲル電気泳動と同様に「ゲル（高分子マトリックス）」による分子ふるい効果を利用してサイズ別分離を行う手法である．ポリアクリルアミドゲルなどを充填したキャピラリー中で，高分子イオンを電気泳動させると，分子サイズの大きな成分ほどゲルの網目構造による抵抗を受け，泳動速度が低下する．そのため，サイズの小さな成分ほど早く泳動し，サイズ別分離が達成される[*8]．網目構造による抵抗はゲル濃度に依存するため，ゲル濃度により分離を調整可能であり，また，分析対象の大きさに応じて適切なゲル濃度を選択する必要がある．

[*7] ミセルが入口から検出へ到達するまでの泳動時間．疎水性が非常に大きな化合物を用いて求めることができる．

[*8] 13章で紹介されているSECとは逆の分離挙動であることに注意．

14.5 CEで用いられる分離モード

表14.1 CEで用いられる主要な分離モード

手法	特徴	対象物質
キャピラリーゾーン電気泳動 (capillary zone electrophoresis, CZE)	最も一般的なCEの分離モード．電荷を有する試料を電気泳動移動度の違いにより分離する．	荷電粒子 (イオン)
ミセル動電クロマトグラフィー (micellar electrokinetic chromatography, MEKC)	界面活性剤を泳動溶液に添加し，試料のミセルへの分配係数の違いを利用して分離．中性分子の分離が可能．電気浸透流存在下でイオン性界面活性剤を用いる条件が一般的．中性界面活性剤を用いてイオン性分子の分離選択性を改善する際にも用いられる．	中性分子 イオン性分子
キャピラリーゲル電気泳動 (capillary gel electrophoresis, GFCE)	ポリアクリルアミドなどのゲルをキャピラリー内に充填し，分子ふるい効果により分離を行う．DNA・タンパク質の分離によく用いられる．	生体高分子 タンパク質・DNA
キャピラリー等速電気泳動 (capillary isotachophoresis, CITP)	リーディング電解液，ターミナル電解液と呼ばれる溶液の間に試料溶液を挟んだ後，電気泳動を行う．試料は分離され鋭い界面で隔てられた連続するゾーンを形成し分離される．	イオン
キャピラリー等電点電気泳動 (capillary isoelectric focusing, CIEF)	キャピラリー内にpH勾配を形成し，試料の等電点の違いを利用して分離を行う．	両性電解質 主としてタンパク質

　CEにはこのほかに，二次元ゲル電気泳動で用いられる等電点電気泳動をキャピラリー内で行う**キャピラリー等電点電気泳動法**（capillary isoelectric focusing, CIEF）などの分離モードも存在する．CEで用いられることが多い分離モードを**表14.1**に示す．本章で解説できなかった手法については，参考文献2), 3)を参照してほしい．

> ☕ **Coffee Break**
>
> ### CE-MSによる代謝物の網羅的解析
>
> 　現在，生命科学の分野ではメタボローム解析と呼ばれる生体内の代謝物質の一斉分析に基づく研究が注目されている．ヒト中には約3000種，植物中には20万種ともいわれる代謝物はその多くが水溶性であり，また，イオン性化合物でもある．これらの代謝物質の網羅的分析（一斉分析）には，分離

分析手法と定性・定量能力を有する質量分析（MS）を組み合わせた，GC-MS，LC-MS，CE-MSがよく用いられる．MSは同時に導入される試料成分が少ないほど高い検出感度が得られるので，イオン性化合物を高性能で分離することができるCE-MSが，イオン性代謝物の網羅的分析手法として注目されている．図はマウス肝臓に含まれる代謝物のCE-MS分析であり，乳酸（lactate）やリンゴ酸（malate）などの有機酸や，アデノシン三リン酸（ATP），アデノシン一リン酸（AMP）などのヌクレオチドがCEにより分離され，MSによる質量測定により同定が行われ，そのピーク強度から定量が行われる．

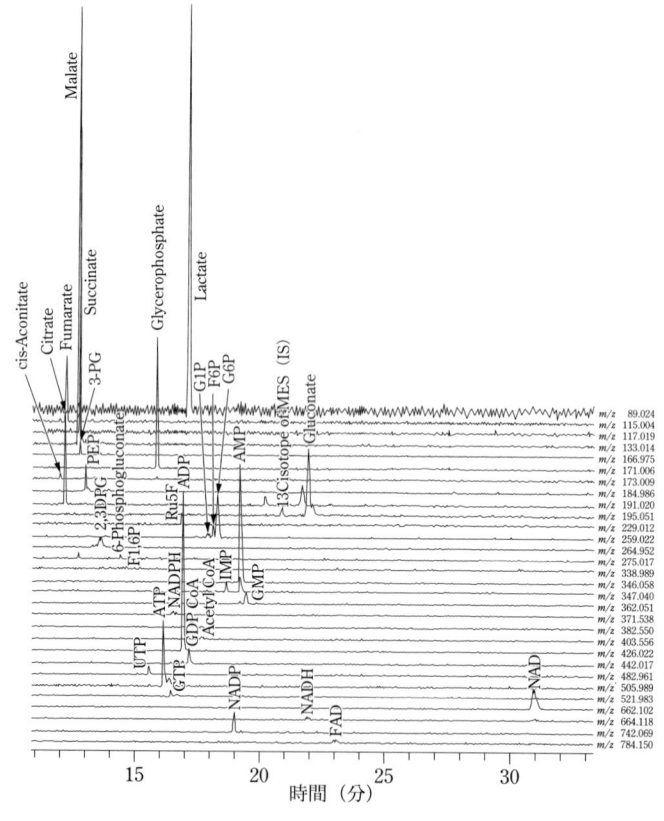

図　マウス肝臓に含まれる代謝物のCE-MS分析の結果
[T. Soga, K. Igarashi, C. Ito, K. Mizobuchi, H. Zimmermann, and M. Tomita, *Anal. Chem.*, **81**, 6165（2009），Fig.7 より]

参考文献

1) 大藤道衛(編), そこが知りたい！ 電気泳動なるほどQ＆A, 羊土社(2011)
2) 本田進, 寺部茂(編), キャピラリー電気泳動, 講談社(1995)
3) 日本分析化学会(編), 北川文彦, 大塚浩二(著), 電気泳動分析, 共立出版(2010)

❖演習問題

14.1 CZEにおいて全長100 cmのキャピラリーに20 kVの電圧を印加した際に, 試料成分Aは80 cmの距離を泳動するのに, 500秒かかった. この試料の電気泳動移動度を求めよ.

14.2 内壁が正の電荷を帯びているキャピラリーを用いてCZE分離を行った. 入口側に負電圧を印加した場合, 陽イオンA, 中性物質B, 陰イオンCが検出される順序を求めよ.

14.3 CTABを界面活性剤として用いるMEKC分離を行った. 中性試料であるトルエン, エチルベンゼン, プロピルベンゼンの検出順序を予測せよ. ただし, 入口側に正の電圧を印加し, EOFは陽極から陰極へ向かって流れるものとする.

第15章 マイクロチップによる化学・生化学分析

ナノメートルスケールでの微細構造解析や微細加工，分子・物質合成といったナノテクノロジーに関連する技術革新により，さまざまな化学・生化学分析をマイクロ化したチップ上で行う micro total analysis systems (μTAS) が，これまでの機器分析に新しい展開をもたらしている．本章では，化学・生化学反応をマイクロ化した微小空間で行うことにより得られるさまざまな利点について物理的原理から説明するとともに，μTAS がもたらす化学・生化学研究の新しい展開について解説する．

15.1 微小空間における流体挙動

15.1.1 流体特性

1辺が数μm〜数百μmを有するマイクロ流路内に液体を導入した場合，その流体挙動はマクロ系とは大きく異なり，**レイノルズ数**（Reynolds number）という無次元数を用いて評価される．レイノルズ数 Re は慣性力（重力）と粘性力との比で定義され，次で表される．

$$\mathrm{Re} = \frac{Ul\rho}{\mu} \tag{15.1}$$

ここで，U は流速（m s^{-1}），l はマイクロ流路の直径（m），ρ は流体の密度（kg m^{-3}），μ は流体の粘性率（kg m^{-1} s^{-1}）である．一般的にレイノルズ数が2000程度以下では粘性力が支配的であるため乱流が生じず，安定した層流が形成される（**図15.1**）．これに対して高いレイノルズ数においては慣性力が支配的となり，無秩序な乱流が形成される．マイクロ流路中での実験条件においては，レイノルズ数は0.01〜100程度なので，マイクロ流路中での流体挙動は層流と考えてよい．したがって，マイクロ流路中で異なる分子が溶解した2液を混合する場合を考えると，それぞれの溶質と溶液は乱流によって混合されず，層流下での分子拡散のみで混合が進行することになる．

15.1 微小空間における流体挙動

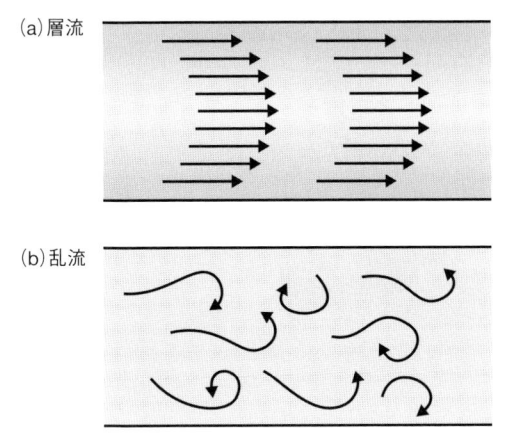

(a) 層流

(b) 乱流

図15.1　層流と乱流の概念図
マイクロ流路内では，流体の流れは層流になる．

15.1.2　分子拡散

分子拡散（molecular diffusion）は熱に起因する分子のランダム運動であるため，個々の分子の時間的な拡散源x_0からの広がりは，平均二乗変位$\langle (x - x_0)^2 \rangle$を用いて，次で表される．

$$\langle (x - x_0)^2 \rangle = 2Dt \tag{15.2}$$

ここで，$D\,(\mathrm{cm^2\,s^{-1}})$は溶質分子の拡散定数，$t\,(\mathrm{s})$は時間である．式(15.2)からわかる通り，分子拡散に要する時間は拡散距離の2乗に比例するため，マイクロ流路のような微小空間では層流であっても高速に混合が進行する．

15.1.3　比表面積・比界面積

1辺の長さLを有する立方体の溶液を考えると，その**比表面積**（specific surface area）（体積に対する表面積の割合）σ_sは，

$$\sigma_s = \frac{L \times L \times 6}{L \times L \times L} = \frac{6}{L} \tag{15.3}$$

となり，溶液体積が小さくなればなるほど比表面積が大きくなることがわかる．また，2つの立方体の溶液が接触する場合を考えると，その**比界面積**（specific interfacial area）σ_iは，

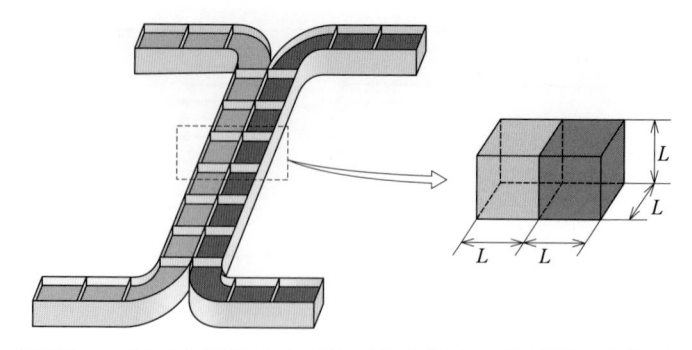

第15章　マイクロチップによる化学・生化学分析

図15.2　マイクロ流路に流した2液により形成される比表面積と比界面積

$$\sigma_i = \frac{L \times L}{L \times L \times L} = \frac{1}{L} \tag{15.4}$$

となる（**図15.2**）．式(15.3)と式(15.4)より，マイクロ流路のような小さな空間ではマクロ系に比べて比表面積・比界面積がスケールに反比例して増大するため，2液混合を行う場合は前述の分子拡散距離の短さと相まって，溶媒が混ざらなくても溶媒中に溶解している溶質の混合が迅速に生じる．

15.1.4　表面張力・界面張力

マイクロ流路における広い比表面積・比界面積は，マクロ系に比べて**表面張力**（surface tension）・**界面張力**（interfacial tension）を大きくする．例えば，マイクロ流路内に液体を導入する場合を考えると，液体の表面を挟んだ内外の圧力差ΔP（N m^{-2}）は，下記のヤング–ラプラスの式により与えられる．

$$\Delta P = P_2 - P_1 = \gamma \left(\frac{1}{R_1} + \frac{1}{R_2} \right) \tag{15.5}$$

ここで，γ（mN m^{-1}）は表面張力，R_1(m)とR_2(m)は液体の表面が直交する2つの曲率半径をもつ曲面と仮定したときのそれぞれの曲率半径である（**図15.3**）．実際は気液界面で発生する圧力差だけではなく，マイクロ流路壁面と液体間に形成される角度である接触角θ(°)を含んだ式が使われる．接触角は，マイクロ流路壁面と気体，マイクロ流路壁面と液体，液体と気体間の界面張力をそれぞれγ_{SG}，γ_{SL}，γ_{LG}とすると，ヤングの式より次の力のつり合いにより求められる（図15.3）．

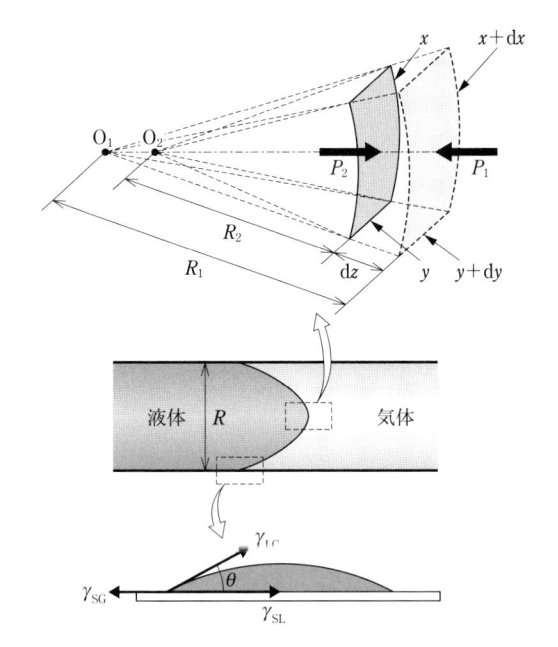

図15.3 マイクロ流路に液体を導入したときに発生する力の概念図

$$\gamma_{SG} = \gamma_{SL} + \gamma_{LG} \cos \theta \tag{15.6}$$

マイクロ流路が直径R(m)の円柱状のものを用いた場合，マイクロ流路内に存在する液体の界面には，

$$\Delta P' = \frac{2\gamma_{LG} \cos \theta}{R} \tag{15.7}$$

の圧力差が生じることになる．マイクロ流路の壁面が親水性の場合（$0° < \theta < 90°$），$\cos \theta$が正の値をとるため液体はマイクロ流路の中を進んでいく（毛細管現象，capillary action）．一方，マイクロ流路の壁面が疎水性の場合（$90° < \theta < 180°$），$\cos \theta$が負の値をとるため液体は$\Delta P'$以上の圧力をかけない限り，マイクロ流路の中には入っていかない．この性質をうまく利用し，マイクロ流路壁面の親水性・疎水性を制御することで，流体操作が可能となる．

15.1.5　熱伝導

比表面積・比界面積の大きなマイクロ流路では，マクロ系に比べて伝熱速度が大きく増大する．マイクロ流路のある壁面の面積を$S(=L^2)$ (m^2)，幅をL(m)，温度をT_1(K)とし，もう一方の対面する壁面の温度をT_2(K)とすると，外部から熱を加えた場合，時間Δt(s)の間にマイクロ流路内の液体を通過する熱の総量ΔQ(J)は，フーリエの熱伝導方程式より，次で表される．

$$\Delta Q = -\kappa S \frac{T_2 - T_1}{L}\Delta t \tag{15.9}$$

ここで，κ(W m^{-1} K^{-1})は熱伝導率を表す．一方，マイクロ流路内の液体の熱容量C(J K^{-1})は，液体の密度ρ(kg m^{-3})と比熱C_p(J kg^{-1} K^{-1})を用いて次のように表される．

$$C = \rho S L C_\mathrm{p} \tag{15.10}$$

したがって，マイクロ流路内の液体の温度上昇ΔT(K)に寄与する熱の総量ΔQは，次のようにも表される．

$$\Delta Q = \rho S L C_\mathrm{p} \Delta T \tag{15.11}$$

式(15.9)，式(15.11)より，マイクロ流路内の液体の伝熱速度$\Delta T/\Delta t$は，

$$\frac{\Delta T}{\Delta t} = -\frac{\kappa(T_2 - T_1)}{\rho C_\mathrm{p} L^2} \tag{15.12}$$

となる．よって，比界面積（$1/L$）の増大，すなわちスケールが小さくなればなるほど，伝熱速度が増大する．

15.2　微小空間を利用する分析法

15.2.1　化学分析

マイクロ流路内の層流と大きな比界面積，短い分子拡散距離といった特徴をうまく利用することで，これまで分液ロートを用いて行っていた混合・反応，2相形成，溶媒抽出，分取といった操作を，マイクロ流路中に流すだけで実現することができる．例えばコバルト湿式分析は，錯形成反応，溶媒抽出，共存金属錯体の分解・除去，コバルトの定量という手順からなるが，その操作はす

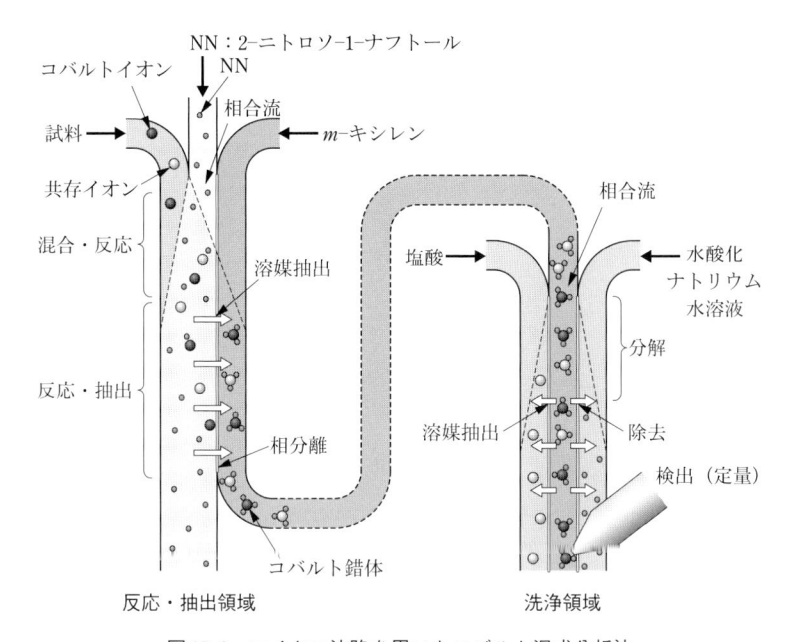

図15.4　マイクロ流路を用いたコバルト湿式分析法
［M. Tokeshi, T. Minagawa, K. Uchiyama, A. Hibara, K. Sato, H. Hisamoto, T. Kitamori, *Anal. Chem.*, **74**, 1565（2002），Fig.5を参考に作成］

べて入れると約40操作にも及ぶ．そこで，錯形成反応・溶媒抽出と共存金属錯体の分解・除去を行う2つの領域からなるマイクロ流路を用いることで，これまで分液ロートなどを用いて繰り返し行ってきた煩雑な操作を，1つのマイクロチップ上に集積化することができる（**図15.4**）．特に共存金属錯体の分解・除去は，これまで塩酸，水，水酸化ナトリウム水溶液を3回以上作用させる必要があったが，合一した形状のマイクロ流路を用いることで，塩酸と水酸化ナトリウム水溶液を同時に作用させることができるようになり，操作の大幅な簡略化と短時間化が実現できる．

15.2.2　PCR・電気泳動

　マイクロ流路内の流体は，その比界面積の大きさと熱容量の小ささとが相まって，伝熱速度が非常に速い，すなわち外部からの温度制御に迅速に応答するのが特徴である．この特性は，均一な粒径をもつナノ粒子を合成するといっ

第15章 マイクロチップによる化学・生化学分析

A　95 ℃　熱変性
B　77 ℃　伸長
C　60 ℃　アニーリング

図15.5　マイクロ流路の流れを利用した連続流PCR
[M. U. Kopp, A. J. Mello, A. Manz, *Science*, **280**, 1046 (1998), Fig.1を参考に作成]

た合成条件を精密に制御する必要がある場合に威力を発揮するとともに，温度サイクルによりDNAを増幅する**PCR**（polymerase chain reaction）を行う場合に非常に有効である．通常，20 μL程度の溶液を用いて1〜2時間程度で終了するPCRだが，マイクロ流路中でnLオーダーのごく微量溶液を用いることで温度応答が高くなり，高速な温度サイクルを実行できるため，5〜10分程度で終了することが可能である．ただ，良好な熱伝導を実現するには熱源として用いるペルチェ素子とチップを空気層を挟まずに完全に接触させる必要があるため，赤外線ランプを用いて非接触で溶液を加熱する方法も考案されている．このような熱容量の小ささとともに，マイクロ流路の流れを利用して連続的にPCRを行う方法も考案されている（**図15.5**）．この方法では，異なる温度に設定した熱源の上を，溶液を流すと順番に通過していくような形状のマイクロ流路を用意することで，連続的にPCRを行うことが可能である．

また，増幅したDNAを分離分析する**マイクロチップ電気泳動**（microchip electrophoresis）においては，マイクロ流路の比表面積が大きく熱容量が小さいため，高電圧を印加した際に発生するジュール熱が効果的に放散される．その結果，より高い電圧を印加することができるようになるため，より高い分離度で高速な分離（数秒〜1分程度）が達成できる．マイクロ流路とバルブ構造を用いて，この電気泳動による分離分析の工程を前述のPCRや細胞からのDNA抽出という工程と接続することで，DNA解析に必要な一連の工程をすべて1つのマイクロチップ上で実現できるのも μTAS の特徴である．

Coffee Break

イムノアッセイ

　さまざまな疾患の同定に用いられるイムノアッセイ（immunoassay，免疫学的測定法）は，これまでマイクロタイタープレートと呼ばれる多数の直径数mmのウェル（容量：数十〜数百μL）からなる平板を用いて行われてきた．その中でも代表的なサンドイッチ法においては，マイクロタイタープレートのウェルに一次抗体を固定化した後，ここに抗原を添加して振とう・混合し，さらに二次抗体と適当な蛍光・発光試薬を加えることで抗原抗体反応を検出する．この抗原抗体反応では，抗原や抗体は壁面に固定化された抗体に到達して反応・結合する必要があるため，直径数mmのウェルの中を移動する必要がある．特に分子量が大きい抗体（数十〜数百kDa）は拡散係数が小さいため，強力に振とうするなどして壁面に固定化された抗原抗体複合体との反応を促進してやる必要がある．そこで，比界面積が大きく拡散距離の小さなマイクロ流路の特性を利用することで，この抗原抗体反応を迅速に行うことが可能になる．例えば，抗体を固定化したポリスチレンビーズを親水性の光硬化性樹脂内に担持したイムノピラーをマイクロ流路内に配置することにより，体積あたりの一次抗体量（抗体の溶液に対する比界面積）をマイクロタイタープレートのウェル壁面と比べて大幅に増やすことができる．また，マイクロ流路の表面張力を利用することで，抗原や二次抗体を含んだ溶液をポンプを使用することなく導入することができ，大きな表面積を有するポリスチレンビーズ上に固定化された大量の一次抗体は，溶液中の抗原や二次抗体と効率よく反応することができる（図）．この結果，わずか0.25μLという試薬量で4分以内にイムノアッセイを行うことが可能である．

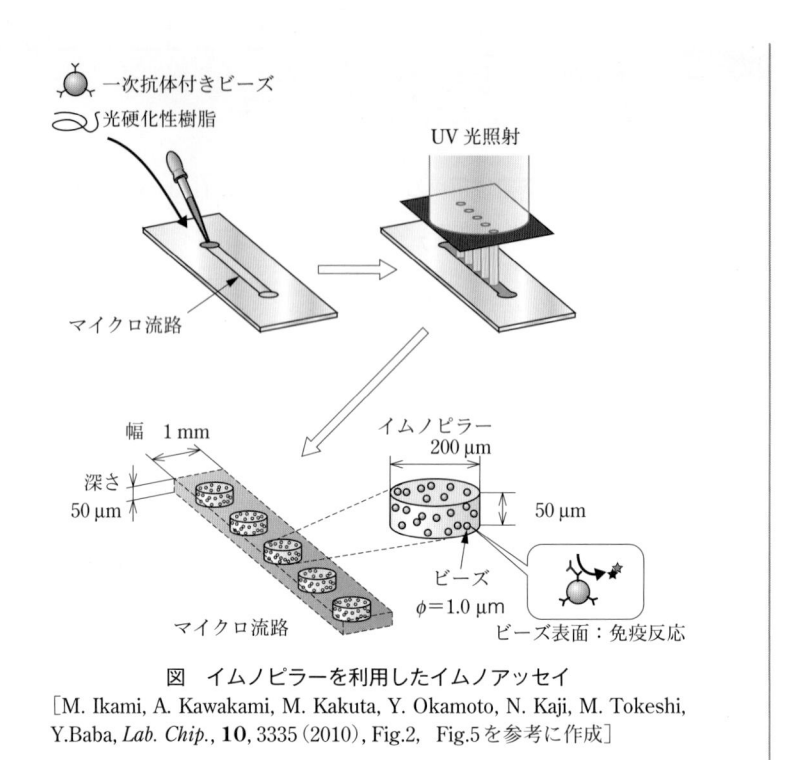

第15章 マイクロチップによる化学・生化学分析

図 イムノピラーを利用したイムノアッセイ
[M. Ikami, A. Kawakami, M. Kakuta, Y. Okamoto, N. Kaji, M. Tokeshi, Y.Baba, *Lab. Chip.*, **10**, 3335 (2010), Fig.2, Fig.5を参考に作成]

参考文献

1) 化学とナノマイクロ・ナノシステム研究会(監修), 北森武彦, 庄子習一, 馬場嘉信, 藤田博之(編), マイクロ化学チップの技術と応用, 丸善 (2004)

❖演習問題

15.1 直径100 μmのマイクロ流路に水を100 μm s^{-1}で導入した場合, レイノルズ数はいくらになるか. ただし, 水の密度は1.00×10^3 kg m^{-3}, 粘性率は0.894×10^{-3} kg m^{-1} s^{-1}とする.

15.2 μTASの利点と欠点についてまとめて述べよ.

第16章　有機質量分析

質量分析法（mass spectrometry, **MS**）は，分子あるいは原子をイオン化し，そのイオンを真空中で電磁気的な相互作用を利用して**質量電荷比**の違いによって分離・検出し，**マススペクトル**（mass spectrum）として記録する方法である．あらゆる化学物質が質量分析法の測定対象であるといっても過言ではなく，環境，食品，診断・臨床検査など生活に密着した分野における応用から，医薬品開発，考古学の年代測定，宇宙探査，オリンピックにおけるドーピング検査などに至るまで，極めて広範囲な分野で質量分析法が活用されている．

16.1　装置構成

質量分析計（mass spectrometer）には，実にさまざまなタイプが存在するが，基本的な装置構成は共通している（**図16.1**）．試料成分は試料導入系を通じて**イオン源**（ion source）に導入され，そこで**イオン化**（ionization）される．生じたイオンは，高真空に保たれた**質量分析部**（mass analyzer）に移送され，質量電荷比の違いによって分離された後に**検出器**（detector）で検出され，マススペクトルを得る．このように基本構成は共通しているが，あらゆる試料の測定に対応できる万能の質量分析計は存在しない．試料の存在状態（気体／液体／固体），分子量，解析目的（分子量決定，化学物質の同定，化学構造解析，

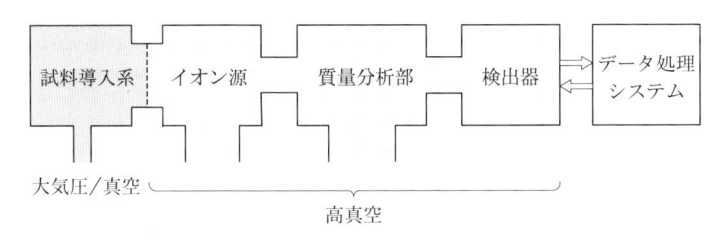

図16.1　質量分析装置の構成
［日本質量分析学会出版委員会（訳），マススペクトロメトリー，丸善（2007），図1.1より］

定量分析）などによって選択すべき質量分析計のタイプはまったく異なるので，さまざまなイオン化法や質量分析部の特徴をよく理解しておく必要がある．

16.2 イオン化

　質量分析において，イオン化法の選択は極めて重要である．試料が気体である場合はそのままイオン化すればよいが，液体や固体の試料については試料を気化させてからイオン化するか，固体あるいは液体中でイオンを生成させてから気化（脱離）させる方法を用いる必要がある．

16.2.1　気体試料のイオン化

　気体試料の測定は，主に**ガスクロマトグラフィー／質量分析法**（gas chromatography/mass spectrometry, GC/MS）が利用される．すでに試料成分は分子レベルで分散しているのでイオン化の考え方は単純であるが，イオン化反応の基礎であるので少し詳しく説明する．

(1) 電子イオン化

　GC/MSで最もよく用いられるイオン化法は，**電子イオン化**（electron ionization, EI）である．**図16.2**に，EI用のイオン源の模式図を示す．イオン源の構造は簡単であり，試料導入口，電子を放出するためのフィラメントと電子流を制御する電子トラップ，生じたイオンを質量分析部へ送り出すためのリペラー電極およびイオン流を整えるイオンレンズから構成されている．これらはすべて装置内の真空部に設置されている．

　GCキャピラリーカラムあるいは試料導入口からイオン化室に導入された気体状の試料分子Mに，フィラメントから電子ビームを照射して通常70 eVの高エネルギーをもつ電子（e^-）を衝突させると，分子から1個の電子が弾き飛ばされ，**分子イオン**（molecular ion）が生成する．

$$M + e^- \rightarrow M^{+\cdot} + 2e^- \quad (16.1)$$

このイオンは，不対電子をもつ正イオン（ラジカルカチオン）であり，$M^{+\cdot}$と表記する．このイオン化の過程で，衝突した電子から試料分子に高いエネルギー

16.2 イオン化

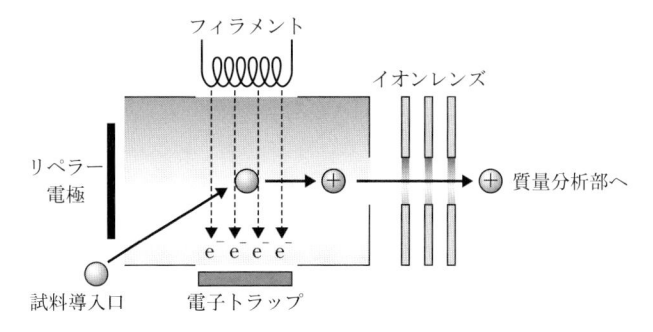

図16.2 EIイオン源の構造とイオン化の機構

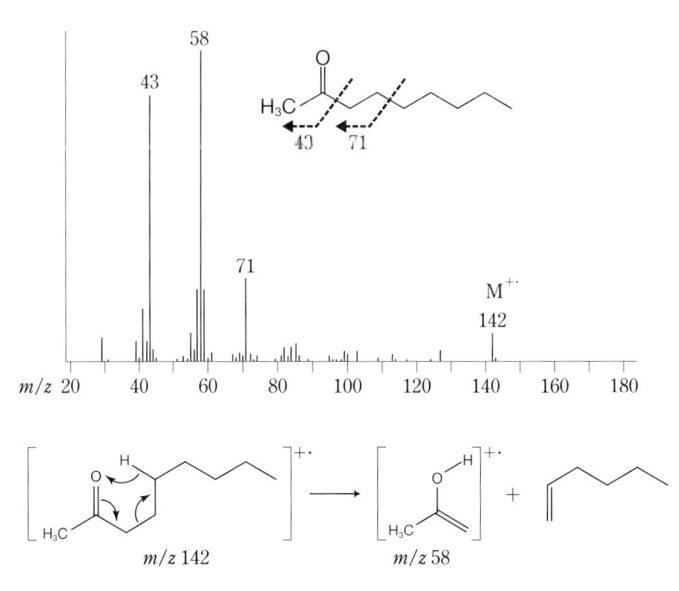

図16.3 メチルヘプチルケトンのEIマススペクトル
［代島茂樹, ぶんせき, **2009**, 54（2009）, 図2aを一部改変］

が渡されて分子構造の**フラグメント化**（fragmentation）が起こる．そのため，EIでは**フラグメントイオン**（fragment ion）のピークが数多く観測される一方で，分子イオンのピークは一般に微小であり，分子種によってはまったく観測されない．

それでは，実際のマススペクトルをみてみよう．**図16.3**に，メチルヘプチ

209

ルケトン（$CH_3COC_7H_{15}$，分子量142）をEIでイオン化して観測されたマススペクトルを示す．マススペクトルは，横軸を質量電荷比から求められる*m/z*値（エムオーバージーと読む），縦軸を信号強度で2次元表示したものである．このマススペクトルでは，最も大きな質量をもつイオンのピークが*m/z* 142に観測されており，これはメチルヘプチルケトンの分子イオンである．それよりも小さな質量をもつピークは，フラグメントピークである．奇数の値をもつフラグメントイオンは分子構造が開裂して生じたものであり，*m/z* 71のピークは$CH_3COCH_2CH_2^+$に，*m/z* 43のピークはCH_3CO^+に帰属することができる．*m/z* 58は，Hが転位した後（**マクラファティー転位**という），1-ヘキセン（$CH_2=CHCH_2CH_2CH_3$）分子が脱離して生じたものである．このように，EIではフラグメントピークのパターンに基づいて分子種の同定や構造解析を行うことができる．フラグメントピークの解読にはそれなりの知識と経験が必要である．一般には測定装置に付属しているマススペクトルライブラリを自動検索することによって化学種の同定が行われている．

（2）化学イオン化

EIでは，試料分子の著しいフラグメント化のために分子量情報を与えるピークが観測できないことが多い．そこで，試料分子のフラグメント化をできるだけ抑制する，**ソフトイオン化**（soft ionization）と呼ばれるさまざまなイオン化法が開発されてきた．ここでは，**化学イオン化**（chemical ionization，**CI**）を取り上げながら，ソフトイオン化の基本原理について説明する．

CIは，試薬ガスと呼ばれるメタン，イソブタン，アンモニアなどの低分子量の有機ガス種をイオン化し，その試薬ガスイオンと試料分子を化学反応させて試料分子を温和にイオン化する方法である．GC/MSで分離されたピーク成分の分子量を推定するために，EIと相補的に用いられる．CI用のイオン源は，EIイオン源と類似しているが，EIイオン源よりも気密性が高いイオン化室に試薬ガスの導入系を備えた構造をしている．

ここでは試薬ガスにメタンを用いた場合を例にして，CIにおけるイオン化の原理を説明する．CIでは，低真空（10^2 Pa程度）のCIイオン源でEI反応により試薬ガスをイオン化する．通常のEIイオン源で用いる高真空中（約10^{-4} Pa）では，分子イオン$CH_4^{+ \cdot}$（*m/z* 16）やCH_3^+（*m/z* 15）などのフラグ

メントイオンが優勢に生成するが，試薬ガスが豊富な低真空中ではメタン分子にプロトンが付加したイオンCH_5^+（m/z 17）や$C_2H_5^+$（m/z 41）などのフラグメントイオンとメタン分子が再結合したイオンが主に生成する．

$$CH_4 + e^- \rightarrow CH_4^{+\cdot},\ CH_3^{+\cdot},\ \cdots \tag{16.2}$$
$$CH_4^{+\cdot} + CH_4 \rightarrow CH_5^+ + CH_3^{\cdot} \tag{16.3}$$
$$CH_3^+ + CH_4 \rightarrow C_2H_7^+ \rightarrow C_2H_5^+ + H_2 \tag{16.4}$$

これらのイオンが試料分子Mと衝突すると，試料分子へのプロトン（H^+）移動や試料分子からのヒドリド（H^-）引き抜き，試薬ガスイオンの付加，電荷交換などが起こり，試料分子に過剰なエネルギーを与えることなくイオン化する．実際にはCIではさまざまなイオン種が反応に関与し，かつ複数の反応が連鎖的に起こる．CIではそれぞれの反応は競争的に起こり，試薬ガスの種類，量（圧力），温度，イオン源の構造などによってCIで観測されるマススペクトルのピーク強度やパターンは異なることに注意する．

CIでは，正イオンだけではなく負イオンも生じる．負イオンを対象としたCIは，**負イオン化学イオン化**（negative ion CI, NCI）と呼ばれる．NCIは，正イオンのCIとほぼ同じ条件下で行われるが，イオン化の機構は大きく異なり，電子捕獲反応，プロトン移動反応，および付加反応が起こる．

16.2.2　液体試料のイオン化

液体試料のイオン化は，主に**液体クロマトグラフィー／質量分析法**（liquid chromatography/mass spectrometry, LC/MS）で用いられる．多量の試料溶媒を高真空の質量分析部に導入することができないため，大気圧下で試料溶媒をスプレーして溶媒を除去するとともに試料分子をイオン化し，生成したイオンのみを効率よく高真空の質量分析部に導入する方法が開発されてきた．

（1）大気圧化学イオン化

大気圧化学イオン化（atmospheric pressure chemical ionization, **APCI**）はCI反応を大気圧下で行うイオン化法であるが，イオン源の構造は真空中でのCIとまったく異なっている．**図16.4**に，APCI用のイオン源の構造を示す．

LCからの溶離液は，インターフェースの出口付近で400℃程度に加熱され

第16章 有機質量分析

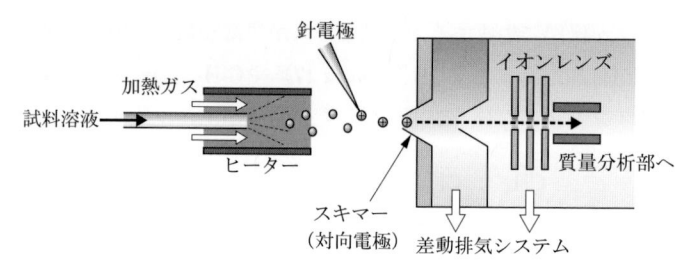

図16.4　APCIイオン源の構造
［日本分析化学会（編），佐藤浩昭（著），環境分析ガイドブック，丸善出版(2011)，図4.69より］

た窒素ガス流によって噴霧・気化する．気化した溶媒分子は，数kVの高電圧が印加された針電極とスキマー（対向電極）の間に発生したコロナ放電によりイオン化する．この溶媒イオンはCIの試薬ガスイオンとして働き，CI反応によって試料分子をイオン化する．生じたイオンは，スキマーを通じて差動排気により段階的に高真空の質量分析部へと導入される．

(2) 大気圧光イオン化

大気圧光イオン化（atmospheric pressure photoionization，**APPI**）は，APCIでもイオン化が困難である低極性化合物の測定を行うために開発された比較的新しいイオン化法であり，多環芳香族化合物（PHAs）や農薬などの分析によく利用されている．イオン源の構造はAPCIとよく似ているが，コロナ放電を起こす針電極部の代わりに，Krランプを用いた紫外線（UV）光源が設置されている．実際の測定装置は，APCI源と兼用であり，簡単な操作でAPPI源に切り替えることができる．

(3) エレクトロスプレーイオン化

エレクトロスプレーイオン化（electrospray ionization，**ESI**）は，高極性や高分子量の有機化合物を極めてソフトにイオン化することができる方法である．他の方法ではソフトイオン化がほぼ不可能であった脂質，糖，ペプチド，タンパク質など多くの生化学試料をイオン化できるため，後述のMALDIとともに，ライフサイエンス分野の発展に大きく貢献している．さらにESIは，タ

ンパク質と薬物との複合体など，溶液状態でのみ安定に存在できる化合物の測定にも適用されている．

図16.5に，ESI用のイオン源の構造とイオン化の機構を示す．ESIでは，LCからの試料溶液をスプレーするキャピラリーの先端と対向電極（スキマー）との間に高電圧（3〜5 kV程度）を印加することによって帯電液滴を形成させ，液滴の脱溶媒と静電反発によって試料分子をイオン化する．キャピラリーを通過してきた試料溶液は，高電圧が加えられたスプレー部の先端で，テイラーコーンという円錐状の形に収束し，その先端部で過剰に帯電した霧状の液滴が生じる．その液滴から溶媒が揮発するにつれて液滴表面の電荷密度は増し，ついに臨界状態に達すると，液滴は崩壊して細分化され，最終的に溶媒が完全に蒸発してイオンが生成される．このように，電荷過密状態からイオンが生じるため，正イオンモードでは多価プロトン化分子 $[M+nH]^{n+}$ が生じやすく，負イオンモードでは多価脱プロトン化分子 $[M-nH]^{n-}$ が生成しやすい．

多価イオンに対して観測される m/z 値は，分子の質量 M そのものを示すわ

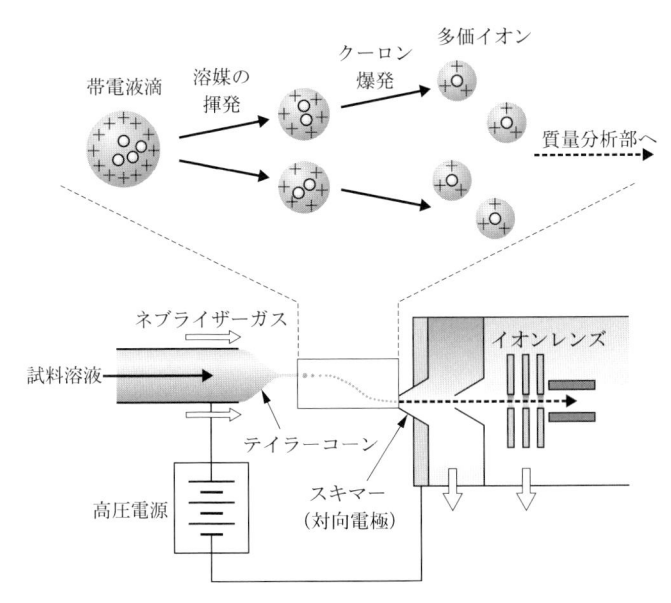

図16.5　ESIイオン源の構造の例
［日本分析化学会(編)，佐藤浩昭(著)，環境分析ガイドブック，丸善出版(2011)，図4.68より］

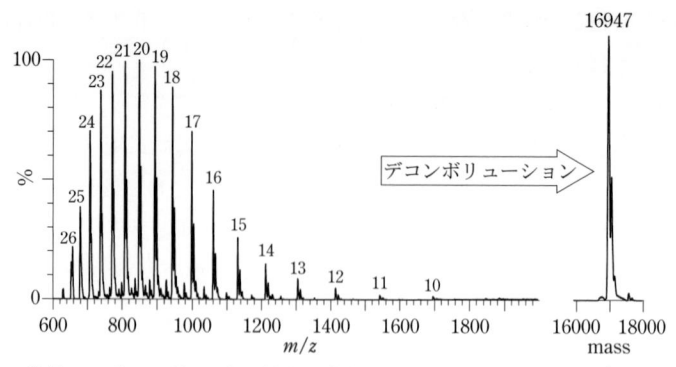

質量Mの分子に対して観測された多価プロトン化分子($[M + zH]^{z+}$)のピークP_1のm/z値(m_1)は，イオンの価数をz_1とすると，$m_1 = \dfrac{M + z_1}{z_1}$である．$z_1$は，隣接する$P_2$の$m/z$値($m_2$)から，$z_1 = \dfrac{m_2 - 1}{m_1 - m_2}$である．
分子の質量Mは，$M = z_1(m_1 - 1)$から求めることができる．2本のピークだけではなく，多くのピークの組み合わせで計算を行うと精度が向上する．

図16.6 ESIで観測される多価イオンとデコンボリューションの例（試料：ミオグロビン）
　　　　［産業技術総合研究所 絹見朋也氏より提供された図をもとに作成］

けではないので，質量Mを求めるために**デコンボリューション**（deconvolution）と呼ばれる操作を行う．**図16.6**に，ミオグロビンをESIでイオン化して観測されたマススペクトルとデコンボリューションの結果を示す．ここでは，10価（$[M + 10H]^{10+}$）から26価（$[M + 26H]^{26+}$）のイオンが観測されている．図では価数を示したが，実際には各ピークの価数zは不明である．しかし，隣接するピークの価数zは1つだけ異なることを利用すれば，m_1/z_1とm_2/z_2（$m_2/z_2 < m_1/z_1$）の位置に観測された隣接するピークの間隔から質量Mを推測することができる．実際のデコンボリューションは測定装置に付属の解析ソフトウェアを用いて行われる．

16.2.3　固体試料のイオン化

　液体試料のイオン化は，使用できる溶媒の種類や共存する塩の濃度に制限があるため，試料によっては溶液状態でのイオン化が困難になる．このような試料には，試料を固体状態にしてイオン化する方法が用いられる．固体試料のイオン化は，試料の表面に何らかのエネルギーを急速に加えて，試料分子のイオ

ン化と気化（脱離）をほぼ同時に行う方法が用いられる．また，固体試料表面の化学組成を解析する目的でも用いられている．

(1) マトリックス支援レーザー脱離イオン化

　試料表面にレーザー光をパルス照射してイオン化する方法を**レーザー脱離イオン化法**（laser desorption ionization, **LDI**）という．試料分子が照射するレーザー光の波長に強い吸収をもつ場合，試料分子は光エネルギーを吸収して励起し，電子を放出してラジカルカチオン（$M^{+\cdot}$）が生じる．LDIは，多環芳香族化合物などの紫外光を吸収しやすい化合物のソフトイオン化に適している．

　しかしLDIでは，試料分子そのものがレーザー光のエネルギーを吸収して加熱されるため，熱的に不安定でフラグメント化が起こりやすい生体関連物質や高分子量化合物の測定には適していない．そこで，レーザー光を吸収する低分子量の有機化合物（**マトリックス剤**）と試料と混合して結晶化し，その表面にレーザー光を照射すると，マトリックス剤の支援により，試料分子を間接的にイオン化することができる．この方法を，**マトリックス支援レーザー脱離イオン化**（matrix-assisted laser desorption ionization, **MALDI**）という．MALDIは，低極性から高極性まで多様な高分子量化合物を極めてソフトにイオン化することができるため，生化学関連試料や合成高分子などさまざまな高分子量化合物のイオン化によく用いられている．ESIと測定対象がある程度重複するが，化合物ごとに得意なイオン化法が異なるので，相補的に用いられることが多い．MALDIは，混合物中の組成分布を調べたい場合や，比較的高濃度の無機塩を含む試料の測定などに有利である．**図16.7**に，MALDIマススペクトルの例を示す．試料は，タンパク質をトリプシンで酵素消化して得られたペプチド断片であり，それぞれのピークが異なるペプチドに由来する．これらの質量をもとにインターネットでデータベース検索すると，酵素消化前のタンパク質を同定することができる．この手法は，**プロテオーム解析**で活用されている．

　図16.8に，MALDIのイオン源の構造とマトリックス剤の例を示す．一般には高真空（10^{-5} Pa程度）に保たれたイオン化室内に，試料プレートを設置し，その表面に紫外レーザー光を照射するシステムになっている．生じたイオンを質量分析部に導入するために，20 kV程度の高電圧を印加する加速電極が設置されており，試料プレートがその一極となる．

第16章　有機質量分析

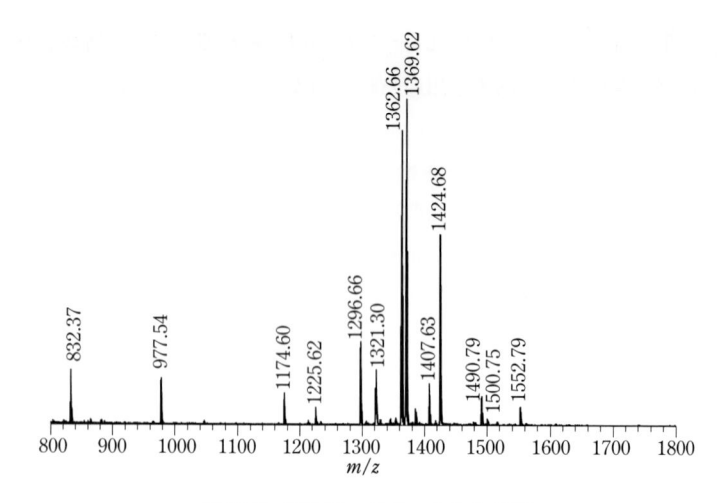

図16.7　MALDIマススペクトルの例

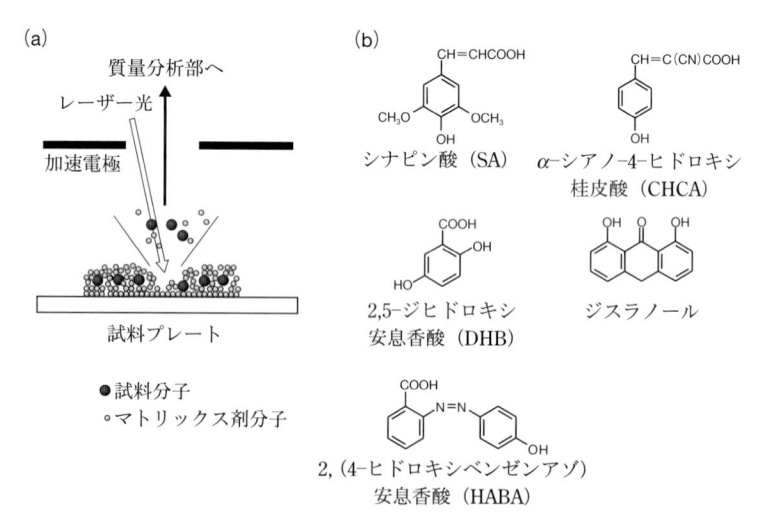

図16.8　(a)MALDIイオン源の構造と(b)マトリックス剤の例

　MALDIでは，試料分子とマトリックス剤を溶液化して混合し，それを乾燥させて調製した微細結晶の表面に紫外レーザー光を数ナノ秒（10^{-9}秒）という極めて短い時間幅でパルス照射する．マトリックス剤は，用いる紫外レーザー光の波長に高い吸光度をもつ低分子量有機化合物が用いられる（図16.8(b)）．

紫外レーザー光を吸収したマトリックス剤は急速に加熱気化するとともに光イオン化する．また塩が共存していると，これらも光イオン化し，金属カチオンが生じる．マトリックス剤の気化に伴って試料分子もほぼ同時に真空中に放出され，イオン化したマトリックス剤とのプロトンの授受や，共存していた塩から生じた金属カチオンの付加などによって，試料分子のイオン化が達成される．MALDIでは，中性の試料分子へのイオン付加反応が主であるため，1価のイオンが生じやすい．ESIのようにクロマトグラフィーと組み合わせる必要がないため，迅速に多検体を処理するハイスループット測定に向いている．

(2) 二次イオン質量分析

二次イオン質量分析（secondary ion mass spectrometry，**SIMS**）は，試料表面にイオンビーム（一次イオン）を照射し，その衝突により供給されたエネルギーによって試料を脱離・イオン化する方法である（9章参照）．SIMSはイオンビームの照射径をサブμmまで絞ることによって照射位置をずらしながら表面のマッピング解析を行うことができるため，表面の組成分布や局所的な汚染の解析に威力を発揮する．また，多量の一次イオンを照射して試料を掘り進めることによって，深さ方向の組成分布の解析にも利用されている．これまでSIMSは，主に無機材料（特に半導体）の表面分析の分野で用いられてきたが，最近では，有機薄膜など，高機能性有機化合物の分析にもSIMSが利用されはじめている．無機材料分析では，多量の一次イオンを連続的に照射して表面成分を弾き飛ばしながら試料成分を原子レベルまで分解し，そのイオンを測定する（**dynamic-SIMS**，DSIMSという）．一方，有機材料分析では，一次イオンの照射量を10^{12}個$S^{-1}cm^{-2}$以下にして有機化合物のフラグメント化を抑制した，**static-SIMS**（SSIMS）というソフトイオン化法が用いられる．static-SIMSは少ない一次イオン照射量で高分子量のイオンを生成させるため，後述の高分解能かつ高感度な**飛行時間型**（time-of-flight，**TOF**）の質量分析部と組み合わせたTOF-SIMSと呼ばれる方法がよく用いられる．

SSIMSは，表面1分子層の有機物の化学構造と分布状態を評価することができる．ポリマー分子のイオン化もある程度は可能であり，材料表面に塗布されたポリマーコートや高分子量化合物に由来する汚染物の化学種を推定することができる．また，分子イオンやクラスターイオンを照射して表面を温和にエッ

チングして，有機材料の深さ方向分析を行う試みもなされている．

16.3 質量分析部

イオン源で生成したイオンは，質量分析部に送り込まれ，電磁気的な相互作用を利用してイオンの質量電荷比の違いに基づいて分離される．質量分析部にはいくつかのタイプがあり，イオンが連続的に生じるかパルス的に生じるかの違いや，分解能，感度，定量性，価格，取り扱いやすさなどさまざまな検討項目のうち，どれを優先するかによって選択する質量分析部が異なってくる．

16.3.1 飛行時間型

飛行時間（time-of-flight，TOF）**型質量分析部**は，高分解能かつ高感度な質量分析を行うことができる．**図16.9**に，TOF型質量分析部の基本的な構造を示す．イオン源で生じたイオンは，加速用の電極間に加えられた数千〜数万Vの電位差によってパルス的に加速され，フライトチューブに導入される．加速されたイオンは，電位差がないフライトチューブ内を等速飛行し，検出器で検出される．MALDIと組み合わせたMALDI-TOFMSでは，金属製の試料プレートが加速用電極の一端を兼ねる．ここで，質量m_iのイオンが電位差V_0で加速され，速度vで飛行した場合，イオンの運動エネルギーは次式で与えられる．

$$zeV_0 = \frac{1}{2}m_i v^2 \tag{16.5}$$

ここで，zはイオンの電荷の数，eは電気素量（1.602×10^{-19} C）である．すなわち，イオンの速度vは，次のようになる．

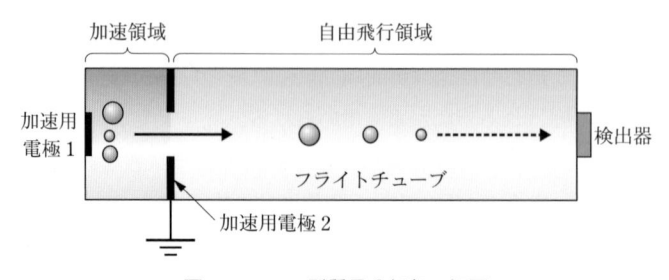

図16.9 TOF型質量分析部の概要

$$v = \sqrt{\frac{2\,zeV_0}{m_i}} \qquad (16.6)$$

このイオンが検出器に到達するまでの時間tは，フライトチューブの長さLをイオンの速度vで割って求められるため，式(16.6)を代入して，次式が得られる．

$$t = \frac{L}{v} = L\sqrt{\frac{1}{2\,eV_0}\frac{m_i}{z}} = k\sqrt{\frac{m_i}{z}} \qquad (16.7)$$

ただし，式(16.7)において，装置の測定条件が一定であった場合に定数となる部分をkとした．式(16.7)から，1価のイオン（$z=1$）に対してはイオンの飛行時間は質量の平方根に比例し，質量が小さなものから順に検出器に到達することがわかる．また，TOF型質量分析部を用いて高質量イオンを検出するためには，原理的にはイオンを検出する時間を延長するだけでよい．実際に，高質量イオンの生成に適したMALDIとの組み合わせ（MALDI–TOFMS）により，分子量が十万以上のタンパク質やポリマーを質量分析することも可能である．また，生成したイオンの大半を検出できるので高感度分析に適しており，アトモル（10^{-15} mol）レベルのごく微量の試料でも質量分析することができる．

　実際にイオンが生成する過程では，生成時間と初速にばらつきがあるため分解能が低下する要因となる．そこでイオン生成の時間幅と初期運動エネルギーを収束して高分解能測定を行うために，時間差および複数の電位差を設けてイオンを加速する機構が採用されている．さらに，フライトチューブに設置した静電場でイオンを折り返すことによって分解能を向上させる**リフレクトロン**を組み込んだ装置が一般的である．これらの技術により，TOF型質量分析部の分解能は飛躍的に向上し，今では分解能数万以上を達成できる装置が珍しくない．

　パルス的にイオン化を行うMALDIやstatic–SIMSは，TOF型質量分析部との相性がよい．しかし，クロマトグラフィーとの結合でみられるような連続的にイオンが生じるイオン化法をTOF型質量分析部と組み合わせるためには，イオンの導入方法に工夫が必要である．連続的に生じるイオンビームを平行にして加速領域に導入し，直交する方向にパルス的にイオン流を加速する**直交加速型TOF**（orthogonal acceleration TOF, oaTOF）の装置が利用されている．こ

の技術により，最近では高分解能測定を目的としたGC/MSやLC/MSでも，TOF型質量分析部が利用されはじめている.

16.3.2 四重極型

四重極型（quadrupole）**質量分析部**は，分解能は低いが小型で安価であり，しかも定量性に優れている.連続的に発生するイオンの分離に適しているため，GC/MSやLC/MSで汎用されている.図16.10に，四重極型質量分析部の構造を示す.イオン源で生じたイオンは，4本の平行な金属ロッドから構成される空間に送り込まれる.それぞれの電極ロッドには，$\pm(U+V\cos\omega t)$の高周波電圧が印加されており，隣り合った電極で電圧の正負が異なっている.なお，ωは周波数であり，tは時間である.イオン源からロッド空間に進入したイオンは，周期的に変化する電場の中で振動し，ある特定のm/z値をもつイオンのみが安定ならせん状軌道を描きながらロッド空間を通過することができる.この電位の条件はイオンのm/z値によって異なるが，ロッド電極に印加する電位の直流成分Uと交流成分の振幅Vの比を0.168よりもわずかに下回るように一定に保ちながらUとVを変化させることにより，質量が異なるイオンをm/z値の低いものから順に通過させることができる.ある特定のイオンをフィルターを通じて通過させるイメージから，四重極型質量分析部は四重極マスフィルターとも呼ばれる.

四重極型質量分析部が取り扱える測定範囲はあまり広くないが，GC/MSで測定対象となる分子量範囲におおよそ合致している.そのため，汎用のGC/MS装置の大半は四重極型質量分析部を採用している.LC/MSは，測定対象試料の分子量範囲が四重極型質量分析部の測定対象を超えることがあるが，多

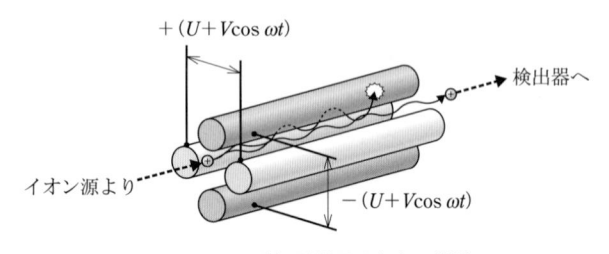

図16.10 四重極型質量分析部の構造

価イオンが生じる ESI と組み合わせればイオンの m/z 値はその測定可能範囲に収まる．そのため，四重極型質量分析部の高性能化は，GC/MS および LC/MS の普及と技術の進歩に大きく貢献した．

16.3.3 そのほかの質量分析部
（1）磁場セクター型

磁場セクター型（magnetic sector）は，磁場の作用（ローレンツ力）によって荷電粒子の運動方向が曲げられることを利用している．磁場セクターのエネルギー分散を打ち消すために静電場セクターを組み合わせた**二重収束型**（double focusing）**質量分析部**は，数万以上もの高分解能が得られるため，有機化合物の精密な質量を測定して元素組成を明らかにし，構造決定を行うための重要な手段として活用されてきた．最近では，TOF 型装置の感度と分解能が飛躍的に向上し，ソフトイオン化法との組み合わせが得意であるため，磁場セクター型装置の活躍の場は狭められつつある．それでも，環境分析の分野では高分解能 GC/MS 測定のための装置としていまだに重要である．

（2）四重極イオントラップ型

四重極イオントラップ型（quadrupole ion trap，**QIT**）は，四重極型質量分析部と同様の原理であり，リング電極空間に高周波四重極電場を発生させると安定な軌道を描くイオンのみを閉じ込めておけることを利用している（**図 16.11**）．印加する電圧を制御することにより，特定の m/z 値をもつ目的イオン（前駆イオンという）のみをトラップし，QIT 内でイオンを分解させて生じたフラグメントイオン（生成物イオンという）の質量分析を行うことができる．このような測定を MS/MS（エムエスエムエスと読む）という．**MS/MS** は，イオンの構造解析に用いられ，特にペプチドや糖鎖の配列解析で威力を発揮している．そのため，QIT 型は，構造解析の手段として用いられる．

（3）フーリエ変換イオンサイクロトロン共鳴型

フーリエ変換イオンサイクロトロン共鳴型（Fourier transform ion cyclotron resonance，**FT-ICR**）は，さまざまな質量分析部の中で，桁違いの高分解能を有しており，かつ最も高価な装置である．FT-ICR 型は，高磁場中でイオンが

第16章　有機質量分析

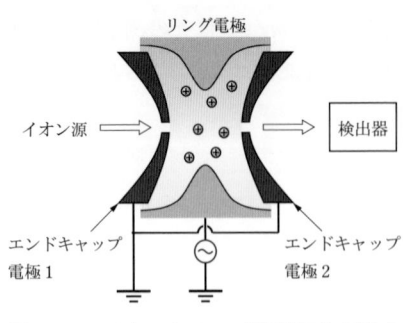

図16.11　イオントラップ型質量分析計の構成（断面図）

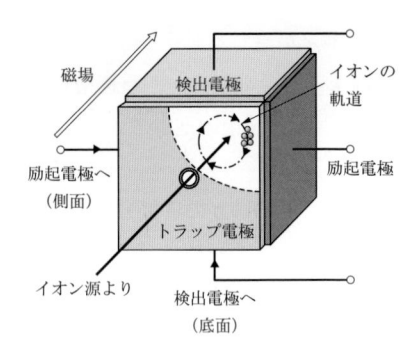

図16.12　FT-ICR型質量分析計の構成

ローレンツ力の作用により等速円運動（**サイクロトロン**運動）することを利用している（**図16.12**）．イオンを超伝導磁石によって作り出された空間内にトラップし，サイクロトロン運動させると，イオンはm/z値の違いによって異なる共鳴周波数で回転運動する．この回転運動によって生じる誘導電流を検出し，その信号をフーリエ変換して周波数解析を行い，マススペクトルに変換する．共鳴周波数の測定は極めて正確かつ高精度で行うことができるため，FT-ICRでは数十万以上の超高分解能で1 ppm以下の正確さでイオンの質量を決定することができる．また，イオンを閉じ込めているため，QIT型と同様にMS/MS測定によりイオンの構造解析を行うことができる．

16.3.4　タンデム質量分析

　イオントラップ型の質量分析部では，1つの装置でMS/MS測定を行うことができるが，複数の質量分析部を接続してMS/MSを行う**タンデム質量分析計**（tandem mass spectrometer）もよく用いられている．タンデム質量分析計には，さまざまな質量分析部の組み合わせがあり得るが，四重極部を複数連結させたもの，リニアーTOF部とリフレクトロンTOF部を連結させたもの，四重極部とリフレクトロンTOF部を連結させたものなどが代表例である．

　タンデム質量分析は，ソフトイオン化法で生じたイオン種の構造解析や，複雑な組成をもつ混合試料中の特定成分を選択的に検出する目的で用いられる．クロマトグラフと接続して定量分析を行う場合には，四重極ロッドを3本直結した**三連四重極質量分析計**（triple quadrupole mass spectrometer）がよく用い

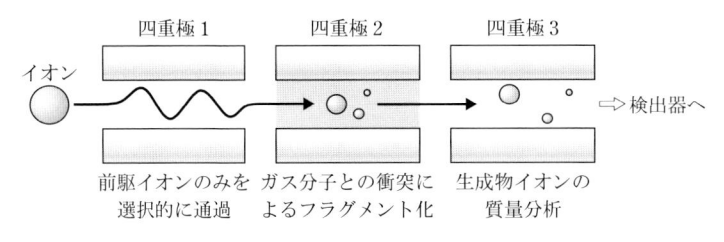

図16.13 三連四重極質量分析計の構成

られている（**図16.13**）．ここでは，1本目の四重極型質量分析部で前駆イオンのみを通過させ，2本目の四重極型質量分析部でイオンをガス分子に衝突させてフラグメント化し，3本目の四重極型質量分析部で生成物イオンを質量分析する．2本目の四重極ロッドでは質量分析を行わないため，QqQと表現される（Qあるいはqはquadrupoleの略）．三連四重極質量分析計は，感度や分解能が低いが，ダイナミックレンジが広く，他の質量分析部よりは低真空でも動作するため，特に液体クロマトグラフとの接続による定量分析で威力を発揮する．一方，定性分析では，後段に高感度かつ高分解能のリフレクトロンTOF型質量分析部を用いることが多い．イオン化法にESIを用いる場合は，前段および衝突室に四重極ロッドを用いたQ-TOFと呼ばれる装置が用いられる．イオン化法にMALDIを用いる場合は，前段にリニアーTOF型，後段にリフレクトロンTOF型を配置したTOF-TOFと呼ばれる装置が用いられる．そのほかにも，前段にイオントラップ型を用いて多段階のMS/MS（MS^nという）を行い，最後にTOF型質量分析部で高分解能質量分析を行う装置も開発されている．

16.4　検出器

質量分析部を通過しながら分離されたイオンは，最終的に検出器に衝突して，その数がカウントされる．検出器に到達するイオンの数は微量であるため，信号強度を増幅する必要がある．よく用いられている検出器は，**二次電子増倍管**（secondary electron multiplier，SEM）である（**図16.14**）．SEMは，**ダイノード**と呼ばれる金属あるいは半導体製の曲面をいくつも組み合わせた構造をもっている（図16.14(a)）．ダイノードに，高速の粒子（イオン，電子，光子など）

第16章　有機質量分析

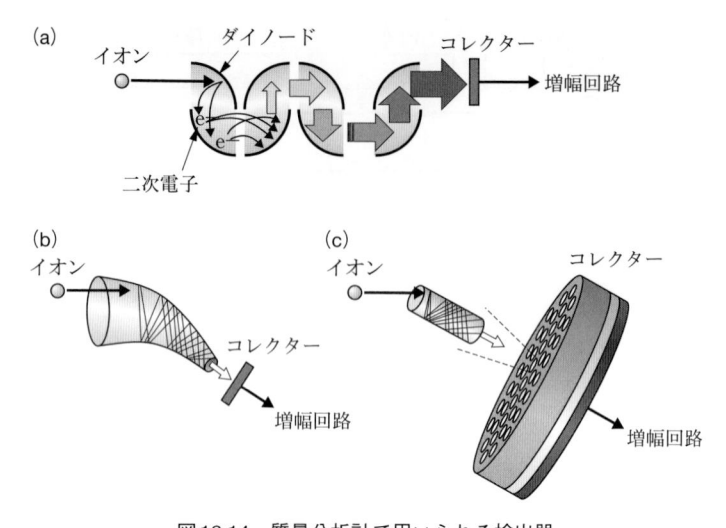

図16.14　質量分析計で用いられる検出器
(a)二次電子増倍管，(b)チャンネルトロン，(c)マイクロチャンネルプレート．

が衝突すると，数倍の二次電子が放出される．高速粒子が向かい合った次のダイノードに衝突し，そこでさらに数倍の二次電子が放出されるということを繰り返して，最終的に10^4〜10^8倍もの二次電子に増幅される．筒状の内壁に二次電子を放出する材料を塗布して管の中で多段階の増幅を行う連続ダイノード型の検出器を，**チャンネルトロン**（channeltron）という（図16.14(b)）．管には直線状および湾曲状のものがあるが，いずれもSEMよりも小型で安価である．微小な直線状のチャンネルトロンを円盤状に集積したものを，**マイクロチャンネルプレート**（micro channnel plate，MCP）という（図16.14(c)）．MCP検出器は応答が速いので，ナノ秒以下の間隔でイオン検出を繰り返す必要があるTOF型質量分析部と組み合わせて用いられることが多い．

　いずれの検出器でも，増幅された二次電子はコレクターで電流として出力され，電圧に変換され，さらにアナログ／デジタル（A/D）変換されて，信号強度として記録される．そのためマススペクトルの縦軸は，イオンのカウント数か電圧値で表記される．しかし，カウント数はあくまでも検出器に到達したイオンの数であり，試料中に存在していた成分の絶対量を表しているわけではない．したがって，カウント数の数値そのものに定量的な意味はないので，マス

スペクトルで最大強度ピーク（基準ピーク）に対する相対ピーク強度に規格化して表現されることが多い．

16.5 クロマトグラフィーとの結合

質量分析計は，各種クロマトグラフィーの検出部として利用されることが多い．クロマトグラフィーは，環境試料や生体試料など極めて多くの共存成分から目的成分を分離検出する目的で利用されるが，その検出には質量分析の高い検出感度と選択性が有用である．分離カラムから溶出してくる物質のマススペクトルを連続的に測定し，得られたデータをコンピュータで処理することによって任意の保持時間におけるマススペクトルと，任意のイオンの時間的変化を記録したマスクロマトグラムが得られる（図16.15）．

クロマトグラフ分離されたピークが明瞭に観測される場合は，広い質量範囲でマススペクトルを取り込み，ピーク強度を総和して**全イオンクロマトグラム**（total ion chromatogram，TIC）を描く．各ピークで得られたマススペクトルのフラグメントピークのパターンや分子イオンの質量などを手掛かりにして，ピーク成分の同定を行うことができる．これは，参照物質の保持時間を手掛かりとしたピーク同定と比べて，極めて高い信頼性が担保される．TICでは，夾雑物質のピークまですべて記録されるため，バックグラウンドの妨害を低減したクロマトグラムを得るために，ある目的成分に特徴的なm/z値に注目した

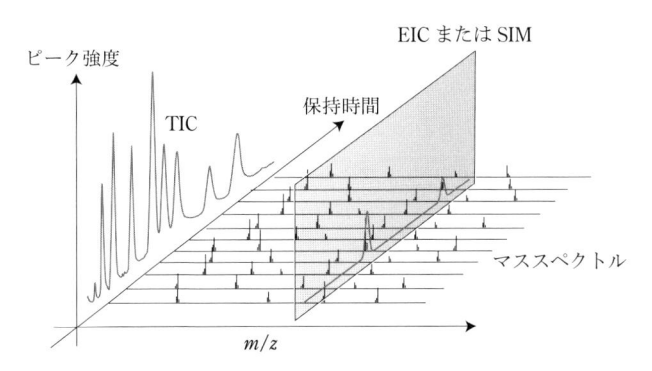

図16.15　クロマトグラフィーと質量分析の結合により得られる情報
[提供：東京薬科大学 梅村知也氏]

抽出イオンクロマトグラム（extracted ion chromatogram, EIC）が用いられる．イオンをスキャンして検出する四重極型と二重収束型の装置では，質量範囲全域のマススペクトルを取り込むと各m/zのサンプリング数が少なくなるので，高感度な分析が困難となる．そのため，目的成分のm/z値のみを通過させて検出する**選択イオンモニタリング**（selected ion monitoring, SIM）でクロマトグラムを描くと高感度測定が可能になる[*1]．

☕ Coffee Break

分子量，質量数，質量

質量分析で観測されるm/z値を「分子量」や「質量数」と呼ぶケースが見受けられるが，質量分析で測定できるのはイオンの「質量」であり，分子量や質量数ではないことに注意が必要である．分子量は，自然界での平均的な同位体組成をもとに定義された相対原子質量（原子量）から求められる計算値である．また，質量数とは，イオンを構成する原子に含まれる陽子と中性子の数の総和であり，整数値しか存在しない．すなわち，分子量と質量数は元素組成に基づく計算値であり，質量分析により直接観測される質量とは異なることに注意が必要である．

GC/MSで対象となる低分子有機化合物は，主に分子イオンが低分解能の質量分析計で観測されるため，整数値でこれらの値を議論しても問題にならない．例えば，図16.3で示したメチルヘプチルケトン$CH_3COC_7H_{15}$は，分子量および質量数ともに142であり，m/z 142に分子イオンが観測される．しかし，高分子量化合物では，これらの違いは無視できず，きちんと区別する必要が生じる．ペプチドの一種であるアンギオテンシン-I（angiotensin-I，組成式$C_{62}H_{89}N_{17}O_{14}$）を例にして考えよう．このペプチドの質量数（分子中の陽子と中性子の和）は1295であるが，分子量は1296.5である．しかし，この化合物を特定するためには，単一同位体組成のみから構成されるモノアイソトープの質量を，高分解能質量分析計を用いて正確に求める必要がある．

[*1] すべてのイオンを検出するTOF装置では不要である．

アンギオテンシン-Iを構成する元素には，^{12}C, ^{13}C, ^{1}H, ^{2}H, ^{14}N, ^{15}N, ^{16}O, ^{17}O, ^{18}Oの安定同位体が存在する．これらのうち，最も質量が小さくかつ存在比が大きい^{12}C, ^{1}H, ^{14}N, ^{16}Oのみから構成されるモノアイソトープ（$^{12}C_{62}{}^{1}H_{89}{}^{14}N_{17}{}^{16}O_{14}$）の質量は，1295.68 Daである．高分解能のMALDI-TOFMSで観測されるアンギオテンシン-Iは，[M＋H]$^+$としてイオン化するので，^{1}Hの質量を加えたm/z 1296.68にモノアイソトープピークが観測される．このように質量分析では，観測値であるイオンの質量（m/z値）から分子の質量および分子量を推測する．マススペクトルで観測されるm/z値が何を意味しているのかを理解することが，質量分析法の理解を進めるうえで重要である．

Coffee Break

質量分析法とノーベル賞

分析化学は科学の進歩に大きく貢献してきており，これまで多くのノーベル賞受賞者が生まれている．質量分析に関する業績では，1922年に質量分析器の開発で物理学者アストン（F. W. Aston）にノーベル化学賞が，1989年にイオントラップ法の開発で物理学者のデーメルト（H. G. Dehmelt）とパウル（W. Paul）にノーベル物理学賞が授与されている．そして2002年には，生体高分子のソフトイオン化法の開発に対して，分析化学者フェン（J. B. Fenn）とともに島津製作所の田中耕一にノーベル化学賞が授与された．田中耕一はコバルト微粉末をタンパク質試料に添加して紫外レーザー光をパルス照射すれば，タンパク質を分解せずに効率よくイオン化できることを報告した．これは無機マトリックスを用いたMALDIの一種であるが，MALDIの原理そのものは化学者ヒーレンカンプ（F. Hillenkamp）らによって報告されていた．しかし，田中は分子量数万を超えるタンパク質が質量分析法の解析対象であることをはじめて示したことが高く評価された．今日ではフェンが開発したESIとともにMALDIはタンパク質の網羅的解析（プロテオーム解析）を行うための有力な分析技術として生命科学分野において重要な解析手段となっている．

参考文献

1) 志田保夫，笠間健嗣，黒野定，高山光男，高橋利枝，これならわかるマススペクトロメトリー，化学同人(2001)
2) 日本質量分析学会出版委員会(編)，平山和雄，明石知子，高山光男，豊田岐聡，橋本豊，平岡賢三(著)，マススペクトロメトリーってなぁに？，国際文献社(2007)
3) J. H. Gross, *Mass Spectrometry*, Springer-Verlag, Berlin(2004)；日本質量分析学会出版委員会(訳)，マススペクトロメトリー，丸善(2007)
4) 高山光男，早川滋雄，瀧浪欣彦，和田芳直(編)，現代質量分析学，化学同人(2013)
5) R. M. Silverstein, F. X. Webster, D. J. Kiemle, *Spectrometric Identification of Organic Compounds 7th ed*, John Wiley & Sons (2005)；荒木峻，益子洋一郎，山本修，鎌田利紘(訳)，有機化合物のスペクトルによる同定法　第7版，東京化学同人(2006)
6) 日本分析化学会(編)，山口健太郎(著)，有機質量分析，共立出版(2009)
7) 臼杵克之助，宇野英満，築部浩(編)，有機スペクトル解析，丸善出版(2014)
8) 日本質量分析学会用語委員会，内藤康秀，吉野健一(編)，マススペクトロメトリー関連用語集　第3版，国際文献社(2009)．
（日本質量分析学会のウェブサイトhttp://www.mssj.jp/からダウンロードすることができる．）

❖演習問題

16.1 GC/MSでは，イオン化法に電子イオン化(EI)と化学イオン化(CI)が用いられる．それらは，どのように使い分けるのか説明せよ．

16.2 LC/MSでは，イオン化法に大気圧化学イオン化(APCI)，大気圧光イオン化(APPI)，エレクトロスプレーイオン化(ESI)がよく用いられる．それらは，どのように使い分けるのか説明せよ．

16.3 タンパク質など高分子量化合物の質量分析のイオン化法にESIとMALDIが用いられる．これらのイオン化法を比較しながら，それぞれの特徴を説明せよ．

16.4 LDIにより生じたフラーレンC_{60}の1価のイオンが，TOF型質量分析部を通過して検出器に到達するまでの速度および時間を計算せよ．ただし，加速電圧を20,000 V，飛行距離を2 mとする．

第17章　電気分析化学

　電気化学測定法（electrochemical measurement method）は電極を用いて系のエネルギー状態や反応速度を測定する方法である．電気化学では**電位**（potential）Eと**電流**（current）Iが必ず出てくるが，これらはそれぞれエネルギーと反応速度を表す．電位はネルンストの式により定義されるエネルギーであり，物質の**標準酸化還元電位**（standard redox potential）$E°$と，その**酸化体**（oxidant）の活量a_{Ox}と**還元体**（reductant）の活量a_{Red}の比（濃度が低い場合には濃度）によって決まる．$E°$は酸化体と還元体の活量がそれぞれ1のときの電位であり，水素の酸化還元反応（$2H^+ + 2e^- \rightleftharpoons H_2$）を基準として，次のように表される．

$$E = E° - \frac{RT}{nF} \ln \frac{a_{Red}}{a_{Ox}} \tag{17.1}$$

ここで，Rは気体定数（$8.31 \text{ J K}^{-1} \text{ mol}^{-1}$），$T$は絶対温度，$F$はファラデー定数（$9.65 \times 10^4 \text{ C mol}^{-1}$），$n$は反応電子数である．なお，電位と電圧は明確に区別され，電圧は電位差である．電極を用いて電位を測定するということは，系のエネルギーを測定することにほかならず，電位を印加するということは，エネルギーを与えることになる．

　化学反応は電子が移動することにより起こるものが多い．電極を用いてその電子の流れを測定するのが電流（反応速度）測定である．逆に電流を制御してやれば，反応の速度を制御することができる．電気化学測定法は，電流を流さない測定法と電流を流す測定法に大別される．電流を流さない方法は，平衡状態における系の電位（エネルギー）を測定するものである．一方，電流を流す方法は，非平衡状態における測定法である．この場合，電位を制御してそのとき流れる電流（反応速度）を測定する場合と，電流を制御して電位を測定する場合とがある．

17.1 電極とは

17.1.1 電極の呼び方

物質と電子のやり取りをする場が**電極**（electrode）である．日本語での電極の呼び方は少々複雑で，反応が自発的に進む電池の場合，＋極を正極，－極を負極という．一方，外部からエネルギーを加えて電解する場合，＋極を陽極，－極を陰極という．英語では電池反応と電解反応の区別はなく，酸化反応が起こる電極は**アノード**（anode），還元反応が起こる電極は**カソード**（cathode）と呼ぶ．すなわち，負極および陽極はアノードであり，正極および陰極はカソードである（**図17.1**）．このように覚えておけば混乱がない．

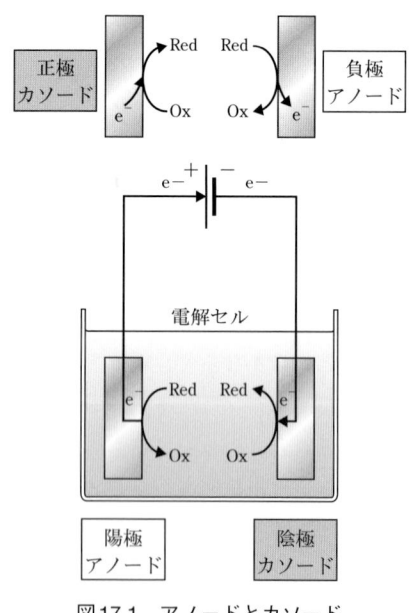

図17.1　アノードとカソード

17.1.2　2電極系

高校で学習した水の電気分解では，塩化ナトリウムなどの支持電解質を加えた水溶液中に，2本の電極を入れ，それらの間に約1.7Vの電圧を印加していた．この場合，電源の＋に接続された電極では酸化反応が，－極に接続された電極

では還元反応が起こる．このように2電極のみを用いて電解を行う場合，アノードおよびカソードと明確に決まっている．電池でもそれぞれの電極における反応が決まっているため，アノードとカソードは固定されている．

17.1.3　3電極系

　正確な測定を行う場合，電位を正確に測定し，制御する必要がある．正確な電位は平衡状態でなければ測れない．すなわち電流が流れている場合は平衡状態ではないので，正確な電位は測れないのである．これはダムの水位に例えればわかりやすいだろう[*1]．水位は位置エネルギーであり，これは電位に対応する．ダムからの放水は電流に対応する．ダムが放水している場合，水位は刻々と変化しており，これでは正確な値が定まらない．一方，放水していない場合には水位は一定（平衡状態）であり，正確な値が定まる．このため，目的の反応を起こす（起こる）電極として**作用電極**，電位の基準となる電極として**参照電極**，電流が流れ込む（あるいは流れ出す）電極として**対電極**を用いて正確な測定を行う．**ポテンショスタット**（potentiostat）を用いることにより，作用電極の電位は参照電極の電位に対して制御される．このとき，これらの電極間には高インピーダンスがあるため電流は流れない．そのため対電極を用いて，電流を作用電極と対電極との間に流す．作用電極と参照電極との間は平衡状態とみなせるため，電位を正確に制御することが可能となる（**図17.2**）．

　ここで注意しなくてはならないのは，作用電極はアノードにもカソードにもなるという点である．ポテンショスタットにより作用電極に印加する電位を，目的物質の標準酸化還元電位より十分に高くした場合，酸化反応が起こるため，作用電極はアノードとなる．一方，電位を十分に低くし，還元反応を起こした場合はカソードとなる．これらのとき，対電極ではそれぞれ一番反応しやすい物質の還元反応および酸化反応が起こる．

17.1.4　作用電極

　作用電極（working electrode）には次のような特長が求められる．

- 電極自体が反応せず，不活性であること．

[*1] 話を簡単にするために，ダムに流れ込む川はないとする．

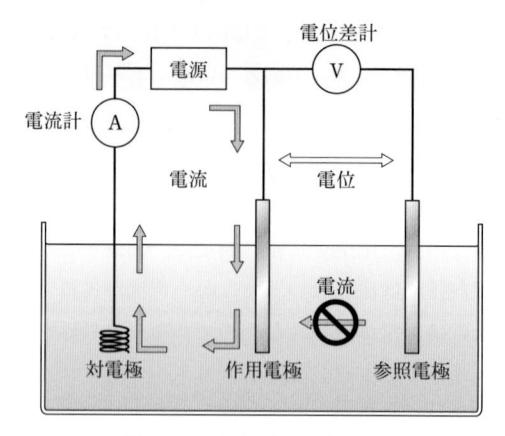

図17.2 3電極系の測定原理

- 簡単に清浄な電極面が得られること．
- **分極性電極**であること．

分極性とは，電位を平衡状態から大きく変化させても自身の反応による電流が流れないことである．この電流が流れない電位範囲が広い電極ほど**電位窓**（potential window）が広く，使用範囲が広くなる．電位窓を決める他の要因には，溶媒および支持電解質の電気化学的安定性などがある．溶媒および支持電解質が測定対象の酸化還元活性種よりも酸化還元されやすければ，その反応による電流が流れてしまうため，当然測定対象物質の反応は評価しにくくなる．近年よく使われる作用電極には以下のものがある．

(1) 金電極

金電極は白金電極とともに最もよく使われる貴金属電極である．酸化皮膜が形成される電位が比較的高く，酸素過電圧も高いため，標準酸化還元電位がより正の物質の測定に用いることができる．また**水素過電圧**も白金に比べて高いため，酸化還元電位が負の物質の測定にも使いやすい．

(2) 白金電極

白金電極は水素過電圧が非常に低いため，負方向の電位窓が狭く，負の酸化還元電位をもつ物質の測定には適さない．正方向に比較的広い電位窓をもつ．

(3) 炭素電極

炭素電極は正および負方向に電位窓が広く，幅広い物質の測定に使用できる．グラッシーカーボン電極，カーボンペースト電極など，さまざまなものがある．グラファイト電極も使われたが，多孔質性であるため溶液がしみ込んだり気体が透過し，電極面積が測定中に変わってしまうことから，最近ではあまり使われない．グラッシーカーボン電極は熱硬化性樹脂を炭素化したものであり，溶液や気体を透過しない．化学的に安定であり，機械的強度も高いため，近年よく使用される．カーボンペースト電極は，エポキシ樹脂，シリコーン，流動パラフィンなどにグラファイト粉末を分散させたものである．ペーストであるため，任意の形状に設計できるのが大きな特長である．

17.1.5　参照電極

参照電極（reference electrode）には，次のような特長が求められる．
- 電位が既知であり，固定されていること．
- 電位が長時間にわたり安定であること．
- 電流が流れたとしても，電位がすぐに元に戻ること．
- **非分極性電極**であること．

非分極性とは，電流が流れても電位が変わらないことである．近年よく使われる参照電極には以下のものがある．

(1) 標準水素電極

すべての半反応の電位は，**標準水素電極**（standard hydrogen electrode, SHE）に対する値である．白金線（白金黒）が$0.1\ \mathrm{mol\ L^{-1}}$のHCl溶液中に浸されており（pH 1，活量1），そこに水素ガスをバブリングする（気体の活量は1）（図17.3）．その構造は次のように表される．

$$\mathrm{Pt/H_2}(a=1)/\mathrm{H^+}(a=1) \tag{17.2}$$

ここでaは活量を，/は界面を表す．この電極の電位を決める反応は

$$2\mathrm{H^+} + 2\mathrm{e^-} \rightleftharpoons \mathrm{H_2} \qquad E^\circ = 0\ \mathrm{V} \tag{17.3}$$

である．標準水素電極は第1の参照電極であるが，水素ガスを用意する必要が

図17.3　標準水素電極の構造

図17.4　銀塩化銀電極の構造

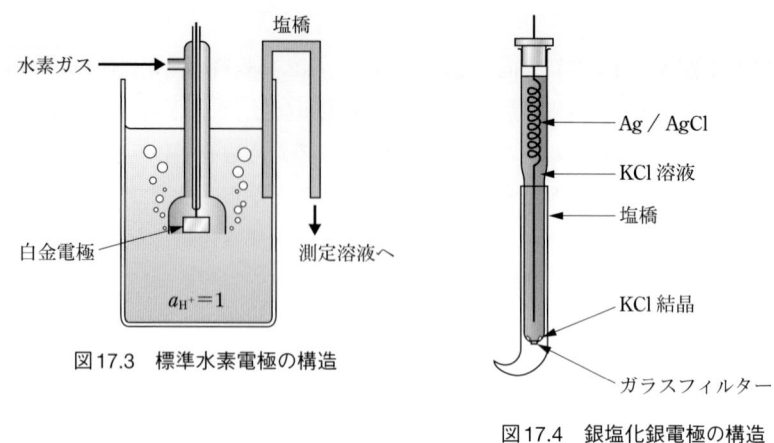

あるため，実際にはほとんど使われない．

(2) 銀塩化銀電極

銀塩化銀電極（Ag/AgCl）は塩化銀が被覆された銀線がKCl水溶液に浸された構造をもつ（**図17.4**）．

$$\text{Ag/AgCl/KCl} \tag{17.4}$$

電位は次の反応により決定される．

$$\text{AgCl} + \text{e}^- \rightleftharpoons \text{Ag} + \text{Cl}^-$$
$$E° = 0.196 \text{ V vs. SHE}（\text{Cl}^-\text{が飽和している場合}） \tag{17.5}$$
$$E° = 0.2223 \text{ V vs. SHE}（\text{Cl}^-\text{が}1 \text{ mol L}^{-1}\text{の場合}）$$

式(17.5)からわかるように，この電極の電位はCl^-の濃度によって決まる．したがって，KClが多少漏出しても濃度が変わらないように内部のKCl溶液中にKCl結晶を入れ，常に飽和状態としたものがよく用いられる．銀塩化銀電極は，電位の再現性がよく，また取り扱いが簡単なため，広く用いられている．

17.1.6　対電極

上述したように，作用電極と対電極間には電流が流れる．したがって**対電極**

(counter electrode) で電流の流れが悪くなると，作用電極上で起こる反応の評価ができなくなる．そのため対電極の表面積は，作用電極よりも大きくする必要がある．また化学的に不活性であり，それ自身が反応しないことが求められる．これらの条件を満たすために，コイル状やメッシュ状の金電極や白金電極，フェルト状の炭素電極などがよく用いられる．電流が流れるということは，対電極上でも反応が起こるということであり，その生成物が作用電極で反応することを防ぐために，ガラスフィルターなどを用いて対電極を作用電極から隔離することが一般的に行われる．

17.2 電流を流さない測定法

電流を流さないということは，電極上で酸化還元反応を起こさない（あるいは起こらない）ことと等しい．したがって，基本的に平衡状態にある系を取り扱う測定法であり，系のエネルギーである電位を測定することが一般的である（電気伝導度分析を除く）．電流を流さないため，2電極系を用いればよい．

17.2.1 電気伝導度分析

電気伝導度分析（コンダクトメトリー，conductometry）とは溶液の導電率を測定して分析を行う方法である．導電率は導電率計により測定し，ブリッジ回路に交流電圧を印加して導電率を測定するものが一般的に用いられる．微小の電流を流すため，厳密にいえば「電流を流さない測定法」に分類される測定法ではないが，積極的に酸化還元反応を起こしているわけではないので，ここに分類する．導電率は電極の面積Aに比例し，電極間の距離Lに反比例する．そのため，導電率計の電極は，単位面積をもち，それらが単位距離離されて設置されており，セル定数L/A(cm)が決定されている．電極面積が1 cm^2，電極間の距離が1 cmのときの導電率を比導電率（S cm^{-1}）といい，これは電解質に固有の値である．

電気伝導度分析は，イオン濃度や溶液の組成（イオン種）が大きく変化し，溶液の導電率が大きく変化する酸塩基滴定や沈殿滴定などに用いられる．指示薬を用いなくてもよいことから，着色していて指示薬を使用することが困難な系の測定にも使用することができる．一方，酸化還元滴定では支持電解質が多

量に入っており，酸化還元反応による導電率の変化が小さいため，使用することが困難である．

17.2.2 電位差測定

電位差測定（**ポテンショメトリー**，potentiometry）は系のエネルギーを測定する方法である．作用電極と参照電極の2電極系で測定を行い，それらの間の電位を高インピーダンス（$10^{12}\,\Omega$以上）の**電位差計**（ポテンショメーター，potentiometer）で測定する．この高インピーダンスのために電流は流れず，常に平衡状態における電位差を測定していることになる．電流は流れないため対電極は使用しない．作用電極の電位はネルンストの式(17.1)により，溶液中の化学種の組成やそれらの酸化体と還元体との活量比（濃度比）などにより決まる．参照電極の電位は一定であるため，電位差は作用電極の電位を反映する．なお，電位差測定は参考文献2)に詳しい．

(1) pH測定用ガラス電極

溶液のpHを測定する場合，必ずといっていいほど用いられるのが**ガラス電極**（glass electrode）である．安価であり，また基本的には溶液中に浸漬するだけでpHが測定できるため，最も広く使われているイオンセンサーである．ガラス電極はみかけ上1本の電極にみえるが，作用電極（ガラス電極）と参照電極からなる複合電極となっている（**図17.5**）．ガラス電極はH^+に対する選択性が非常に高く，またその濃度に応答して電位が変化する．このガラス電極と参照電極との間の電位差を測定し，それをpHに換算して表示している．すなわち，ガラス電極によるpH測定は，電位差測定を行っていることにほかならない．ガラス電極では，pH 0〜14の広範囲のH^+濃度を測定することができる．pHが対数であることを理解していない人は，たかが0〜14と思うようだが，真数で表せば10^{-14}〜$10^0\,\mathrm{mol\,L^{-1}}$であり，その凄さが理解できよう．ここまで広い濃度範囲にわたって測定できるイオンセンサーはほかにはない．

(2) イオン選択電極

pH測定用ガラス電極はH^+を選択的に検出するイオンセンサーである．ここではガラス感応膜がH^+検出部であった．検出部に他の特定のイオンに対して

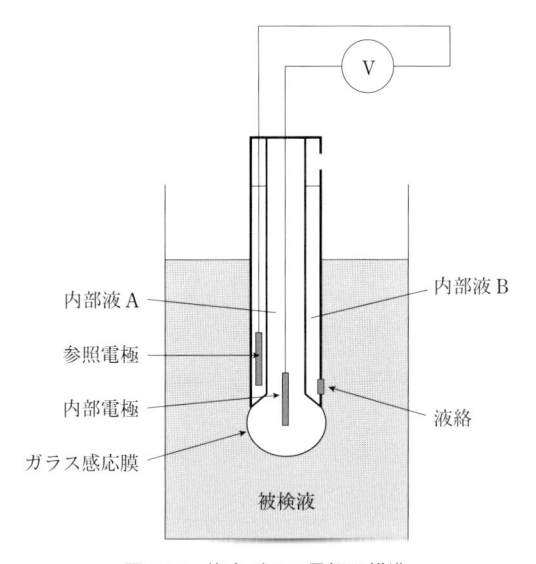

図17.5　複合ガラス電極の構造
［湯池昭夫，日置昭治，分析化学，講談社(2015)，図9.13より］

応答するイオン選択性膜を用いた電極を**イオン選択電極**（ion selective electrode）という．ガラス電極と同様に，特定のイオンの濃度変化により膜電位が変化し，参照電極との電位差からイオン濃度を測定する．

イオン選択性膜に目的のイオンが吸着あるいは取り込まれると，膜電位が変化する．この測定溶液/イオン選択性膜界面における電位E_iはネルンストの式にしたがって測定溶液中の目的イオンiの活量a_iにより変化する．

$$E_i = E_i^\circ + \frac{RT}{z_i F} \ln a_i \tag{17.6}$$

$$E_i = E_i^\circ + \frac{0.0592}{z_i} \log a_i \quad (25\,℃の場合) \tag{17.7}$$

ここで，z_iはイオンiの電荷である．濃度が低い場合は活量（濃度）とすることができる．また測定に無関係な塩を添加してイオン強度を揃えれば，同様に活量（濃度）とすることができるため，電位から濃度を求めることができる．イオン選択性膜/内部標準液，内部標準液/参照電極，外部の参照電極/測定溶液などの界面には**液間電位**（ジャンクションポテンシャル）といわれる電位

第17章 電気分析化学

差が生じる（**図17.6**）．しかしこれらは一定であるので，測定される電位は，測定溶液／イオン選択性膜の電位変化のみを反映し，目的のイオンの濃度を定量することができる．

イオン選択電極はイオン選択性膜と，内部標準液，参照電極から構成される．イオン選択性膜にはガラス膜型，固体膜型，液膜型，高分子膜型などがある（**図17.7**）．**ガラス膜型**には，前節で述べたH^+に応答するもののほかに，Na^+やK^+に応答するものがあり，これらを用いたイオン選択電極が開発されている．ただし，H^+応答性のガラス膜に比較して濃度検出範囲は狭く，また他のアルカリ金属イオンやアンモニウムイオンによる妨害の影響も大きい．**固体膜型**は，無機系の膜を用いたものである．フッ化ランタンLaF_3の結晶に導電性を高め

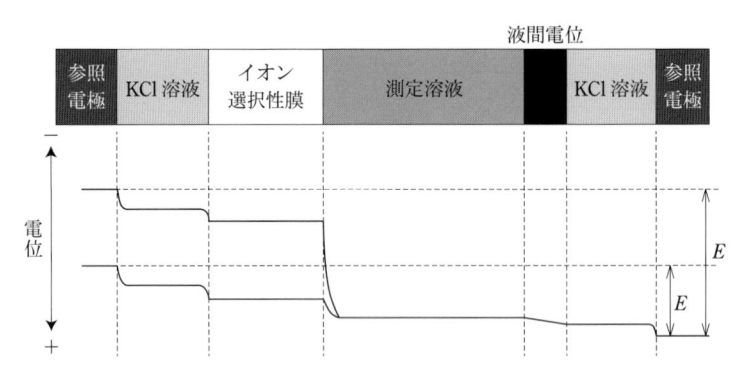

図17.6 イオン選択電極の電位プロフィール

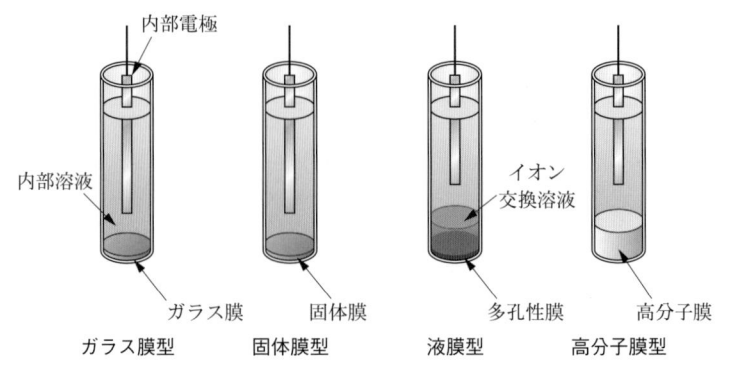

図17.7 種々のイオン選択電極

るために微量のフッ化ユウロピウムEuF_2を添加した固体膜は，フッ化物イオン選択電極に用いられている．この電極は10^{-6} mol L^{-1}程度のフッ化物イオンを定量することが可能であり，またOH^-以外ではほとんど妨害されない．ハロゲン化銀，あるいは硫化銀Ag_2Sなどの難溶性銀塩，またこれらを組み合わせた固体膜もある．固体膜型イオン選択電極が検出できるイオンを**表17.1**に示す．

　液膜型は，特定のイオンを取り込む物質あるいはイオンと反応する物質を溶解した有機溶媒を感応部とする電極である．そのままでは取り扱いが不便なため，多孔性の薄膜（厚さ10〜50 μm）に含浸させて使用する．イオン感応物質としては，イオンを選択的に取り込む電荷をもたないニュートラルキャリヤーや，特定のイオンとのみ交換するイオン交換膜が用いられる．ニュートラルキャリヤーには，カリウムイオンを選択的に取り込むバリノマイシンや，その環のサイズに合ったイオンを取り込むクラウンエーテルなどがある．イオン交換膜には，塩化物イオンと選択的に交換するテトラオクチルアンモニウムなどの四級アンモニウム塩，ClO_4^-と交換するo-フェナントロリン誘導体の鉄錯体，ビタミンB_{12}誘導体の遷移金属錯体や大環状ポリアミンなどの脂溶性陰イオン交換体などがある．液膜型電極は漏出を防ぐのが難しいため，長時間の測定では電位が変化してしまうこともある．

　高分子膜型は，液膜型電極の漏出の問題を，高分子膜を使用することにより

表17.1　代表的な固体膜型イオン選択電極

目的イオン	膜物質	検出範囲 (mol L^{-1})	妨害イオン
F^-	LaF_3	1〜10^{-6}	OH^-
Cl^-	AgCl, AgCl-Ag_2S	1〜10^{-5}	S_2^-, I^-, CN^-, Br^-
Br^-	AgBr, AgBr-Ag_2S	1〜5×10^{-6}	S_2^-, CN^-, I^-
I^-	AgI, AgI-Ag_2S	1〜5×10^{-6}	S_2^-
CN^-	AgI	0.01〜10^{-6}	S_2^-, I^-
SCN^-	AgSCN	1〜10^{-5}	S_2^-, I^-, Br^-
S_2^-	Ag_2S	1〜10^{-7}	
Ag^+	Ag_2S	1〜10^{-7}	Hg_2^+
Cu^{2+}	CuS-Ag_2S	1〜10^{-7}	Ag^+, Hg^{2+}, Fe^{3+}
Cd^{2+}	CuS-Ag_2S	0.1〜10^{-6}	Ag^+, Hg^{2+}, Cu^{2+}, Fe^{3+}は同量以下
Pb^{2+}	CuS-Ag_2S	0.1〜10^{-7}	Ag^+, Hg^{2+}, Cu^{2+}, Cd^{2+}, Fe^{3+}は同量以下

［鈴木周一（編），石橋信彦（著），イオン電極と酵素電極，講談社(1981)，表2.2を参考に作成］

解決している．高分子膜としては，平均重合度が約1000のポリ塩化ビニル（poly(vinyl chloride), PVC）がよく使われる．ほかにもエポキシ樹脂やシリコーンなどが使用される．これらに液膜型電極で使われるニュートラルキャリヤーやイオン交換膜と，膜を柔らかくする可塑剤や，場合によっては添加剤を加えてイオン感応膜を作成する．添加剤には目的イオンと反対の電荷をもつ物質が用いられ，検出物の対イオンなどの妨害物質が膜内に侵入するのを防ぐ．

17.3　電流を流す測定法

17.3.1　電子移動と物質移動

　電流が流れるということは，電極上で酸化還元反応が起きていることを示す．電流値は電極反応の様式によって異なってくる．電極反応を理解するためには，電子移動と物質移動を理解することが重要である．**電子移動**（electron transfer）とは，電極と物質間で電子が移動し，酸化還元反応が起こる過程である．電極上で電子移動が起こる距離は，電解質濃度が0.1 mol L^{-1}の場合，約1 nmである．それ以上離れていると電子はジャンプできない．したがって酸化還元反応が起こるためには，物質は電極近傍まで移動してこなくてはならない．これが**物質移動**（mass transfer）である（図17.8）．

　物質移動には，大きく分けて**対流**（convection），**泳動**（migration），**拡散**（diffusion）の3つのタイプがある．対流は熱や撹拌による移動である．泳動は電極の電場によるイオンの移動であり，＋極にはアニオンが，－極にはカチ

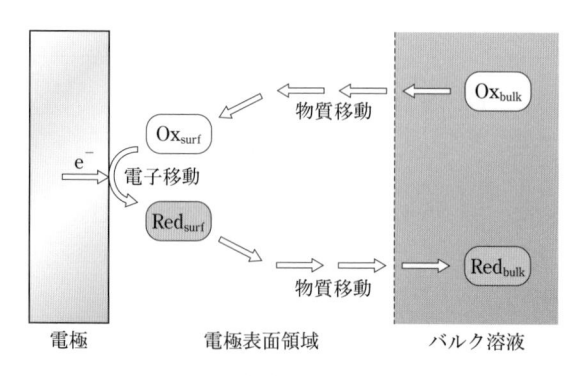

図17.8　最も簡単な電極反応の進み方

オンが引きつけられる．拡散は濃度差がある場合，それを解消しようとして物質が移動する現象である．一般的な電気化学測定は一定温度で行われる．したがって，対流の影響をほとんどなくすことができる．また，測定溶液には電解質を入れる．その濃度は酸化還元物質の100倍程度が望ましい．電解質イオンが存在すると，電極の電場により泳動するのはほとんどそれらとなり，酸化還元物質の泳動は無視できるようになる．これらの理由により，電気化学測定において多くの場合，物質移動に関しては拡散のみを考えればよい．

電子移動速度が十分に速い場合，電極反応において拡散は酸化還元反応の結果生じた濃度勾配により起こる．還元反応（Ox + e⁻ → Red）における濃度プロフィールの変化を**図17.9**に示す．初期状態では溶液中にはOxのみが存在するとする．電極上でOxがRedに還元されると，電極近傍ではOxの濃度が下がる．しかし，電極から離れた溶液中（**バルク溶液**）のOxの濃度は高いままであるため，濃度勾配が生じる．この濃度勾配を解消するために，溶液中のOxは電極方向へ拡散していく．一方，初期状態ではRedは存在しなかったが，還元反応が進むにしたがって，電極近傍におけるRedの濃度は高くなる．バルク溶液中のRedの濃度は低いままであるので濃度勾配が生じ，Redはバルク溶液方向へ拡散していく．濃度勾配がある領域を拡散層という．溶液を撹拌していない状態では，拡散層は時間とともに伸びていく．このように電子移動が速く，物質移動が律速段階になっている状態では，電流値は次式で表される．

$$i = nFAD\left(\frac{\partial C^*_{\text{Ox}}}{\partial x}\right)_{x=0} \tag{17.8}$$

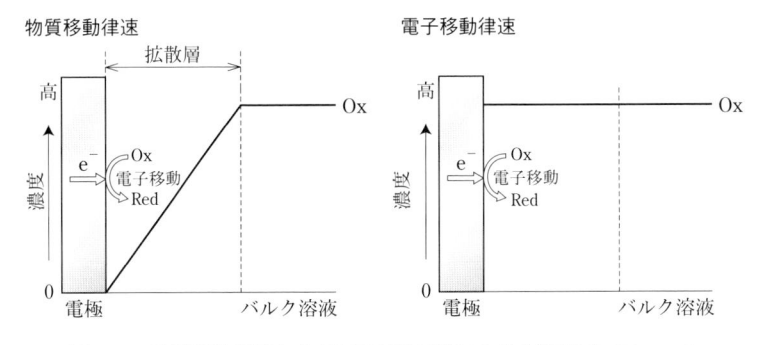

図17.9　物質移動律速および電子移動律速における濃度プロフィール

ここで，F はファラデー定数，A は作用電極の面積（cm^2），D は拡散係数（$cm^2\ s^{-1}$），C_{Ox}^* はバルク溶液における酸化体の濃度（$mol\ cm^{-3}$）（酸化反応では当然 C_{Red}^* となる），x は電極からの距離（cm）である．式(17.8)から明らかなように，電流は電極表面における濃度勾配に比例して大きくなる．

電子移動が遅く，物質移動が速い場合（電子移動が律速段階）には，電極表面には常に反応する物質が存在している状態であるので，拡散層は伸びていかない（図17.9）．この場合の電流値は次式で表される．

$$i = nFADkC_{Ox}^* \tag{17.9}$$

ここで，k は電極反応速度定数（$cm\ s^{-1}$）である．電流は，定数が大きく，酸化体の濃度が高い程大きくなる．

17.3.2　電流測定

電流測定（アンペロメトリー，amperometry）とは，作用電極に電位を印加して酸化あるいは還元反応を起こし，そのとき流れる電流を測定する方法である．電流値は酸化還元物質の濃度に比例するため，定量分析を行うことができる．電流が流れるため3電極系を用いて測定を行う（図17.2参照）．印加する電位は，酸化反応を起こさせる場合は測定物質の標準酸化還元電位 $E°$ より十分に正の値を，還元反応を起こさせる場合は十分に負の値とする．バッチ法[*2]で行う場合は，電解質のみを含む溶液を電解セルに入れ，3本の電極をセットする．溶液をマグネティックスターラーなどにより撹拌し，負の電位を印加する場合は酸素の還元電流が流れるのを防ぐために，窒素などの不活性ガスにより溶液を脱気する．ポテンショスタットにより電位を印加し，除き切れなかった酸素の還元や微量の不純物などの反応によるバックグラウンド電流が安定した後，試料を加える．

溶液中に試料が1成分しか入っていない場合や，2成分以上入っていてもそれらの標準酸化還元電位が十分に離れていれば，定量が行える．選択性を上げるためには，特定の物質のみを透過したり，反応する膜で電極表面を修飾したりする．例えば，市販のクラーク型**溶存酸素センサー**は，酸素のみを透過する

[*2]　試料を流すことなく，容器中に入れた試料に対して操作を行う方法．フロー法と対をなす．

膜を備えた電極を使用し，電流測定により溶存酸素を定量している．

また，非常に高い基質特異性をもつ酵素で電極を修飾したセンサーも数多く開発されている．グルコースオキシダーゼで修飾した電極は糖の一種であるグルコースに対して非常に高い選択性をもち，次の反応により生じた過酸化水素を電極上で検出することにより，**グルコースセンサー**として利用されている．

$$\beta\text{-D-グルコース} + 酸素 + H_2O \rightarrow グルコン酸 + H_2O_2$$

電流測定は原理および装置が非常に簡単であるため，ほかにも多くのセンサーに応用されている．

17.3.3 電気量測定

電気量測定（クーロメトリー，coulometry） とは，電流測定と同様の測定法であるが，電流（A）の代わりに電気量（C）を測定する．電流と電気量との間には次の関係がある．

$$Q = it \tag{17.10}$$

すなわち1 Aを1秒間流したときの電気量は1 Cとなる．電流 i を時間 t で積分すれば，電気量が求められる．

$$Q = \int_0^t i\,dt \tag{17.11}$$

ファラデーの法則から，反応物質量 $x\,(\mathrm{mol})$ は，

$$x = \frac{m}{M} = \frac{Q}{nF} \tag{17.12}$$

により求められる．ここで，m は質量（g），M はモル質量，F はファラデー定数である．装置は電流測定と同様のものを使用できるが，クーロンメーターあるいはそれを内蔵したポテンショスタットが必要である．

電気量測定が成立するためには，以下の条件を満たしている必要がある．
- 化学量論がわかっていること．
- 1つの反応しか起こらないこと．そうでない場合，最低，異なる化学量論の副反応が起こらないこと．
- 電流効率がほぼ100%であること．

これらを満たしていない場合でも解析は行えるが，正しい結果は得られない．

分析化学でよく使用されるのが**定電流電気量測定法**（galvanostatic coulometry）である．試料を含む溶液中において，作用電極に流す電流を一定とし試料を電解する．反応が完了するまでの時間と電流の積から電気量を求めることで，定量分析が行える．反応の完結を検出するために，指示薬を入れたり，電解するための電極とは別の作用電極と参照電極を導入し，17.2.2項で述べた電位差測定を行う．

定量する物質を作用電極で直接電解すると，はじめは電解効率100％で反応が進む．しかし濃度が低くなってくると作用電極の電位は急激に変化し，目的以外の反応が起こる電位になる．この状態では電解効率は100％より低くなり，正しい分析は行えない．これを避けるために，作用電極で試料と反応する物質を発生させ，それにより試料を定量する方法がよく用いられる．例えばFe^{2+}の定量ではあらかじめ溶液中に高濃度のCe^{3+}を入れておく．電解初期にはFe^{2+}が直接酸化されFe^{3+}となる．Fe^{2+}の濃度が低くなってくると電位は正側にシフトするため，電極上ではCe^{3+}がCe^{4+}に酸化される．$Ce^{3+/4+}$の$E°$は1.44 Vであり，$Fe^{2+/3+}$の0.77 Vより高いため，生じたCe^{4+}はFe^{2+}を酸化する（Ce^{4+}はFe^{2+}の酸化剤として働く）．Ce^{3+}は高濃度であるため，電解効率は100％のままであり，正確な分析が可能である．

17.3.4　ボルタンメトリー

ボルタンメトリー（voltammetry）は電位と電流との関係を測定する方法である．一般的には作用電極に印加する電位を制御して，そのとき流れる電流を測定する．すなわち系に印加するエネルギーを制御して，反応速度を測定する方法である．電位を正確に制御して電流を測定する必要があるため，3電極系を使用する．ボルタンメトリーには，ポーラログラフィー（Coffee Break 参照）やサイクリックボルタンメトリー，ストリッピングボルタンメトリーなどがある．ここでは，近年，広く用いられているサイクリックボルタンメトリーについて述べる．

17.3.5　サイクリックボルタンメトリー

サイクリックボルタンメトリー（cyclic voltammetry）では，ポテンショスタッ

トを用いて電位を時間に対して一定の傾きで変化させ（これを**掃引**という），ある電位で掃引の方向を逆転させて，行きと同じ傾き（符号は逆）ではじめの電位に戻し，そのときの電流を測定する．他の電流を流す測定法と同様に，3電極系を用いる．得られる電位-電流曲線は**サイクリックボルタモグラム**（cyclic voltammogram）と呼ばれ，正方向への掃引時に現れるピークは酸化ピーク，負方向への掃引時に現れるピークは還元ピークと呼ぶ．それらの電位，電流，またその波形から非常に多くの情報が得られるため，物質の電気化学的特性評価を行う際に，はじめにサイクリックボルタンメトリーが用いられることが多い．得られる情報には，電子移動速度，物質移動速度，反応電子数，酸化還元体の安定性，先行あるいは後続化学反応の有無，酸化還元物質の電極への吸着の有無などがある．これらの情報を得るためには，さまざまな電位掃引速度でサイクリックボルタモグラムを得る必要がある．

(1) 可逆性（電子移動速度）

サイクリックボルタモグラムの形からわかる主な情報の1つに**可逆性**（reversibility）がある．一般の化学では，「可逆」という言葉はA $\rightleftarrows$ Bのように反応などの可逆性を表すときに用いられる．これに対して電気化学では電極と酸化還元活性との電子移動の速さを表す．すなわち，電子移動が速い系（電極反応速度定数 k（cm s^{-1}）が大きい系）は可逆系と呼ばれる．

$$\text{可逆系（速い電子移動速度）}: k > 0.3(nv)^{1/2} \qquad (17.13)$$

準可逆系（中間の電子移動速度）:
$$0.3(nv)^{1/2} > k > 2 \times 10^{-5}(nv)^{1/2} \qquad (17.14)$$

$$\text{非可逆系（遅い電子移動速度）}: 2 \times 10^{-5}(nv)^{1/2} > k \qquad (17.15)$$

ここで，n は反応電子数，v は電位掃引速度（V s^{-1}）である．上の式に v が入っていることからわかるように，可逆性は電位掃引速度によって変わる．例えばある電位掃引速度では可逆系であったものが，電位掃引速度を速くすると準可逆となる．また，同じ物質でも電極の種類により電極反応速度定数は変わるため，可逆性が異なる．

（2）可逆系

典型的な**可逆系**（reversible reaction）のサイクリックボルタモグラムを図17.10に示す．可逆系の主な特徴は，酸化と還元のピーク電流値（それぞれ$i_{p,a}$および$i_{p,c}$）の大きさが等しく（式(17.16)），また，酸化と還元のピーク電位（それぞれ$E_{p,a}$および$E_{p,c}$）は半波電位（$E_{1/2}$）から$(28.5/n)$ mVだけずれ（式(17.18)），それらの差（ΔE_p）が$(57/n)$ mVになることである（式(17.19)）．

$$|i_{p,a}| = |i_{p,c}| \tag{17.16}$$

$$i_p = (2.69 \times 10^5) n^{3/2} A D^{1/2} v^{1/2} C^* \quad (\text{A}) \tag{17.17}$$

$$E_p = E_{1/2} \pm \frac{28.5}{n} \quad (\text{mV}) \tag{17.18}$$

$$\Delta E_p = \frac{57}{n} \quad (\text{mV}) \tag{17.19}$$

ピーク電流値は式(17.17)で表され，これから明らかなように，電極面積，電位掃引速度の平方根，酸化還元活性種のバルク溶液の濃度に比例する．ここで，バルク溶液の濃度は，酸化ピーク電流の場合には還元体のそれ（C^*_{Red}）であり，還元ピーク電流の場合には酸化体のそれ（C^*_{Ox}）である．反応電子数と酸化還

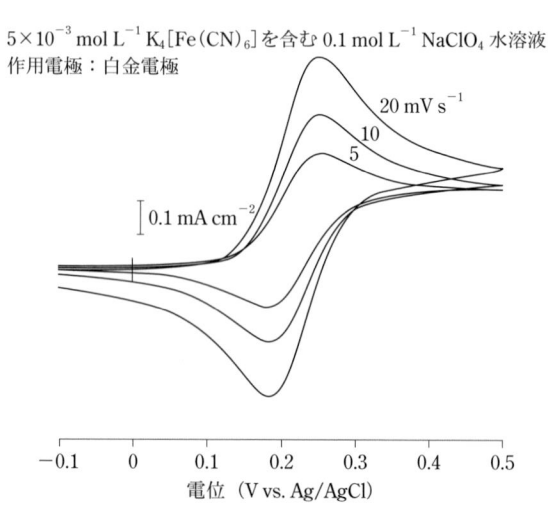

5×10^{-3} mol L^{-1} K$_4$[Fe(CN)$_6$]を含む 0.1 mol L^{-1} NaClO$_4$ 水溶液
作用電極：白金電極

図17.10　可逆系のサイクリックボルタモグラム

元活性種の濃度がわかっていれば，ピーク電流値を電位掃引速度の平方根に対してプロットすることで，その傾きから拡散係数を計算することができる．逆に拡散係数がわかっていれば，濃度を求めることができる．

(3) 準可逆系

準可逆系（quasi-reversible reaction）のサイクリックボルタモグラムは，可逆系を少し押し広げたような形になる（**図17.11**）．可逆系と同様に，$i_{p,a}$と$i_{p,c}$の大きさが等しくなるが，電位掃引速度に比例はしない．またE_pは一定ではなく，電位掃引速度が速くなると$E_{p,a}$はより正側に，$E_{p,c}$はより負側にシフトする．そのためΔE_pは掃引速度が速くなるにしたがってより大きくなる．このとき電極反応速度定数kが小さいほど，E_pの広がりは大きくなる．

(4) 非可逆系

電子移動速度の遅い**非可逆系**（irreversible reaction）のサイクリックボルタモグラムは，さらにブロードなものとなる（**図17.12**）．$i_{p,a}$と$i_{p,c}$の大きさは等しくならず，片方のピークが現れないこともある．ただし，i_pは電位掃引速度の平方根と比例する．すなわちi_pが電位掃引速度の平方根に比例しないのは，

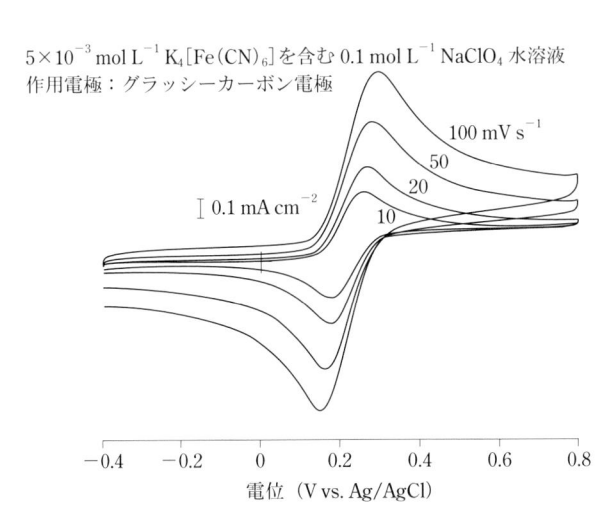

図17.11 準可逆系のサイクリックボルタモグラム

第17章 電気分析化学

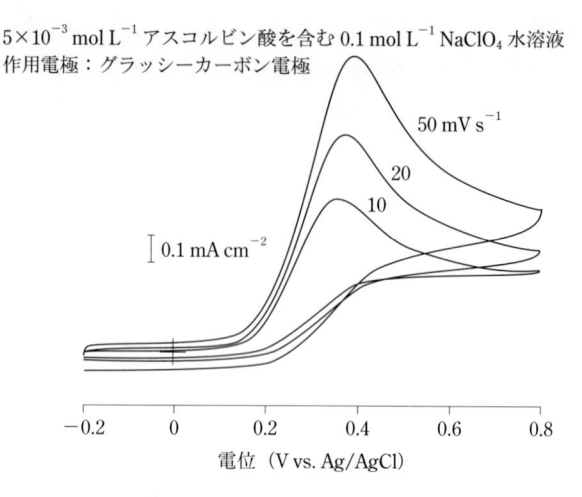

図17.12 非可逆系のサイクリックボルタモグラム

（5×10^{-3} mol L^{-1} アスコルビン酸を含む 0.1 mol L^{-1} NaClO$_4$ 水溶液、作用電極：グラッシーカーボン電極、掃引速度 50, 20, 10 mV s^{-1}、0.1 mA cm^{-2}）

準逆系のみである．またi_pは可逆系に比べて小さくなる．また電位掃引速度が速くなると$E_{p,a}$はより正側に，$i_{p,c}$はより負側にシフトする．これは準可逆系と同様であるが，電極反応速度定数がより小さいため，ΔE_pの掃引速度に対する広がり方はより大きくなる．

☕ Coffee Break

電気化学水晶振動子マイクロバランス法

水晶振動子（図）は，水晶板が金や白金などの薄膜電極に挟まれたものであり，電極に交流電圧を印加すると厚み滑り振動し，安定に共振する．基本的に共振周波数F(Hz)は，ザウエルブレイの式にしたがって付着した物質の質量m(g)に比例して減少する．

$$\Delta F = \frac{F_b \Delta m}{NA\rho}$$

ここで，F_bは水晶振動子の基本周波数（Hz），Nは振動数定数（ATカットの場合167 kHz cm），Aは電極面積（cm^2），ρは水晶の密度（2.65 g cm^{-3}）である．その感度は非常に高く，ng（10^{-9} g）オーダーの質量変化が測定可

能なため，めっきの膜厚モニターや種々のセンサーなどに応用されている．水晶振動子の片側の電極を電気化学測定の作用電極として用いると，電気化学的情報（電流や電位など）に加えて，電極表面での質量変化の情報を得ることができる．水晶振動子上に酸化還元活性種を含む薄膜を被覆し，それらを酸化還元すると，膜内の電気的中性を保つために溶液/膜界面で電解質アニオンやカチオンの移動が起こる．そのごく微小な質量変化を測定可能であるため，膜の分子レベルでの電気化学的特性評価に利用されている．

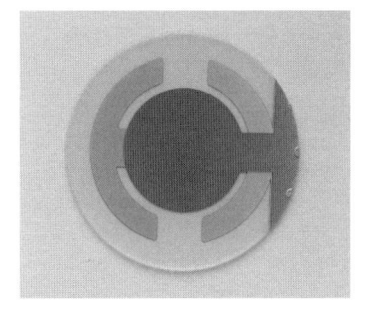

図　水晶振動子
（金電極，ATカット，5 MHz）

Coffee Break

ポーラログラフ

　滴下水銀電極を用いて試料溶液を電解し，電位-電流曲線を得る方法をポーラログラフィーといい，電気化学者ヘイロフスキー（J. Heyrovský）らによって研究が始められた．わが国では，留学先のチェコでヘイロフスキーと協力して研究に当たっていた京都大学の志方益三の尽力により，1927年にはじめてポーラログラフが作られ（図），以後関連する研究が盛んに行われることとなった．このポーラログラフの開発は日本の機器分析の幕開けを告げるものであり，マイルストーンとなっている．ポーラログラフィーは感度および精度よく微量成分の定性および定量分析ができるため著しく発展し，その業績によりヘイロフスキーは1959年にノーベル化学賞を受賞した．このように歴史的に重要な分析法であるが，有毒な水銀を使用することや，サイクリックボルタンメトリーなど他の測定法が開発されたことにより，今日ではあまり使用されていない．

図　ポーラログラフ1号機
［写真提供：ヤナコ機器開発研究所］

参考文献

1) 鈴木周一(編)，イオン電極と酵素電極，講談社(1981)
2) 藤嶋昭，相澤益男，井上徹(著)，電気化学測定法(上)(下)，技報堂出版(1984)
3) 日本化学会(編)，渡辺正，中林誠一郎，電子移動の化学，朝倉書店(1996)
4) 電気化学会(編)，Q＆Aで理解する電気化学の測定法，医学評論社(2009)
5) 電気化学会(編)，電気化学測定マニュアル　基礎編，丸善(2002)
6) 電気化学会(編)，電気化学測定マニュアル　実践編，丸善(2002)
7) 日本分析化学会(編)，木原壯林，加納健司(著)，電気化学分析，共立出版(2012)

❖演習問題

17.1 ネルンストの式の意味を，系に電位を印加した場合と，しない場合のそれぞれについて説明せよ．

17.2 標準酸化還元電位が，より正の物質Aとより負の物質Bが溶解している．両物質とも＋1価あるいは＋2価の酸化数のみをとることが可能であり，溶液中にはA^+，A^{2+}，B^+，B^{2+}が存在している．どのような反応が起こるか，それぞれの酸化数を明示した反応式で示せ．

17.3 銀塩化銀電極に対して測定した電位を，標準水素電極に対する値に換算するにはどうすればよいかを示せ．

第18章 フローインジェクション分析

　フローインジェクション分析（flow injection analysis, **FIA**）法とは，内径0.5〜1.0 mm程度の樹脂製細管（通常はテフロン管）内のキャリヤー溶液の流れに試料溶液を注入し，試薬溶液と合流させて**図18.1**に示すような反応コイル内で化学反応を行わせた後，下流に設置した検出器で分析目的成分を検出して定量する分析方法である．FIA装置の構成は，13章の液体クロマトグラフィー（HPLC）とほぼ同じであるが，HPLCでは必須であった分離カラムがFIAには原則的にはない．FIAでは分離カラムを用いないので，迅速に分析を行うことができるが，用いる試薬（化学反応）は分析対象物質に高い選択性をもつものを注意深く選ばなければならない．

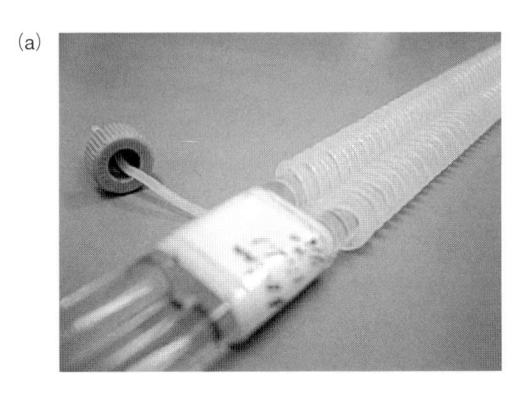

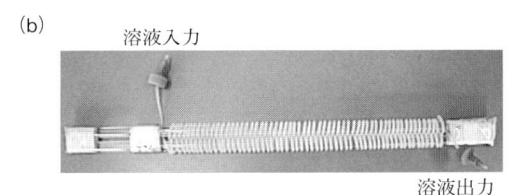

図18.1　反応コイル
テフロン管（外径1.6 mm，内径0.5 mm）が2本のガラス管に8の字に巻き付けられている．

章タイトルは「フローインジェクション分析」であるが，記述内容には，原理がよく似ている**連続流れ分析**（continuous flow analysis，**CFA**）に加え，FIAから派生した**シーケンシャルインジェクション分析**（sequential injection analysis，**SIA**）法が含まれる．これらの分析法は包括して**流れ分析法**と呼ばれる．

18.1　バッチ式マニュアル分析法から流れ分析法へ

バッチ（回分）とは英語のbatchであり，これを用いる学術用語にバッチ法がある．バッチ法とは，連続法に対して，1回ごとに区切って行う方法である．したがって，**バッチ式マニュアル分析法**とは，ホールピペットやメスフラスコを用いて不連続に化学分析を行うことを意味する．

図18.2にバッチ式マニュアル分析法から流れ分析法への変遷を示す．バッチ式マニュアル法（図18.2(a)）による化学分析は現在でも行われるが，1957年に生化学者スケッグ（L. Skeggs）がCFAを提唱し，化学分析の自動化が図られた．CFAでは図18.2(b)に示すように，ポンプにより空気，試料溶液，試薬溶液が連続的に送液される．空気と溶液は当然混ざり合わないので，溶液は空気により分節される．空気分節によって反応溶液間の**キャリーオーバー**[*1]は最小限に抑えられる．検出器に到達するまでに反応溶液を完全に混合させ，定常状態における吸光度などのシグナルが計測される．反応を完結させることが基本となるため，試料処理速度はFIAやSIAよりやや遅い．

FIAは化学者ルシスカ（J. Růžička）と化学者ハンセン（E. H. Hansen）が提唱した方法である．図18.2(c)に示すように，基本的には空気を導入しない方法なので非分節型の流れ分析法であり，この点がCFAとの大きな違いである．もう1つの大きな違いは，CFAでは試料溶液を連続的に流すが，FIAではインジェクションバルブから数十～数百μLの試料溶液を注入することである．したがって，FIAでは試料の消費量はCFAよりも一般的に少ない．またFIAでは分析対象物質と反応試薬との化学反応が完結するまで待つことなく，化学反応の過渡的状態における検出を積極的に利用するため，試料処理速度がCFAよりも一般的に速い．これは図18.2(c)に示すようなシャープなFIAシグナルが

[*1] 気泡で隔てられた隣り合う反応溶液が混ざり合うこと．

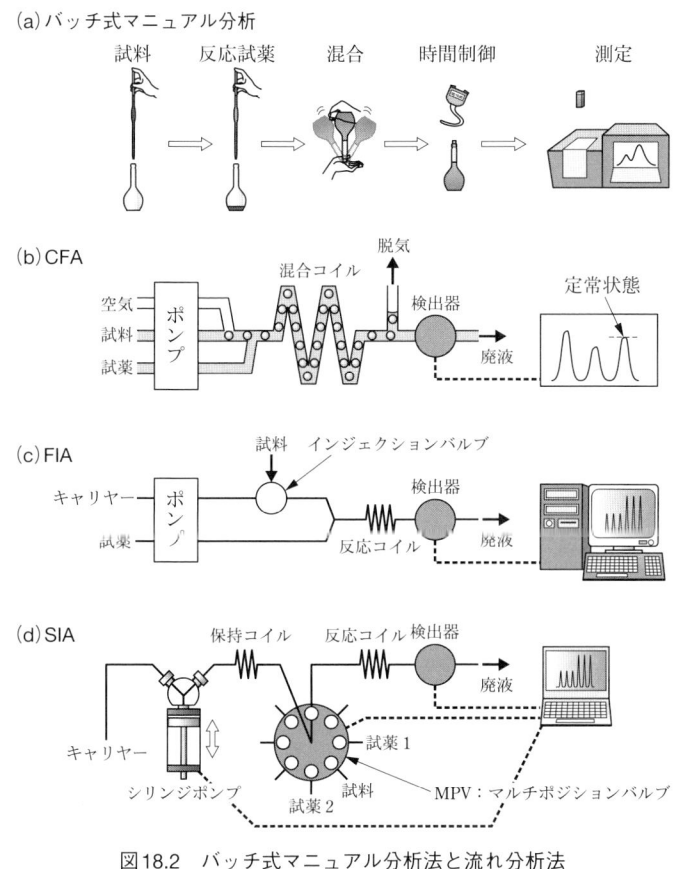

18.1　バッチ式マニュアル分析法から流れ分析法へ

(a) バッチ式マニュアル分析　試料　反応試薬　混合　時間制御　測定

(b) CFA　空気　試料　試薬　ポンプ　混合コイル　脱気　検出器　廃液　定常状態

(c) FIA　キャリヤー　試薬　ポンプ　試料　インジェクションバルブ　検出器　反応コイル　廃液

(d) SIA　保持コイル　反応コイル　検出器　廃液　キャリヤー　シリンジポンプ　試薬1　試薬2　試料　MPV：マルチポジションバルブ

図18.2　バッチ式マニュアル分析法と流れ分析法

得られる理由である.

　一方SIAは，図18.2(d)に示すように，双方向の溶液流れを起こすことができるシリンジポンプ，多数の吸引・吐出口をもつマルチポジションバルブ(MPV)を用いる流れ分析法である．FIAでは試薬を連続的に流すが，SIAでは1回の測定に必要なだけの試薬溶液を用いるので，FIAよりも試薬の消費量が少ない．FIAと同様に，化学反応の過渡的状態における検出を積極的に利用することから，シャープなSIAシグナルが得られる．

　このような化学分析の少試料化・少試薬化・少廃液化・自動化の変遷は，最近のグローバルな課題である持続可能な開発に基づく社会形成とリンクしてい

る．次節からは，FIAとSIAについて詳しく解説する．

18.2 FIAの装置構成

図18.3に単純な2流路のFIAシステムを示す．FIA装置は基本的には①送液部，②試料導入部，③反応部，④検出部，⑤データ記録部から構成される．図中の破線内は流路内の模式図である．試料溶液がキャリヤーの流れに注入され，試薬と混ざることにより反応物が生成する．

送液部には，ペリスタ型ポンプまたはプランジャー型ポンプが主に用いられる．図18.4(a)に示すようにペリスタ型では，柔軟なチューブがローラーと台座に挟まれる形で設置されており，ローラーが回転することでチューブがしごかれ，内部の溶液が送液される．注意してほしいのは，中心のローラーとその外側の小さなローラー（図18.4(a)の模式図では6つ）は一体となって回転することである．小さなローラーには回転する駆動力はなく，チューブと台座が

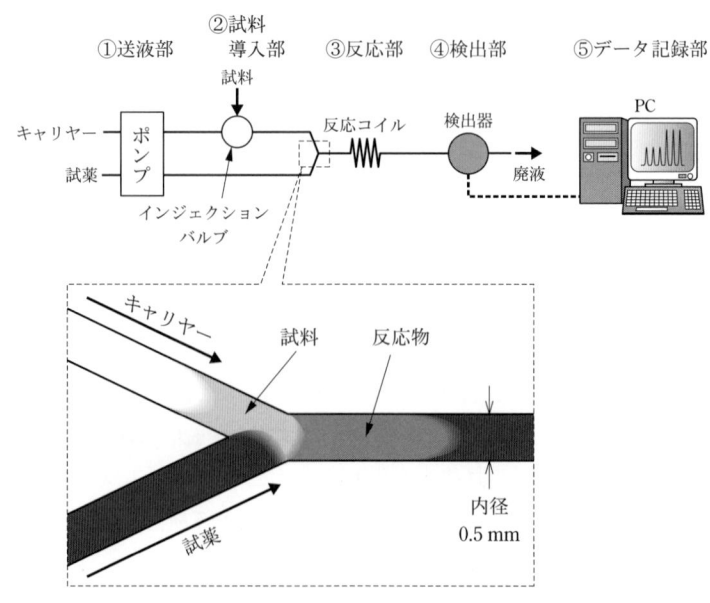

図18.3 2流路FIAシステムと流路内の模式図
流路の内径は0.5 mmが一般的である．

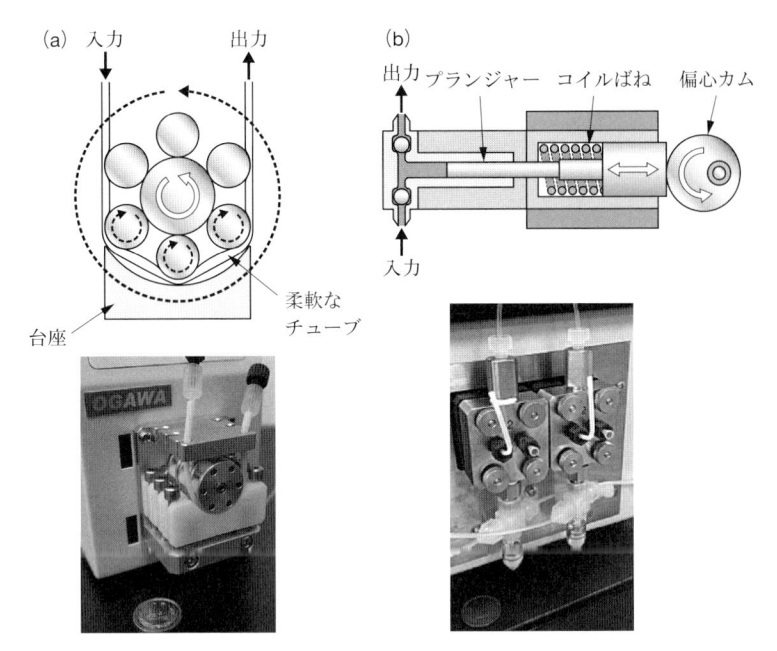

図18.4 (a)ペリスタ型ポンプと(b)プランジャー型ポンプ
[ペリスタ型の写真は株式会社小川商会提供，プランジャー型の写真は株式会社三菱化学アナリテック提供]

接する場所において，チューブと台座の摩擦により中心のローラーと反対方向に回転するだけである．これによりチューブが全体の回転方向に脱落してしまうことを防いでいる．プランジャー型ポンプ内部の駆動の様子を図18.4(b)に示す．偏心カムの回転とコイルばねの力によって，プランジャーが紙面でいえば左右に動く．右に動くときに溶液が下方向から吸い込まれ，左に動くときに溶液が上方向に吐き出されることによって送液が行われる．図18.4(b)の写真のように，プランジャーが2つ搭載されているダブルプランジャーポンプが一般的である．2つのプランジャーが互い違いに駆動するように設定されているため，ポンプ起因の脈流がなくなる[*2]．

試料導入部には通常，六方インジェクションバルブが用いられる．**図18.5**に示すように，充填モードにおいて試料がシリンジによってサンプルループ

[*2] 脈流は，シグナルのノイズを引き起こす．

第18章 フローインジェクション分析

(a) 充填モード
試料を SL に充填する．

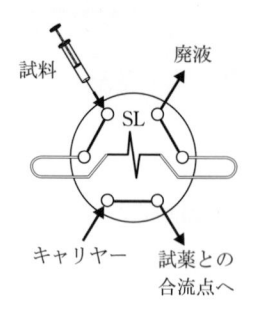

(b) 注入モード
SL に充填された試料が
キャリヤーに注入される．

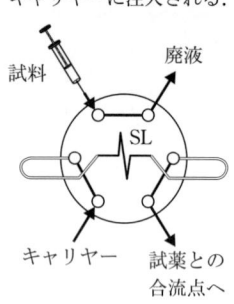

図18.5　六方インジェクションバルブ
SL：サンプルループ（内容積：数十～数百 μL）．

（SL，内容積は数十～数百 μL）に充填される．このとき，キャリヤーは六方インジェクションバルブ内を通過するが，SLとは無関係に，単に試薬溶液との合流点に向かうだけである．図18.5の写真に示すように矢印方向にノブを切り替えると注入モードに切り替わる．このモードにおいて，キャリヤー溶液はSL中に充填された試料を押し出し，結果として試料溶液がキャリヤーの流れに注入されることになる．

反応部には通常，図18.1に示したような中空の樹脂製細管が用いられる．**検出部**としては，目的により多様な検出器が用いられる．紫外・可視分光光度計が最も多く用いられるが，蛍光光度計，化学発光計，原子吸光光度計，ICP-MSなども用いられる．**データ記録部**には，かつてペンレコーダーが使われていたが，最近では検出器からのアナログ信号がデジタル化されるADコンバーターとソフトウェアが市販され，コンピュータに直接データを取り込むことができるようになった．

18.3 FIAの原理

　試料溶液は，キャリヤー溶液に注入されると，流路内で軸方向に次第に広がっていく．このことを分散という．この広がりを図示したものが，図18.3中の破線内であり，試料ゾーンの両端が溶液の進行方向に向かって丸みを帯びていることがわかる．試料が試薬溶液と合流してもこの分散は進んでいく．この分散によって試料と試薬が混ざり合って化学反応が進行し，一定の**分散度**（dispersion）Dに応じて反応した試料ゾーンが検出器内のフローセルを通過する際にピークが観測される．

　図18.6に分散度Dの概念を示す．時間に対し，吸光度などのシグナル強度（左の縦軸）が描かれている．ここで簡単のために，濃度が$C°$で有色の試料溶液を無色のキャリヤー溶液に注入する場合（化学反応は起きない）を考えよう．もし，試料がキャリヤー溶液中にまったく分散しなければ[*3]，図18.6左の矩形（長方形）のシグナルが得られる．このときのシグナルの高さを$H°$とする．実際には，試料はキャリヤー溶液中に分散して，濃度勾配が生じて図18.6の右3本のようなピークが観測される．分散度Dは次式により定義される．

$$D = \frac{C°}{C^{\max}} = \frac{H°}{H} \tag{18.1}$$

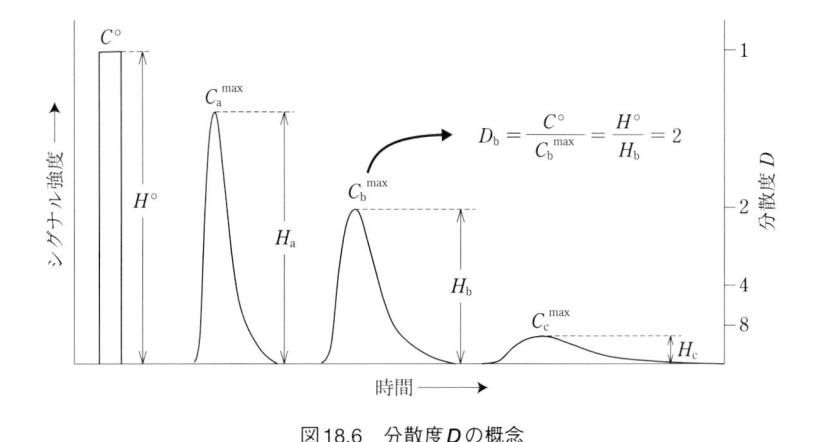

図18.6　分散度Dの概念

[*3]　これは大容量の試料溶液を注入しない限り，実際にはあり得ない．

もし試料がまったく分散しなければ，C^{max}は$C°$に一致（Hは$H°$に一致）するので，$D = 1$となる．図18.6の右の縦軸は分散度Dを示しており，分散が進む，言い換えれば試料が希釈されるほどDが大きい値をとることがわかる．例えば分散度D_bは

$$D_b = \frac{C°}{C_b^{max}} = \frac{H°}{H_b} \tag{18.2}$$

と表される．図18.6では$D_b = 2$となるように描かれており，これは注入された試料溶液が2倍に希釈されることを示している（H_bの高さは$H°$のちょうど半分）．

ここでは化学反応を考えなかったが，実際には多くの場合，無色の試料溶液をキャリヤー溶液に注入し，試料溶液中の分析対象物質と特異的に反応する試薬を合流させ，有色の反応物質の吸光度が観測される．FIAシステムは，インジェクションバルブによって試料注入量が一定であり，高性能ポンプによって流量が一定，かつ反応コイル長さが一定なので，反応時間が厳密に制御される．つまり，常に分散度が厳密に制御されるので，同じ試料が注入されれば，一定の高さをもつピークが観測される．これを「**併行精度がよい**」と表現する．

分析目的成分の濃度が薄い場合，注入された試料溶液をあまり希釈したくない，つまりあまり大きな分散度を選択したくないと思うかもしれない．しかし，分散がなければ試料は試薬と混ざり合わない．また，化学反応が遅ければ，例えば反応コイルを10 m程度に延ばして（結果，分散度Dは高くなる），反応時間をかせがないといけない．そこで分散度Dは通常2～10程度が選ばれる．一方，分析対象物の濃度が濃すぎる場合は，あえてさらに大きな分散度が選ばれる．つまり少量の試料溶液をキャリヤーに注入し，長い反応コイルを通過させて，試料をオンラインで自動希釈することもできる．

18.4　FIAの特長

FIAの主な特長として以下の1）～8）が挙げられる．

1) 迅速性：FIAシステムに導入する化学反応の速さに依存するが，迅速な化学反応であれば1時間あたり100～200サンプルの測定を行うことが

できる.ただし,通常は1時間あたり30～60サンプルである.
2) 簡便性:測定操作は,基本的にインジェクションバルブにより試料溶液の充填・注入を繰り返すだけである.多段階の化学反応を用いる化学分析であっても,多流路系のFIAシステムを構築すればよい.
3) 自動化:オートサンプラー,データ処理・フィードバック装置を組み合わせれば,全自動モニタリングシステムを構築することができる.
4) 少試料・少試薬・少廃液:通常のFIAでは50～200 μLの試料注入量でよい.1回の測定に使われる試薬液量は通常0.5～1.0 mL,廃液量は数mLで済む.SIA(18.6節)などの進化した流れ分析ではこれらの数値がさらに小さくなる.
5) 高精度:前述のように,試料注入量,流速,反応時間が厳密に制御されるので,併行精度が極めてよい(相対標準偏差 ≤ 1 %).
6) 高感度:最も利用例の多い吸光光度検出の例で説明する.FIAではキャリヤーと試薬が合流することで形成されるベースラインからの吸光度の差を読み取る.吸光度0.001未満の吸光度差でも十分な精度で測定することができるので,同じ化学反応を用いるバッチ式マニュアル分析法と比較して感度が上昇する.
7) 非汚染:試料注入後は,反応・検出がすべて細管内で行われるため,外部からの汚染による測定値の誤差を最小限に抑えることができる.また反対に,毒性の高い試料または試薬を用いる場合は,外部への飛散による実験環境の汚染も防ぐことができる.
8) 優れたオンライン前処理能:FIAを用いれば,さまざまな試料前処理を自動的にオンラインで行うことができる.加熱,冷却,ろ過のほか,各種のカラム(イオン交換,キレート樹脂,固相抽出など)やガス分析のための拡散スクラバー,溶媒抽出,透析,紫外線照射など多様な前処理装置を流路に組み込むことができる.さまざまな例が参考文献1)に紹介されているので参照してほしい.

18.5 FIAによる水質分析

我々に身近な水環境の水質を管理するのは,安全を確保するために極めて重

要である．FIAはこのような要望に応える技術である．本節ではFIAによるいくつかの水質汚染指標の分析例を取り上げる．

18.5.1　FIAによる河川水中の亜硝酸性窒素と硝酸性窒素の定量

亜硝酸性窒素とは亜硝酸イオン（NO_2^-）として，**硝酸性窒素**とは硝酸イオン（NO_3^-）として存在する窒素のことである．これらのイオンは，通常は環境中に低濃度で存在しているが，化学肥料などが過剰に施肥されたり，畜産排水・生活排水が適切に処理されなければ，たちまち環境基準（亜硝酸性窒素と硝酸性窒素の合量で10 mg L^{-1}以下）を上回ってしまう．したがって，これらのイオンの監視が行われている．

亜硝酸イオンと硝酸イオン濃度を監視することのできるフローシステムとFIAシグナルを**図18.7**に示す．図18.7の(a)(b)双方のフローシステムからスル

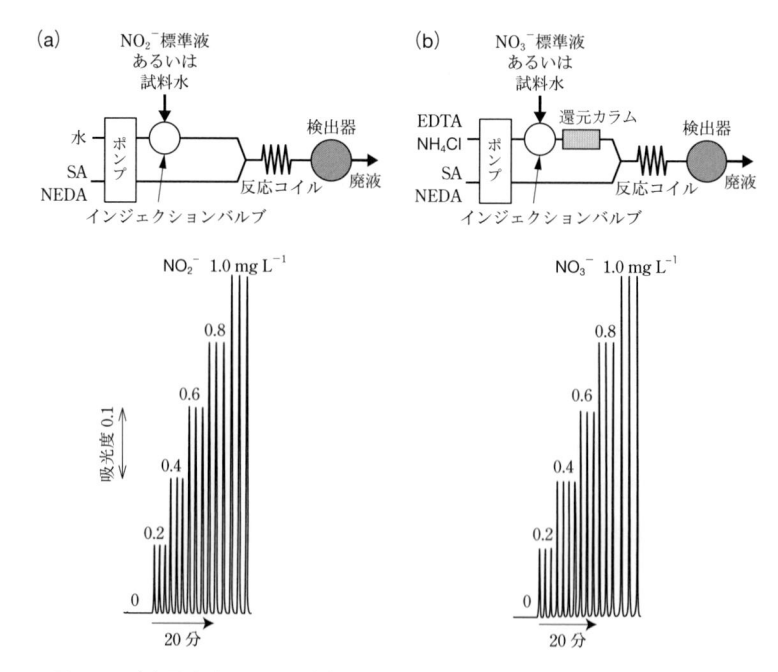

図18.7　(a)亜硝酸イオンと(b)硝酸イオンのフローシステムとFIAシグナル
SA：スルファニルアミド，NEDA：N-1-ナフチルエチレンジアミン．
［株式会社小川商会提供］

ファニルアミド（SA）とN-1-ナフチルエチレンジアミン（NEDA）が送液されている．これらは亜硝酸イオンを検出するための試薬である．すなわち亜硝酸イオンは塩酸共存下でSAと反応しジアゾニウム塩を生じ，これがNEDAとカップリングして赤色化合物を生じる．この化合物の540 nmにおける吸光度を検出することにより亜硝酸イオンを定量する．図18.7(a)のFIAピーク高は亜硝酸イオンの濃度に比例して高くなるので，ピーク高（吸光度）を亜硝酸イオン濃度に対してプロットすれば，直線の検量線が得られる．また同じ濃度の繰り返し測定における併行精度が極めてよい（ピーク高がほぼ同じ）ことがわかる．図18.7(b)のフローシステムには，粒状カドミウムが充填された還元カラムが設置されている．これにより，硝酸イオンが流れの中で亜硝酸イオンに還元され，上述と同様の原理で定量される．図18.7(a)(b)のピーク高がほぼ同じことに注目してほしい．これは，硝酸イオンの亜硝酸イオンへの還元率がほぼ100％であることを示している．

18.5.2　FIAによる海水中のアンモニウムイオンの定量

環境水中のアンモニウムイオンは，種々な生物活動の結果として生成し，多くの場合，タンパク質のような有機窒素化合物の分解により生じる[*4]．水族館では，初期汚染の水質汚濁のマーカーとして，アンモニウムイオンが測られている．しかし，入れ替え用の海水中のアンモニウムイオン濃度は極めて低濃度（<数µg L^{-1}）であり，従来の方法では測定の前にバッチ式マニュアル分析法による濃縮操作が必要であった．FIAは18.4節の特長8)で述べたように，このような前処理操作をオンラインで行うことができる手法である．FIAによって海水試料をオンライン前処理・濃縮し，**インドフェノール青吸光光度法**により定量する方法が開発された[*5]．

図18.8にFIAシステムにオンライン接続されたガス拡散ユニットと陽イオン交換カラムを示す．ガス拡散ユニットは，海水中のさまざまな夾雑物（例えばNa$^+$，Ca^{2+}，Mg^{2+}，Cl$^-$，SO$_4^{2-}$）からアンモニウムイオンをアンモニアガ

[*4]　これが酸化されると亜硝酸イオンとなり，さらに硝酸イオンまで酸化が進む．

[*5]　福井啓典，大野慎介，樋口慶郎，手嶋紀雄，酒井忠雄，分析化学，**56**，757(2007)に詳述されている．

第18章　フローインジェクション分析

ガス拡散ユニット

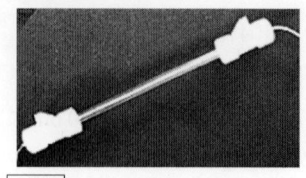

内径 3 mm× 長さ 15 cm

機能
・海水中の夾雑物から NH_4^+ を NH_3 ガスとして選択的に分離.
・陽イオン交換樹脂の保持容量の確保.

陽イオン交換カラム

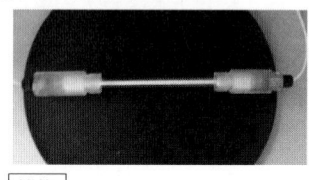

内径 2 mm× 長さ 15 cm
アンバーライト製
陽イオン交換樹脂 IRC76

機能
・NH_4^+ を濃縮.
・20 倍の感度.

図18.8　FIA にオンライン接続可能なガス拡散ユニットと陽イオン交換カラム

スとして選択的に分離することができるものである．分離されたアンモニウムイオンは，陽イオン交換カラムに捕捉され，濃縮される．ここでもし，アンモニウムイオンが海水の夾雑物から分離されていなかったとしたら，どうなるだろう．海水由来の Na^+，Ca^{2+}，Mg^{2+} も陽イオン交換カラムに捕捉され，カラムがすぐに飽和してしまう．しかし，ガス拡散ユニットによってあらかじめ分離されているので，大丈夫である．濃縮後に，希塩酸がカラムに通液されることにより，アンモニウムイオンが溶離される．アンモニウムイオンを検出するインドフェノール青吸光光度法の原理は次の通りである．アンモニウムイオンは塩基性下でアンモニアとなり，これが次亜塩素酸イオン（ClO^-）と反応し，モノクロラミン（NH_2Cl）となる．モノクロラミンがさらに次亜塩素酸イオン共存下でサリチル酸とカップリングし，青色化合物を生成する．この化合物の 660 nm における吸光度を測定することにより，海水中の $\mu g\,L^{-1}$ レベルのアンモニウムイオンが定量される．

18.6　SIAの装置構成と原理

図18.9に基本的なSIAシステムを示す．FIAとの違いは，SIAでは溶液の送液に双方向の流れを作り出すシリンジポンプ（SP）を用いること，そのSPとマルチポジションバルブ（MPV）の動作をコンピュータにより制御することである．またFIAでは，試薬が試料内の分析対象物質との反応に用いられることはもちろんのこと，FIAのベースラインを連続的に形成させるためにも消費される．つまりFIAでは試薬溶液は常に連続的に流れている．これに対し，SIAでは試薬は試料内の分析対象物質との反応に使われる分だけしか消費されないので，FIAよりも試薬消費量が少なくて済む．

図中の破線内に，試料溶液と2種類の試薬溶液を吸引して化学分析を行う例を示す．まずSPの下方向の動きにより，保持コイル内に試薬1，試料，試薬2を吸引する．次にSPの上向きの動きにより，保持コイル内の溶液が反応コイルに吐出され，反応生成物が検出器を通過する際にSIAピークが検出される．それぞれの吸引体積は数十〜数百μLである．

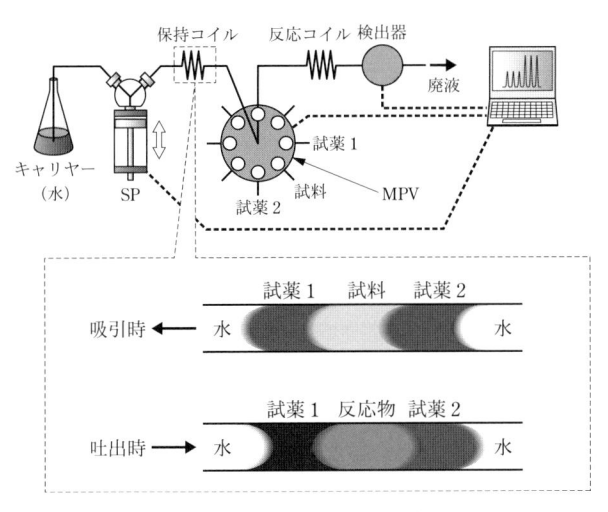

図18.9　SIAシステムと保持コイル内の模式図
SP：シリンジポンプ，MPV：マルチポジションバルブ．
SPとMPVの動作はPCにより制御される．

> ☕ **Coffee Break**
>
> **シーケンシャルインジェクション分析(SIA)法が公定法を塗り替える!**
>
> 　SIA法は近い将来，環境水質分析のJIS(Japanese Industrial Standard，日本工業規格)法や日本国政府が定める公定法を塗り替えるだろう．例えば排水基準を定める省令（昭和46年6月21日総理府令第35号）によって排水中のフェノール類の許容限度は5 mg L^{-1}と定められている．2015年現在は，JIS K 0102:2013中の「28.1フェノール類」が公定法（昭和49年9月30日環境庁告示64号）として採用されているが，試料溶液を蒸留するために大型の装置が必要であり，分析値を得るために多くの廃液が生じてしまう．そこで，小型の蒸留装置が開発され，その留分（蒸留液）をSIAによって吸光光度分析する方法が2013年に発表された[*6]．この新しい小型蒸留/SIA法は，まだJISにも公定法にも採用されていないが，大学生の諸君が卒業研究などによって，この新しい方法をさらに発展させてくれれば，諸君が標準方法を塗り替える張本人になるかもしれない．

参考文献

1) 手嶋紀雄，酒井忠雄，ぶんせき，**2010**，281 (2010)
2) 日本分析化学会(編)，手嶋紀雄(著)，4.2.5.a フローインジェクション分析，改訂六版　分析化学便覧，丸善出版(2011)
3) 小熊幸一，本水昌二，酒井忠雄(監修)，日本分析化学会フローインジェクション分析研究懇談会(編)，役にたつフローインジェクション分析，医学評論社(2009)
4) 日本分析化学会(編)，本水昌二，小熊幸一，酒井忠雄(著)，フローインジェクション分析，共立出版(2014)

[*6] 山下真以，大野慎介，手嶋紀雄，酒井忠雄，林則夫，栗原浩，分析化学，**62**，693 (2013)に詳述されている．

❖演習問題

18.1 CFA，FIA，SIAはそれぞれ英語表記の略語である．それぞれの英語表記と日本語による用語を書け．

18.2 FIAにおける分散度Dの式を書け．また，試料濃度が濃く，検量線の濃度範囲に収まらない場合は，D値を大きくすればよい．このためにFIAシステムをどのように変更すればよいかを示せ．

18.3 FIAによって自動的にオンラインで行われる試料の前処理の例をいくつか挙げよ．

第19章　熱分析

　熱分析は,「物質の温度を一定のプログラムによって変化させながら,その物質のある物理的性質を温度(または時間)の関数として測定する一連の方法の総称」であり,物質にはその反応生成物も含まれる.広くは「温度を変化させて測定する機器分析すべて」とも考えることができるが,ここでは通常用いられている質量を測定する**熱重量測定**(thermogravimetry, **TG**, TGAと表す場合もある)および温度差を測定する**示差熱分析**(differential thermal analysis, **DTA**),熱容量および転移熱量を測定する**示差走査熱量測定**(differential scanning calorimetry, **DSC**),寸法変化や熱変形を測定する**熱機械分析**(thermomechanical analysis, **TMA**)をとりあげる.これらの方法の組み合わせや,質量分析などの分析手法との組み合わせによる同時分析法も用いられている.

19.1　熱分析手法の分類

　温度を変化させる「一定のプログラム」には,一定の昇降温速度で制御する**等速度熱分析**(constant rate thermal analysis)のほか,正弦波や矩形波・三角波などの温度振動を加える測定もDSCを中心に行われている(温度変調DSC).また,物質の物理的性質の変化速度を制御するために,温度を制御する**試料制御熱分析**(sample controlled thermal analysis, **SCTA**)または**速度制御熱分析**(controlled rate thermal analysis, **CRTA**)と呼ばれる手法も,TGを中心に市販の装置でも行えるようになってきている.この方法は微分信号を制御することにより,変化速度が一定になるように制御するもので,複数の反応が連続して起こる場合に有効であり,さまざまな応用が期待されている.表19.1に主な熱分析手法と得られる情報を示す.最近では微小領域や微小試料での熱測定が原子間力顕微鏡(AFM)を利用した装置などで行われるようになってきている(Coffee Break参照)ものの,迅速性とごく微量での超高感度分析が求められる現代において,熱分析は一般に測定時間がかかり,mg以上

表19.1 主な熱分析手法と得られる情報

物理量(対象)	測定法	情報
質量	熱重量測定（TG）	吸脱着，酸化還元，熱分解，蒸発，揮発，気化，組成など
温度	示差熱分析（DTA）	相転移，反応温度など
エンタルピー	示差走査熱量測定（DSC）	転移温度・熱量，熱容量，反応温度・熱量など
力学的特性	熱機械分析（TMA）	膨張係数，転移温度，軟化温度など

の比較的多くの試料を必要とし，感度もあまり高くない．一方で材料開発分野や環境分野において重要な手法であり，広く用いられている．

19.2 示差熱分析（DTA）・示差走査熱量測定（DSC）

19.2.1 原理と装置構成

図19.1にDTA装置の構成例とペットボトル（PET）から切り出した試料を測定した際の加熱炉・試料・基準物質の温度変化およびそのとき得られるDTA曲線を示す．装置は，試料と基準物質との間の温度差および試料の温度を測定する測温部からなる．測温部には熱電対が使用されることが多い．加熱炉温度をプログラムに従って一定昇温速度で加熱する場合（図(b)のT_H）を考えよう．基準物質は少し遅れて加熱される（図(b)のT_R）．また試料も基準物質と同様に加熱される（図(b)のT_S）．図には試料の方が全体として基準物質より熱容量が大きく，基準物質より遅れて加熱される場合を示している．実際に得られるデータはT_S-T_Rであり，図(c)のようになる．加熱初期のベースラインの緩やかなシフト(1)の後，ガラス転移によってベースラインが吸熱側にシフト(2)し，結晶化の発熱ピーク(3)がみられ，融解の吸熱ピーク(4)が観測されている．

DTA曲線の再現性の向上と，得られるピーク面積から熱量が求められるよう工夫された方法がDSCである．DSC装置には**入力補償DSC装置**と**熱流束DSC装置**がある．図19.2に入力補償DSC装置と熱流束DSC装置の構成例を示す．入力補償DSC装置は試料と基準物質の温度を測定する測温部，試料および基準物質の下部にある熱エネルギーの発生源，試料および基準物質の温度が等しくなるように制御する熱量補償部から構成されている．一方，熱流束

第19章　熱分析

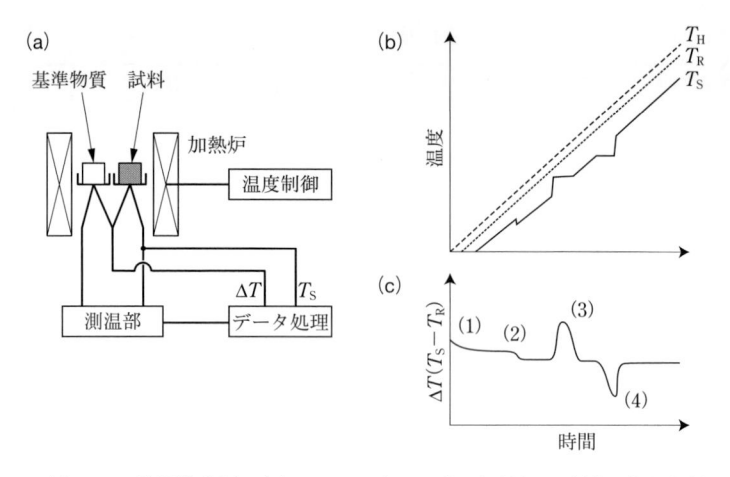

図19.1　(a)DTAの装置構成例と(b)PETを測定した際の加熱炉・試料・基準物質温度変化と(c)DTA曲線

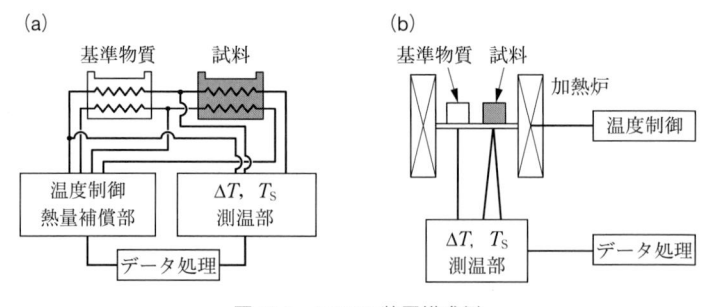

図19.2　DSCの装置構成例
(a)入力補償タイプ，(b)熱流束タイプ

DSC装置は試料と基準物質との間の温度差および試料の温度を測定する測温部から構成され，試料と基準物質の温度差は単位時間あたりの熱エネルギーの入力差に比例するようになっている．DTA，DSC信号の変化量を微分することで微分DTA（またはDSC）曲線が得られ，変化がみやすくなることが多い．またX線回折やFT-IRと同時測定できる装置もある．

19.2.2　測定法

　測定目的・測定温度範囲と試料の特性から試料容器の材質と形状を選択する．溶液試料や揮発性の試料では密閉型の試料容器を用いる．**表19.2**にDSC，

19.2 示差熱分析（DTA）・示差走査熱量測定（DSC）

DTAで用いられる試料容器の例を示す．密閉型の容器では材質や形状によって耐圧が異なるので，その値を表中にあわせて示した．基準物質としては測定する温度範囲で変化のない材質を用い，固体試料ではα-アルミナが用いられることが多く，溶液試料では溶媒を用いることもある．試料は浅い容器に，薄く広く均一に詰め，容器底面に押さえつけるようにし，一般に蓋をして，窒素やアルゴンなどを一定流量で流しながら測定する．試料量と昇降温速度は測定結果をみて増減する．

測定条件が決まったら装置が正しく作動していることを，標準的な試料を使って同一条件で測定して確かめる．DSCでは一般に熱分解温度以下で測定する．標準物質はDTAやDSCピークの正確な温度やDSCピークより得られる正確な熱量を得るために必要不可欠である．熱分析は物質の温度を変化させながら測定するため，変化速度すなわち昇降温速度によってピーク温度が変化する．表19.3は純度99.99％のインジウムの融解ピークに対する昇温速度の影響を示す．5 ℃ min^{-1}ではピーク温度は1 ℃ min^{-1}に比較して1.2 ℃，融解開始

表19.2　DSC，DTAで用いられる試料容器の例

種類	材質 （耐圧：×10^5 Pa）	用途
開放型	Al Pt アルミナ 石英	通常のDSC測定に用いる．600 ℃以下． 600 ℃以上可．金属の測定は合金生成に注意する． Ptの触媒作用に注意が必要． 600 ℃以上，Ptと反応性のある試料に用いる． 熱伝導が悪い．
密閉型	Al（30） Ag（50） SUS（50）	溶液試料，分解ガスを発生する試料に用いる． 水溶液やAlと反応する試料に用いる． Al，Agと反応する試料，危険物（自己反応性）に用いる．
簡易密封型	Al（3） 表面処理Al（3）	分解ガスを発生する試料に用いる． 水分を含む試料に用いる．

表19.3　各昇温速度におけるインジウムの融解温度

昇温速度	融解開始温度（℃）	ピーク温度（℃）
1 ℃ min^{-1}	156.6	157.4
2 ℃ min^{-1}	156.7	157.8
4 ℃ min^{-1}	156.9	158.4
5 ℃ min^{-1}	157.0	158.6

温度でも0.4 ℃高く得られることがわかる．いずれも融解熱量は再現性1％以下で一致する．各温度の再現性はいずれも0.1％以下である．使用する試料容器によっても温度・熱量は影響を受けるため，同一条件の昇温過程で純金属などの標準物質の融解過程を測定し，校正を行うことが必要である．昇温過程で校正を行うのは過冷却の影響があるためである．

19.2.3 DSCの測定例

　融解などの相転移に基づく試料の熱的な変化の温度やそのエネルギーの大きさの測定に用いられる．測定対象は有機・無機化合物，金属，高分子，ゴム，生体分子，医薬品，食品，生物試料など多岐にわたる．また比熱の測定や，医薬品など有機物質の純度の測定にも用いられる．図19.3にペットボトルから切り出した試料のDSC測定結果(A)，測定後の試料を室温まで急冷した後の測定結果(B)，測定後の試料を室温まで徐冷した後の測定結果(C)を示す．(B)では70 ℃付近からガラス転移によるベースラインの吸熱側へのシフトが，120〜130 ℃にかけて結晶化による発熱ピークが，250 ℃付近に融解による吸熱ピークがそれぞれ観測される．(A)(C)ではガラス転移や結晶化のピークがほとんど観測されず，試料の配向や結晶化が進んでいることがわかる．

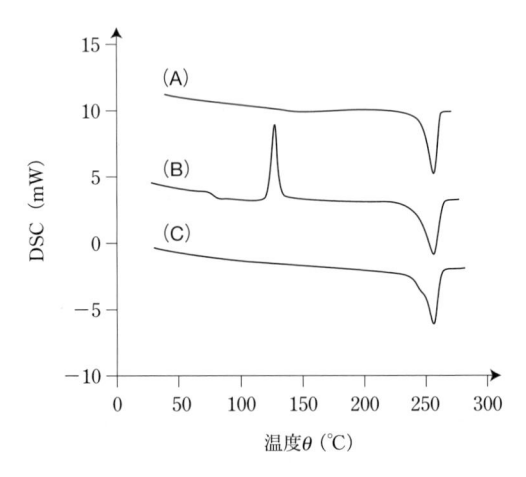

図19.3　熱履歴の異なったPETのDSC
(A)ペットボトルから切り出した試料，(B)(A)の測定後室温まで急冷した試料，(C)(A)の測定後室温まで徐冷した試料．

19.3 熱重量測定（TG）

19.3.1 原理と装置構成

　TGは試料の質量を温度または時間に対して連続的に測定する**熱天びん**（thermobalance）と，熱天びんからの電気信号を制御する質量測定部から構成される．熱天びんの構造は天びんと試料部との位置関係により，上皿型，つり下げ型，水平型などに分類される．**図19.4**にTG装置の概略図を示す．TG装置は1000 °C以上まで測定でき，高温での測定の際に生じるさまざまな要因による誤差を少なくするために基準物質を同時に測定する差動式をとることが多い．差動式のTGではDTAと同時測定できる装置が多い．質量変化量を微分することで微分熱重量（DTG）曲線が得られ，質量変化が連続して起こる場合などに有用である．

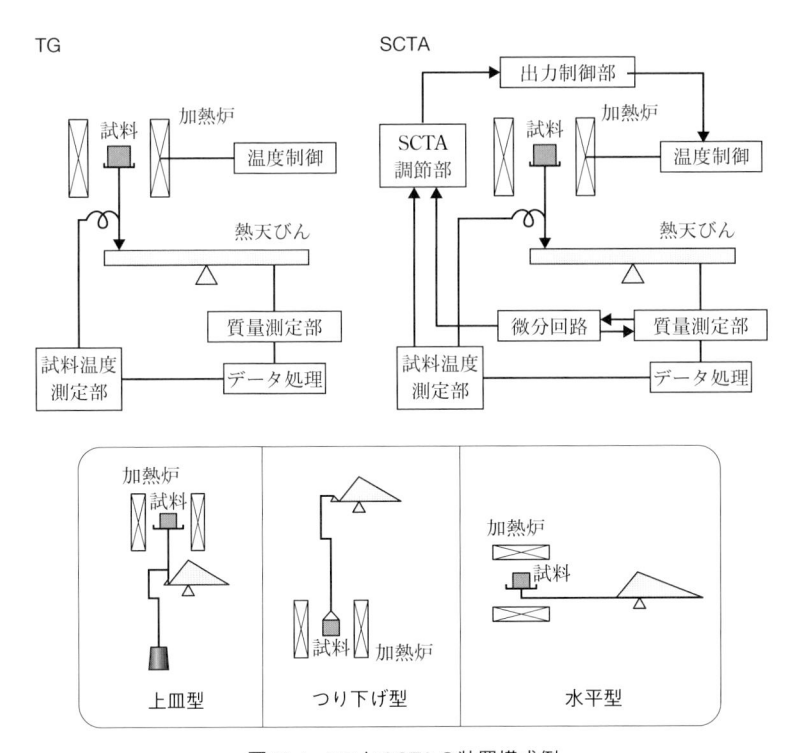

図19.4　TGとSCTAの装置構成例

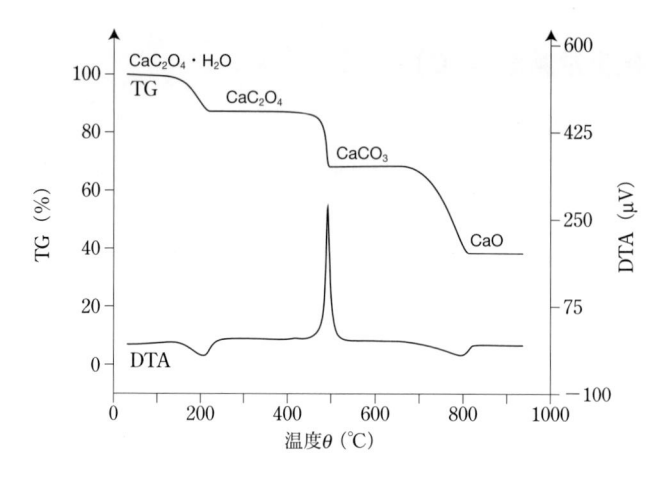

図19.5　CaC$_2$O$_4$・H$_2$Oの空気中でのTG-DTA測定結果

図19.5に空気中でのシュウ酸カルシウム一水和物（CaC$_2$O$_4$・H$_2$O）のTG-DTA測定結果を示す．式(19.1)で示した3段階に対応する質量減が観測される．測定結果では熱分解に伴う熱の出入り（DTA）もあわせて示しているが，2段階目の質量減では発生した一酸化炭素がすぐに空気中の酸素と化合して二酸化炭素となるため，大きな発熱ピークが観測されている．

$$\text{CaC}_2\text{O}_4 \cdot \text{H}_2\text{O} \rightarrow \text{CaC}_2\text{O}_4 \rightarrow \text{CaCO}_3 \rightarrow \text{CaO} \tag{19.1}$$

DTG信号を参照して「質量の変化速度」を制御するSCTAでは，反応が起こっていない温度範囲では設定した温度プログラムに従って試料温度を制御し，反応が開始するとDTG信号を参照して試料温度を制御する．SCTAではこのほかに等速度法や速度ジャンプ法，速度振動法などの制御方法がある．TGでは特にSCTGと呼ばれることも多い．さらに測定中に発生したガス（発生気体）を逐次IR（赤外吸収スペクトル）やMS（質量分析）に導入して分析するTG/IR，TG/MSなどの**発生気体分析**（evolved gas analysis，EGA）も行われている．

19.3.2　測定法

測定温度範囲と試料の特性から試料容器の材質を選択し，基準物質として一般に同量程度のα-アルミナを用いて，空気，窒素またはアルゴンを流しなが

ら測定する．試料は浅い容器に，薄く広く均一に詰め，一般には蓋はしない．試料量と昇温速度は測定結果をみて増減する．測定条件が決まったら装置が正しく作動していることを，標準的な試料を使って同一条件で測定して確かめる．温度の校正にはDSC，DTAとの同時測定ができる装置では，DSC，DTA信号による純金属の融解温度を利用することができる．

一方，TG単独の装置では，熱天びん部の上方あるいは下方に磁石をおき，強磁性物質（Niなどの金属あるいはNi–Co合金など）の試料を昇温測定し，キュリー温度（常磁性体に変化する温度）においてみかけの質量変化が生じる現象を利用することとなる．TG信号（質量）校正は，簡便法として試料部に基準分銅を加除し，そのときの質量変化によるが，より実際的な校正として熱分解による質量変化が既知の物質の測定結果を用いることもできる．

19.3.3　TG-DTAの測定例

TGは温度を変化させた際に質量が変化する現象すべてを対象とするため，測定対象とする物質は多岐にわたる．また製造工程で発生するガスや室内空気汚染物質の吸脱着評価など，環境分野で使用される測定手法でもある．材料や製品の劣化解析にも不可欠な手法である．図19.6に汎用ポリマーであるポリエチレングリコール（PEG）を1～20 °C min^{-1}の各昇温速度で測定した結果を重

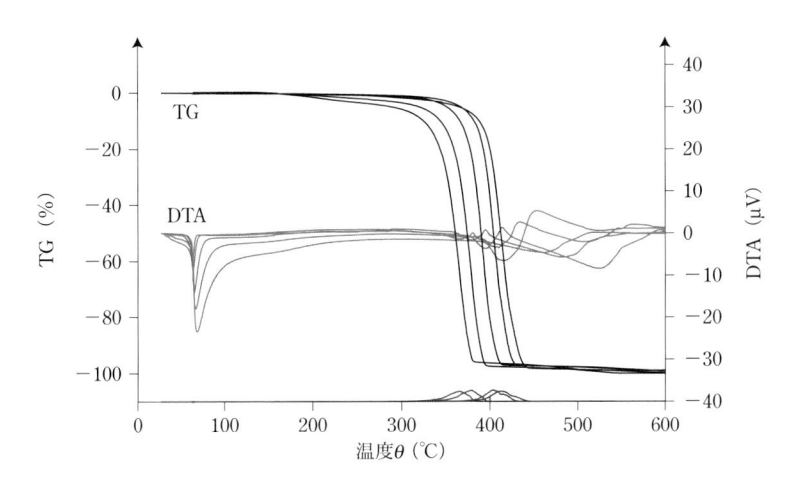

図19.6　PEG 6000 のTG–DTA測定結果
低温側から昇温速度1，2，5，10，20 °C min^{-1}.

ねて示す．昇温速度が速くなるに従って350～450℃にみられる熱分解時のTG曲線が高温側にずれていく．このような結果を用いて材料の寿命予測などを行うこともある．図中にはDTAもあわせて示しているが，70℃付近にみられる融解によるDTAの吸熱ピークも昇温速度に従って高温側に移行して，大きくなっていくのがわかる．

19.4 熱機械分析（TMA）

19.4.1 原理と装置構成

　TMAは「物理的性質」として「小さい荷重のもとでの寸法の変化」（熱膨張測定），「圧縮下または伸長下での試料に生じた変形」（熱機械分析）を温度の関数として測定する方法である．検出部（プローブ）を交換することでさまざまな測定に対応できる．**図19.7**にTMA装置の構成例をプローブの形状とともに示す．また，**表19.4**にはプローブの形状と試料形態，測定目的の関係を示す．試料台上の試料が一方向に伸びたり縮んだりした寸法の変化（Δl）を試料に密着したプローブの上下する長さの変化として検出する．引張プローブでは図中の上方向（引張方向）に，それ以外のプローブでは図中の下方向（圧縮方向）に荷重をかけて測定する．最近のTMA装置は動的荷重下での測定ができるものが多く，**図19.8**に15±10gの正弦波状の振動荷重をかけながらTMA測定を

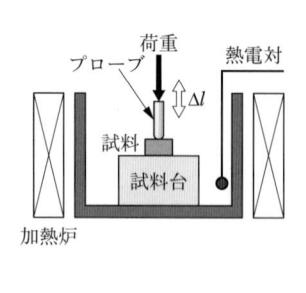

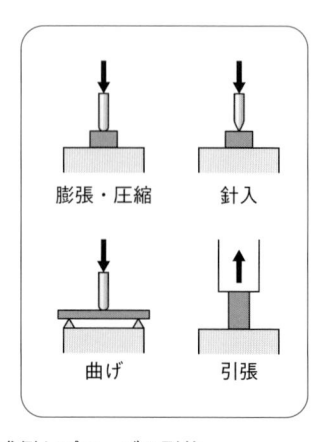

図19.7　TMAの装置構成例とプローブの形状

19.4 熱機械分析（TMA）

表19.4 TMAプローブの形状と試料形態，測定目的の関係

プローブ	試料形態	測定目的
膨張・圧縮	ブロック状，シート状，粉体	膨張，収縮，膨潤，変形
針入	ブロック状，シート状，基盤上薄膜 高粘性液体	軟化 粘度
曲げ	シート状，ブロック状	変形
引張	フィルム状，繊維状	伸び，収縮

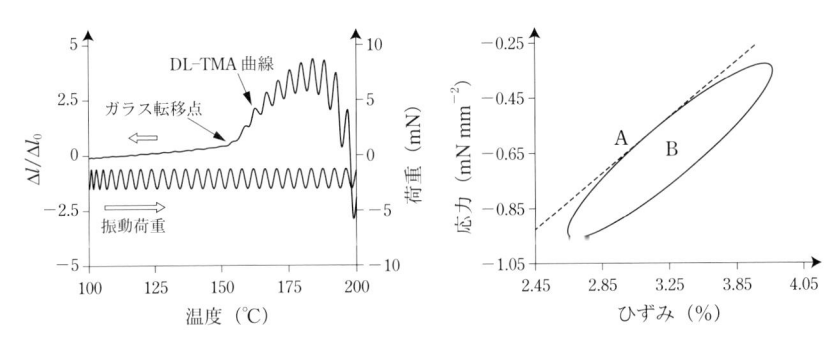

図19.8 動的荷重を用いたTMA測定例

行った結果と，ガラス転移点以降の1周期のデータを応力-ひずみ曲線で示す．高分子試料ではガラス転移点以降の1周期のデータを応力-ひずみ曲線で表すと，面積（B）から損失エネルギーが，長軸方向の接線の傾き（A）から弾性率が得られる．

19.4.2 測定法

　測定目的に応じたプローブを装着し，プローブと試料台の間に試料をセット（引張プローブではチャックに挟む）後，荷重をかけた状態で試料の軟化温度以下で昇温測定する．測定の前に温度とTMA信号（長さ方向）の校正を行う．純金属をアルミニウムやサファイアなどのプレートに挟み，圧縮方向に荷重をかけて昇温測定し，融解により急激な変位が観測されはじめる温度を純金属の融点とする．実試料と同じ測定条件で行うが，引張測定ではチャック間に同様のプレートを挟み，圧縮方向に荷重をかけて測定する．一般に試料と温度計測用熱電対が離れていることが多いため，プローブ交換のたびに，また昇温速度

や雰囲気ガスを変更するたびに温度校正を行わなければならない．TMA信号の校正は石英やアルミニウムなどの熱膨張率が既知の試料を用いて行う．また，実際に測定する試料に形状（長さ）が近いものが望ましい．温度校正を行った後に，同様の条件で一定長さの標準物質を用いて，100 °C以上の温度範囲で昇温測定を行う．測定に石英などの支持台の全膨張型の装置を用いる場合は，支持台の膨張を補正したデータをもとに測定温度範囲に近い温度領域で一定温度範囲（例えば100 °C範囲ごと）の膨張率を求めて，文献値をもとに校正を行う．

0 °Cおよびθ（°C）における長さをl_0，lとすれば，線膨張率βは次で表せる．

$$\beta = \frac{l}{l_0}\frac{dl}{d\theta} \tag{19.2}$$

また温度θ_1，θ_2（°C）における長さをl_1，l_2とすれば，平均線膨張率β_mは次で表せる．

$$\beta_m = \frac{l}{l_0}\left(\frac{l_2-l_1}{\theta_2-\theta_1}\right) \tag{19.3}$$

19.4.3 TMAの測定例

TMAはガラス転移温度や融解温度，軟化開始温度，線膨張率の測定に用い

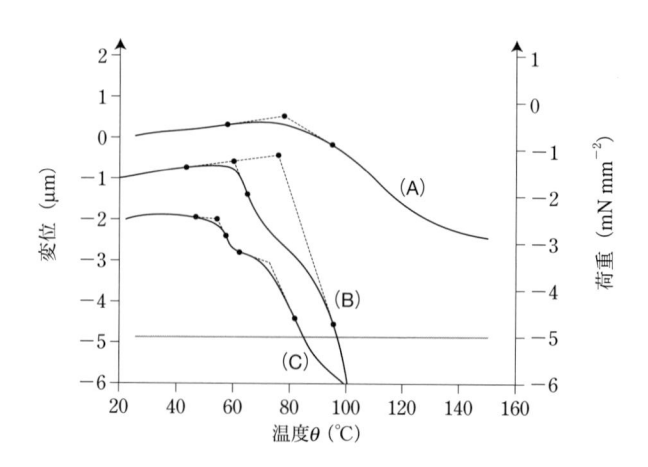

図19.9 PETフィルムのTMA針入測定
(A)PETのみ，(B)(C)は表面に粘着層あり．プローブ直径1 mm，荷重5 mN mm^{-2}，昇温速度5 °C min^{-1}．

られる.動的荷重による測定ができる装置では粘弾性特性も測定対象となる.プラスチック,ゴム,ガラス,セラミックス,金属などの多くの材料が測定できる.ブロック,シート,フィルム,繊維,ゲルなどのさまざまな形状の試料が測定対象となり,測定方向も重要である.**図19.9**に表面に粘着層がついているPETフィルム(B)(C)の針入測定結果を,粘着層を取り除いた基板フィルム(A)の結果とあわせて示す.78 ℃付近にPETのガラス転移による軟化が観測されるが,表面に粘着層がついている(B)や(C)では60 ℃および56 ℃付近にそれぞれ表面の粘着層の軟化が観測されている.

Coffee Break

100 nm以下の局所熱分析

熱分析はマクロな分析手法として確立されてきたが,最近ではプローブ顕微鏡の開発に伴って100 nm以下の局所熱分析が可能となってきた.原子間力顕微鏡(AFM)(10章参照)で用いられるカンチレバーのチップ先端に加熱機能をつけたものである.先端に接触した局所が加熱されると,サーマルプローブは押し上げられ,試料が融解すれば急速に下方へ移動する.温度と変位の関係が得られ,微小部の転移温度が鋭敏に捕らえられる.過熱した状態で通常のAFMとしての測定を行って,加熱にあわせて試料表面の熱的な変化を可視化することも多い.1分間に数百℃といった高速加熱が可能なのも特徴の1つといえる.局所を加熱したときの発生気体を質量分析装置へ導入するシステムもあり,今や熱分析はミクロな分析手法の1つとして,これまでになかった新しい応用が広がっている.

第19章　熱分析

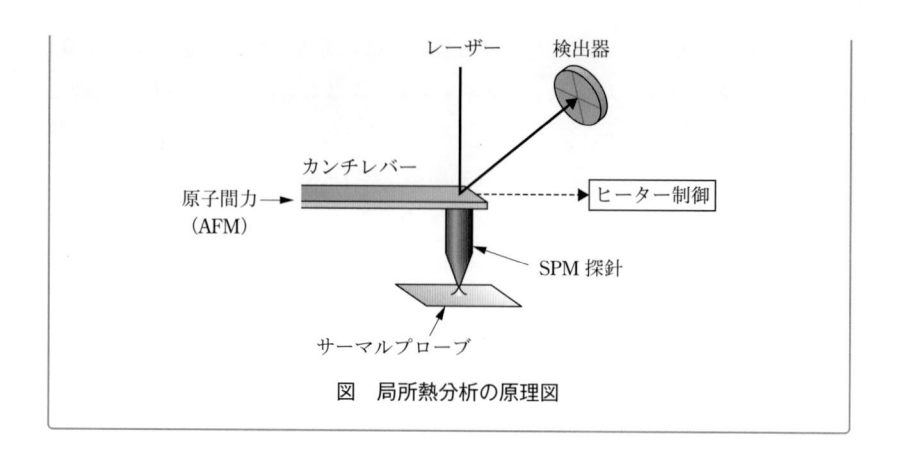

図　局所熱分析の原理図

参考文献

1) 小澤丈夫, 吉田博久(編), 最新　熱分析, 講談社(2005)
2) 日本熱測定学会（編），熱量測定・熱分析ハンドブック　第2版，丸善(2010)
3) 日本化学会（編），第5版　実験化学講座6　温度・熱，圧力，丸善(2005)
4) 日本分析化学会(編)，齋藤一弥，森川淳子(著)，熱分析，共立出版(2012)

❖演習問題

19.1 DTAとDSCの違いを説明せよ．

19.2 空気中のTGで2段階の質量減が得られた．それぞれがどのような反応に対応するかを知るには，さらにどのような測定をすればよいか．

19.3 DSC, TG, TMAでそれぞれどのような情報が得られるかを説明せよ．

索　引

■欧　文

^{1}H NMRスペクトル　84
^{13}C NMR分析　94
μTAS　198
CE-MS　195
COSY　95
ICP質量分析法　45, 55
ICP発光分析法　45, 47
J値　92
KBr錠剤法　74
m/z値　210
MCT検出器　70
MRI　97
MS/MS　221
NMR現象　84
NMRスペクトル　84
NMR装置　98
NMRロック　89
NOESY　95
PCR　204
TGS検出器　70
van Deemter式　156
X線　101
X線回折法　101, 103
X線結晶構造解析　116
X線光電子分光　123
ZAF補正　129

■和　文

ア

アノード　230
暗視野法　140
アンチストークスラマン散乱　76
アンペロメトリー　242
イオン化干渉　54
イオンクロマトグラフ　175
イオン交換クロマトグラフィー　175
イオン選択電極　237
イオン対クロマトグラフィー　176
位相コントラスト　141
イソクラティック溶離　177
移動相　149
イムノアッセイ　205
イメージングプレート　108
インターフェログラム　68
インドフェノール青吸光光度法　261
液間電位　237
液体クロマトグラフィー　150, 159
液体クロマトグラフィー／質量分析法　211
エネルギー分散型　111, 113
エレクトロスプレーイオン化　212
エレクトロフェログラム　190
円筒鏡型分光器　132
オージェ電子分光　130
オンキャピラリー検出　190

カ

回折　102
回折格子分光法　41
回折コントラスト　140
回折パターン　103
回転振動遷移　66, 74
回転対陰極型X線管球　104
化学イオン化　210
化学炎　37
化学シフト　85, 89
可逆系　246
可逆性　245
核オーバーハウザー効果　95
拡散反射法　74
核磁気共鳴　82
核スピン量子数　82
ガスクロマトグラフィー　150, 159
ガスクロマトグラフィー／質量分析法　208
ガスクロマトグラム　161
カソード　230
ガラス電極　236
カラムクロマトグラフィー　172
カラム充填剤　179
還元気化水銀分析法　40
間接吸光法　191
環電流効果　90
感度　3
気-液クロマトグラフィー　159
機器分析　1
気-固クロマトグラフィー　159
疑似固定相　194
逆相クロマトグラフィー　173
キャピラリーゲル電気泳動　194
キャピラリーゾーン電気泳動　192
キャピラリー電気泳動　185
キャピラリー等電点電気泳動法　195
キャリーオーバー　252
キャリヤーガス　160
吸光光度法　16
吸光度　12, 34
吸光度スペクトル　70
吸収効果　129
吸収スペクトル　11
キュベットセル　73
局所熱分析　277
銀塩化銀電極　234
金電極　232
組み立てセル　73
グラジュエント溶離　177
クロマトグラフィー　149
クロマトグラム　150
クーロメトリー　243
蛍光　17
蛍光X線分析法　109
蛍光検出器　180
蛍光光度計　27
蛍光光度法　16
蛍光スペクトル　25
蛍光量子収率　26
蛍光励起効果　129
結晶格子像　141
ケモメトリックス　72
検出限界　3
原子間力顕微鏡　145
原子吸光分析法　31
原子番号効果　129
検量線法　52
光学顕微鏡　136
高感度反射法　74
較正曲線　175
高速液体クロマトグラフィー　171
光電子増倍管　21, 41
黒鉛炉原子吸光法　31
固体NMR　96
固定相　149
ゴニオメーター　106
コリジョン／リアクションセル　60
コンダクトメトリー　235

279

索引

サ

サイクリックボルタモグラム 245
サイクリックボルタンメトリー 244
サイズ排除クロマトグラフィー 175
サプレッサー 175
作用電極 231
参照電極 231, 233
三連四重極質量分析計 222
紫外・可視吸光検出器 180
磁気モーメント 82
シーケンシャルインジェクション分析 252, 264
シーケンシャル型 49
示差屈折率検出器 180
示差走査熱量測定 266, 267
示差熱分析 266, 267
四重極イオントラップ型 221
四重極型 ICP-MS 56
四重極型質量分析部 122, 220
質量 226
質量数 226
質量電荷比 207
質量分析法 207
磁場セクター型 221
シム調整 89
充填カラム 161
自由誘導減衰信号 86
重量分析 1
準可逆系 247
順相クロマトグラフィー 173
昇温操作 165
消光 27
死時間 152
常量分析 2
助色団 19
試料制御熱分析 266
シングルビーム型分光光度計 22
信号強度 89
親水性相互作用クロマトグラフィー 174
シンチレーションカウンター 107
真度 2
振動子強度 34
振動電子遷移 66
水素炎イオン化検出器 163
水素過電圧 232
水素化物発生法 40

ステップワイズ溶離 177
ストークスの法則 25
ストークスラマン散乱 76
スパッタリング 120
スピニングサイドバンド 96
スピン結合 89, 92
スペクトル 6
スラブゲル電気泳動 185
制限視野電子線回折法 138
精度 2
積分吸光係数 33
赤外分光 67
ゼータ電位 188
ゼーマン分裂 84
セプタム 160
遷移金属錯体 29
全イオンクロマトグラム 225
線スペクトル 32
選択イオンモニタリング 226
全反射減衰法 74
走査型オージェ電子顕微鏡 133
走査型電子顕微鏡 137, 142
走査型トンネル顕微鏡 145
走査型プローブ顕微鏡 137, 145
走査透過型電子顕微鏡 147
速度制御熱分析 266
ソフトイオン化 210

タ

大気圧化学イオン化 211
大気圧光イオン化 212
対電極 231, 234
ダイノード 223
多元素同時分析型 49
タッピングモード 147
ダブルビーム型分光光度計 22
ダブルプランジャー 176
弾性散乱 101
炭素電極 233
タンデム質量分析計 222
チャージング 145
チャンネルトロン 224
中空陰極ランプ 35
中空キャピラリーカラム 161
抽出イオンクロマトグラム 226
超高速液体クロマトグラフィー 183
調整保持時間 152
調整保持容量 153

超伝導磁石 87
超臨界流体クロマトグラフィー 150
直交加速型 TOF 219
定電流電気量測定法 244
定量下限 3
デガッサー 177
デカップリング 94
デコンボリューション 214
デバイシェラー環 139
テラヘルツ分光 67
電位差測定 236
電位窓 232
電気泳動 185
電気化学水晶振動子マイクロバランス法 248
電気化学測定法 229
電気加熱原子化法 38
電気加熱原子吸光法 31
電気浸透流 188
電気伝導度分析 235
電気二重層 188
電気量測定 243
電子イオン化 208
電子移動 240
電子顕微鏡 136
電子線回折像 138
電子線チャネリングコントラスト 144
電子プローブマイクロアナリシス 127
電場磁場二重収束型質量分析計 121
電流測定 242
同位体比分析 133
透過型電子顕微鏡 137, 138
透過率 12
透過率スペクトル 70
統計的重率 34
同種核化学シフト相関 NMR 95
同種核 NOE 相関 NMR 95
同心半球型分光器 125
等速度熱分析 266
特性 X 線 101, 127

ナ

内標準法 52
流れ分析法 252
二次イオン質量分析 119, 217
二次元 NMR 94

280

二次電子増倍管　223
二重収束型質量分析部　221
入力補償DSC　267
熱機械分析　266, 274
熱重量測定　266, 271
熱伝導度検出器　163
熱天びん　271
熱分解ガスクロマトグラフィー　169
熱流束DSC　267
ノックオン　120

ハ

ハイフネーテッドテクノロジー　4, 164
薄層クロマトグラフィー　172
波数　63
波長掃引型　49
波長分散型　111, 113
白金電極　232
パックドカラム　180
発光　10
発色団　19
発生気体分析　272
バッチ式マニュアル分析法　252
ハロー環　140
反射電子　143
半導体検出器　111
非可逆系　247
光音響法　74
飛行時間型質量分析部　122, 218
非弾性散乱　101
非弾性平均自由行程　124
標準酸化還元電位　229
標準水素電極　233
標準添加法　52
表面分析　119
微量分析　3
ファンダメンタル・パラメーター法　115
負イオン化学イオン化　211
封入型X線管球　104
フェルミ共鳴　80
フォトダイオードアレイ検出器　22
深さ方向分析　122
物質移動　240
物理干渉　54

フューズドシリカキャピラリー　187
フラグメントイオン　209
プラズマ質量分析　45
プラズマ発光分析　45
ブラッグの条件　103
ブラッグ-ブレンターノ型集中法　106
プランジャー型ポンプ　254
フーリエ変換イオンサイクロトロン共鳴型　221
フーリエ変換型赤外分光装置　67
フーリエ変換法　85
ブルーシフト　64
プレカラム誘導体化法　183
フレーム原子化法　37
フレーム原子吸光法　31
フローインジェクション分析　251, 254
プロテオーム解析　215
分光光度計　20
分光干渉　54
分光器　20
分散度　257
分子イオン　208
分子ふるい効果　175
分子量　226
分配クロマトグラフィー　151
分配係数　151
粉末X線回折法　103
分離カラム　150
分離係数　157
分離度　158
分離窓　194
併行精度　258
平面クロマトグラフィー　172
ペーパークロマトグラフィー　172
ペリスタ型ポンプ　254
放出確率　131
保持係数　154
保持時間　152
保持指標　167
保持容量　152
補色　7
ポストカラム誘導体化法　182
ポテンショスタット　231
ポテンショメトリー　236
ポーラログラフ　248
ポリクロメーター方式　41

ボルタンメトリー　244
ボルツマン分布　43

マ

マイクロチップ電気泳動　204
マイクロチャンネルプレート　224
マクラファティー転位　210
マジック角回転法　96
マススペクトル　207
マックスウェル-ボルツマンの分布則　34
マトリックス効果　115
マトリックス剤　215
マトリックス支援レーザー脱離イオン化　215, 227
マトリックス修飾剤　42
マルチチャンネル型　49
マルチ中空陰極ランプ　35
ミセル動電クロマトグラフィー　192
無電極放電ランプ　35
明視野法　140
モノクロメーター方式　41
モル吸光係数　14

ヤ

有効炭素数　168
誘導体化　180
溶離液　177
容量分析　1

ラ

ラジオ波　84
ラマンシフト　77
ラマン散乱　76
ランベルト-ベールの法則　14
リフレクトロン　219
流速分布　189
理論段数　155
理論段高さ　155
臨界ミセル濃度　192
りん光　17
励起スペクトル　25
冷原子吸光分析法　40
レイノルズ数　198
レイリー散乱　76
レーザー脱離イオン化法　215
レッドシフト　64
連続波法　85
連続流れ分析　252

281

編著者紹介

大谷　肇　工学博士
1985年　名古屋大学大学院工学研究科博士後期課程単位取得退学
2005年より名古屋工業大学大学院工学研究科教授．2023年8月逝去．

NDC 433　287 p　21cm

エキスパート応用化学テキストシリーズ
機器分析

2015年9月24日　第 1 刷発行
2025年1月20日　第17刷発行

編著者	大谷　肇
著　者	梅村知也・金子　聡・伊藤彰英・森田成昭・桝　飛雄真・朝倉克夫・保倉明子・江坂文孝・一色俊之・石田康行・北川慎也・加地範匡・馬場嘉信・佐藤浩昭・高田主岳・手嶋紀雄・西本右子
発行者	森田浩章
発行所	株式会社　講談社

〒112-8001　東京都文京区音羽2-12-21
　　　販　売　(03) 5395-4415
　　　業　務　(03) 5395-3615

KODANSHA

編　集	株式会社　講談社サイエンティフィク 代表　堀越俊一

〒162-0825　東京都新宿区神楽坂2-14　ノービィビル
　　　編　集　(03) 3235-3701

印刷所	株式会社双文社印刷
製本所	株式会社国宝社

落丁本・乱丁本は，購入書店名を明記のうえ，講談社業務宛にお送り下さい．送料小社負担にてお取替えします．なお，この本の内容についてのお問い合わせは講談社サイエンティフィク宛にお願いいたします．定価はカバーに表示してあります．

© H. Ohtani, T. Umemura, S. Kaneco, A. Itoh, S. Morita, H. Masu, K. Asakura, A. Hokura, F. Esaka, T. Isshiki, Y. Ishida, S. Kitagawa, N. Kaji, Y. Baba, H. Sato, K. Takada, N. Teshima, and Y. Nishimoto, 2015

本書のコピー，スキャン，デジタル化等の無断複製は著作権法上での例外を除き禁じられています．本書を代行業者等の第三者に依頼してスキャンやデジタル化することはたとえ個人や家庭内の利用でも著作権法違反です．

JCOPY 〈(社)出版者著作権管理機構 委託出版物〉
複写される場合は，その都度事前に，(社)出版者著作権管理機構(電話 03-5244-5088, FAX 03-5244-5089, e-mail : info@jcopy.or.jp)の許諾を得て下さい．

Printed in Japan　ISBN 978-4-06-156807-5